T0141032

Le Conseil Supérieur de la Santé
(1849-2009)

Le Conseil Supérieur de la Santé (1849-2009)

Trait d'union entre la science et la santé publique

Elisabeth Bruyneel

PEETERS

Colophon

Coordination du projet et rédaction finale
Lieve Dhaene

Comité d'accompagnement

Prof. Dr. Guy De Backer
Lieve Dhaene
Roxane Laurent
Prof. Dr. Alfred Noirfalise
André Pauwels
Prof. Dr. Isidore Pelc
Anne-Marie Plas
Michele Rignanese
Prof. Dr. Karel Velle
Prof. Dr. Antoine Vercruysse
Prof. Dr. Jan Willems

Recherche iconographique

Ellen Van Hoof

Mise en forme et édition

Uitgeverij Peeters

Traduction

Roxane Laurent
Anne-Marie Plas
Michele Rignanese

D/2009/0602/104

ISBN 978-90-429-2261-7

Table des matières

Deuxième partie :
La problématique sociale et les découvertes scientifiques (1885-1913)

Troisième partie:
Consolidation et ancrage (1914-1940)

Avant-propos

Le Conseil supérieur d'hygiène publique fut crée le 9 mai 1849, voici 160 ans. Cet ouvrage entend rehausser l'éclat de cet anniversaire. Il analyse les activités déployées par le Conseil au fil des années. L'ensemble montre à quel point le Conseil Supérieur de la Santé[1] a marqué d'une empreinte indéniable de nombreux aspects de la santé publique en Belgique. Notons par exemple l'allongement spectaculaire de l'espérance de vie, que l'on doit dans une très large mesure à l'amélioration des conditions d'hygiène, de vie et de travail, des comportements alimentaires, etc. Une amélioration souvent guidée par les avis du Conseil Supérieur de la Santé.

La société a connu des changements fondamentaux au cours des 160 dernières années. Certaines menaces pour la santé publique se sont atténuées, d'autres sont apparues. Le Conseil Supérieur de la Santé s'y est adapté tout en restant fidèle à sa mission originelle : conseiller le gouvernement sur les problèmes liés à la santé publique et ce, de manière indépendante et étayée par les connaissances scientifiques disponibles. Une bonne politique de santé passe immanquablement par ce travail consultatif. C'était le cas lors de la création du Conseil en 1849; c'est toujours le cas en 2009.

Le Conseil Supérieur de la Santé a pris l'initiative de confronter ses 160 ans d'histoire à la lumière de sources primaires afin de publier une monographie scientifique. La tâche a été confiée à l'historienne Elisabeth Bruyneel, avec le soutien du Pr. Karel Velle et de Mme Lieve Dhaene. Le Conseil souhaite les remercier pour leur collaboration et leur savoir-faire.

Cet ouvrage illustre le mode de fonctionnement du Conseil Supérieur de la Santé au fil du temps, ainsi que sa contribution à la santé publique en Belgique. Les enseignements tirés de ce riche passé doivent encourager le Conseil à optimiser son rôle et son fonctionnement au 21e siècle. Les membres ou partenaires du Conseil Supérieur de la Santé ne sont pas les seuls à pouvoir tirer profit de cette publication. Pour les personnes étrangères au Conseil également, cette tranche d'histoire apporte un éclairage sur l'interaction entre la science et la politique de santé. Le rôle de la science dans la société ne cesse de gagner en importance. Il en ira donc de même pour la fonction consultative du Conseil Supérieur de la Santé au 21e siècle.

Dr D.Cuypers,
Président du SPF SPSCAE

Pr. G. De Backer,
Président du CSS

[1] La dénomination officielle « Conseil Supérieur de la Santé » est en vigueur depuis le 1er avril 2007.

Introduction

En 2009, la majorité de la population considère une visite chez le médecin, un dimanche de congé et des toilettes propres comme allant de soi, ne crache pas par terre, place la main devant la bouche lors d'une quinte de toux et réalise des activités quotidiennes – comme se brosser les dents, se doucher ou faire le ménage – sans même y réfléchir. Rien de plus anodin que de prendre régulièrement un bain. Lorsque cette habitude est adoptée par des pans entiers de la population, il s'agit d'un phénomène historique important. Aujourd'hui, nous considérons nos habitudes en matière d'hygiène personnelle comme des besoins élémentaires. Or, elles sont le résultat d'un comportement souhaité sur le plan social et acquis au terme de longues années, qui alla de pair avec les énormes progrès enregistrés depuis le milieu du 19e siècle dans les domaines des soins de santé et de l'hygiène.

Objectifs et portée

Le présent ouvrage se propose de mettre en lumière le rôle significatif joué par le Conseil supérieur d'hygiène publique dans ce vaste processus social. Le 9 mai 1849, le ministre de l'Intérieur Charles Rogier fonda le Conseil supérieur d'hygiène publique, qu'il chargea de se prononcer sur tout ce qui touchait à l'hygiène et à la santé publique dans le pays. La première mission importante du Conseil fut de mettre un terme aux nombreuses épidémies de typhus et de choléra. Peu à peu, il se profila comme un véritable « acteur silencieux », qui agit en coulisse pour marquer de son empreinte la politique sanitaire et la législation sociale belges. Cet ouvrage qui relate les 160 premières années du Conseil supérieur d'hygiène publique est donc bien plus qu'un recueil historique se bornant à décrire la naissance et le fonctionnement d'un organe public. Il reflète l'évolution de la Belgique en matière d'hygiène, de découvertes médico-scientifiques, de politique sanitaire et de législation sociale. Il révèle comment les avis du Conseil supérieur d'hygiène publique ont, à long terme, influencé la vie quotidienne des habitants du Royaume jusque dans les moindres détails. Au fil des rapports du Conseil, le lecteur suit les grandes évolutions de la politique sanitaire sous l'angle de vue d'un organe où siégeaient les plus éminents scientifiques du pays. Le vaste cadre temporel permet de constater, au fil des années, des glissements dans les thèmes de prédilection du Conseil, et d'établir des liens entre certains événements socio-économiques et l'intérêt porté par le gouvernement à la santé publique.

D'emblée, il a été décidé de ne pas rédiger de simples annales, mais une monographie historique aux fondements scientifiques. L'histoire du Conseil supérieur d'hygiène publique est contée à la lumière d'un vaste contexte politique et socio-économique. L'ouvrage passe ainsi en revue les principales initiatives prises par l'État en matière de soins de santé et d'hygiène publique, comblant de ce fait une lacune dans l'historiographie. Il fallut en effet attendre très longtemps avant de voir l'historiographie belge s'intéresser à l'histoire de la maladie et de la santé. Les historiens belges ne se penchèrent pas sur l'histoire de la santé publique avant les années 1980, dans la foulée de la tendance internationale consistant à s'intéresser davantage à l'homme et à la société qu'aux grands noms et aux grands faits historiques. Les historiens belges se concentrèrent alors sur les données démographiques, l'évolution des mentalités, l'histoire de groupes professionnels, l'hygiène, etc. Puis le thème des soins de santé trouva aussi progressivement une place dans d'autres disciplines, comme l'histoire des femmes, l'histoire du mouvement ouvrier ou l'histoire de l'Église. Malgré tout, certains aspects de l'histoire des soins de santé aux 19e et 20e siècles demeurent inconnus, tandis que les études scientifiquement étayées font défaut.

Sources

Les rapports publiés par le Conseil constituent la principale source de cette étude. Ces publications annuelles compilent tous les avis formulés par le Conseil supérieur d'hygiène publique et reflètent assez fidèlement ses activités, ainsi que les thèmes traités au fil des années. Il fut en revanche beaucoup plus délicat de cerner l'impact des avis du Conseil. Dans quelle mesure le gouvernement tenait-il compte des objections et des observations du Conseil, et pouvait-il effectivement assortir ses avis d'une force contraignante ? Pour répondre à cette question, nous avons combiné l'étude des sources primaires à une analyse du *Moniteur Belge*, de la *Pasinomie* et du *Bulletin de la Santé Publique* mensuel. Nous avons tenté de vérifier si les avis se sont réellement traduits en arrêtés royaux (A.R.), en circulaires ministérielles (C.M.) et en explications du ministre. Les travaux parlementaires fournissent également des informations – bien que clairsemées – à cet égard. D'un point de vue historique, l'absence de suite donnée aux avis du Conseil a également tout son intérêt. Des circonstances socio-économiques ou politiques faisaient-elles obstacle au développement de la politique de santé et de la législation sociale ? La presse médicale (*Le Scalpel*, *La Gazette Médicale Belge*) portait un regard souvent critique sur la politique sanitaire et sur le fonctionnement du Conseil. Le manque de temps et la profusion des sources nous ont poussés à limiter l'étude de la presse médicale à quelques échantillons. Il nous a été impossible, pour ces mêmes raisons, d'analyser les éventuelles interactions entre le Conseil supérieur d'hygiène publique et d'autres organes ou instituts publics compétents pour les soins de santé.

Structure et plan de l'ouvrage

L'histoire du Conseil supérieur d'hygiène publique est présentée chronologiquement en quatre grandes périodes. La première partie (1849-1885) se penche sur la création du Conseil supérieur d'hygiène publique et sur ses premières années d'existence. Durant cette première période, le Conseil se consacra à la lutte contre les épidémies de choléra et de variole, rendit des avis sur les assainissements nécessaires dans les villes et les communes, dessina des plans pour des infrastructures hospitalières et scolaires hygiéniquement adéquates et introduisit l'enseignement de la gymnastique. L'année 1886 marque une importante césure, les grèves sanglantes en Wallonie obligèrent les hommes politiques à prendre conscience du problème ouvrier. Après ces événements, le Conseil supérieur d'hygiène publique organisa une étude à grande échelle sur les habitations ouvrières, étude qui déboucha notamment sur des mesures visant à encourager l'achat d'une maison ouvrière. Le Conseil supérieur d'hygiène publique formula également des avis sur les premières lois sociales relatives à la sécurité au travail (1886), à l'interdiction du travail des enfants (1889) et à l'instauration du repos dominical (1905). Un deuxième tournant fut la découverte, par Koch, du bacille de la tuberculose (1882) et du bacille du choléra (1883). Le fait de savoir que ces maladies contagieuses étaient causées et répandues par des bactéries revêtit pour le Conseil une importance capitale dans sa lutte contre les maladies infectieuses et contre l'importante mortalité infantile.

La troisième partie de cet ouvrage porte sur l'entre-deux-guerres. Le Conseil supérieur d'hygiène publique contribua à la professionnalisation de la formation du personnel infirmier, propagea l'importance d'une bonne hygiène personnelle et rédigea des prescriptions en matière de prévention et de traitement de la tuberculose, ainsi qu'en matière de construction de sanatoriums. L'inspection médicale scolaire, rendue obligatoire en 1914, devait promouvoir la santé des jeunes scolarisés et permettre de dépister plus rapidement les cas de maladies infectieuses. L'instauration du suffrage universel pour les hommes, en 1919, créa en outre un nouveau climat politique propice à l'extension de la législation sociale, ouvrant ainsi une période de recours intense aux services du Conseil supérieur d'hygiène publique. Nous avons dû changer d'approche pour aborder l'évolution du Conseil supérieur d'hygiène publique après la Seconde Guerre mondiale. En effet, pour cette époque, nous ne disposons que des procès-verbaux du Conseil. Étant donné leur concision extrême, ces rapports livrent peu d'informations utiles et lèvent à peine le voile sur les thèmes traités par le Conseil dans ce passé proche. Faute de temps pour d'autres interviews et études de sources secondaires, il nous était impossible de décrire en détail l'histoire contemporaine du Conseil. Nous avons donc fait le choix d'un épilogue, qui esquisse les plus grandes découvertes médico-scientifiques et les principales évolutions enregistrées dans la politique de santé du pays. En 2007, le Conseil supérieur d'hygiène publique a changé de nom (en français) pour devenir le Conseil Supérieur de la Santé. Dans ce livre, nous utilisons la dénomination en vigueur à l'époque évoquée.

Remerciements

Il est impossible de remercier tous ceux qui ont contribué au présent ouvrage. Je souhaite avant tout remercier les membres du comité d'accompagnement, réunis sous la houlette du Pr. Guy De Backer, pour leur confiance, leur intérêt et les décisions logistiques qu'ils ont prises dans le cadre de ce projet. L'archiviste général du Royaume, Karel Velle, et Lieve Dhaene m'ont apporté une aide précieuse dans la recherche des sources et dans la réécriture des textes. Leurs remarques critiques furent une source d'inspiration inestimable pour cet ouvrage. Mes collègues Roxane Laurent, Anne-Marie Plas et Michele Rignanese m'ont aidée à corriger les textes français. Ellen Van Hoof m'a offert une aide indispensable à l'approche de la date butoir de ce projet, en se jetant corps et âme dans la quête de sources iconographiques. Je remercie également les autres membres du personnel du Conseil Supérieur de la Santé pour leur sympathie et pour les petites bouffées d'oxygène qu'ils m'ont offertes pour entrecouper ces longs moments passés dans les bibliothèques et les archives. Raf mérite aussi une mention spéciale pour sa capacité de relativiser, et pour tant d'autres choses.

PREMIÈRE PARTIE

Sur la voie d'une hygiène améliorée et d'une politique sanitaire centralisée (1849-1884)

1. Un intérêt croissant pour l'hygiène publique (1848-1852)

1.1. Famine, habitat de mauvaise qualité et épidémies

Crise dans l'agriculture et l'industrie artisanale à domicile

Dans les années 1845-1847, une crise agricole particulièrement violente toucha les provinces de Flandre occidentale et de Flandre orientale ainsi que, dans une moindre mesure, le Brabant et le Hainaut. Dans la première moitié du 19e siècle, la majorité des Flamands travaillaient dans l'agriculture. Les parcelles étaient petites et les loyers, élevés. La plupart des ménages se voyaient dès lors contraints de compléter leurs faibles revenus par diverses activités d'artisanat à domicile. L'industrie linière était ainsi largement répandue. Célèbre dans le monde entier, le lin flamand était réputé pour son excellente qualité.

La mécanisation fit son entrée dans le secteur textile dès les premières décennies du 19e siècle. Au début, les Flamands estimaient que le brin filé sur les machines anglaises était de qualité inférieure. Mais très vite, la concurrence se révéla féroce ; la révolution industrielle était inéluctable. L'industrie à domicile flamande déclinait à vue d'œil. Les familles de paysans perdirent la bataille contre les usines de textile, capables de produire à bien moindre coût. Sans ce revenu complémentaire issu de l'artisanat à domicile,

En 1848, la Flandre subit les affres d'une grave crise agricole. L'industrie linière, en particulier, fut touchée de plein fouet.

La crise des années 1840 fut moins rude en Wallonie grâce aux florissantes industries de la métallurgie et des mines.

la population rurale avait bien du mal à garder la tête hors de l'eau. La Flandre autrefois si florissante s'appauvrissait à vive allure.[1]

Et la situation devint encore plus catastrophique après plusieurs mauvaises récoltes, entre 1845 et 1847. Après l'hiver extrêmement rude de 1844-1845, qui produisit une récolte hivernale des plus maigres, l'année 1845 fut marquée par le terrible mildiou et ses conséquences désastreuses. En effet, la pomme de terre était, avec le pain de seigle, le principal aliment de l'époque. Comble du malheur, la récolte de seigle de 1846 fut ravagée par la rouille. Un très grand nombre de Flamands moururent de faim.[2] Beaucoup n'avaient plus les moyens de se fournir une alimentation de base et tentaient de survivre avec une soupe faite de fanes de navets, de colza et d'un peu de farine.[3] De surcroît, cette nourriture, déjà en quantité insuffisante, n'offrait pas non plus les vitamines, minéraux et protéines nécessaires, ce qui se traduisait par un affaiblissement généralisé de la population.

La Wallonie s'en sortait mieux grâce à son industrialisation précoce. L'industrie lainière verviétoise avait réussi à instaurer des techniques de production automatisée. L'industrie métallurgique était en plein essor à Liège et la sidérurgie recrutait à plein régime à Charleroi. Les bassins houillers de Liège, de Charleroi et du Borinage occupaient également de nombreux ouvriers.

Des habitats misérables dans les cours intérieures

Les Flamands étaient de plus en plus nombreux à ne plus pouvoir vivre de l'agriculture ou de l'industrie artisanale à domicile. À son tour, l'exode rural engendra de nouveaux problèmes. Le prolétariat ouvrier croissant débarquant dans les centres industriels fit grimper la pression sur le logement. Dès la moitié du 18e siècle, les propriétaires d'usine construisirent pour leur personnel des maisons modestes à proximité du lieu de travail. Des parcelles enclavées se remplirent alors de petites habitations uniformes, faites de matériaux bon marché. C'est la naissance des « cours intérieures ». Leur nombre crût à une vitesse fulgurante au cours du 19e siècle. En effet, les ouvriers étaient de plus en plus nombreux à migrer vers les villes, où seuls les habitats les moins onéreux restaient à leur portée.

[1] Vanhaute, *Economische en sociale geschiedenis*, 90-94 ; Jacquemyns, *Histoire de la crise économique des Flandres* ; Lannoo, *En de boerin, zij zwoegde voort*, 29-33 ; Steensels, « De tussenkomst van de overheid in de arbeidershuisvesting te Gent », 5-8.

[2] Vanhaute, *Economische en sociale geschiedenis*, 90-94 ; Lannoo, *En de boerin, zij zwoegde voort*, 29-33.

[3] Bruneel, « Ziekte en sociale geneeskunde », 24.

Le plus souvent, les cours intérieures n'étaient reliées à la voie publique que par un passage étroit, ce qui permettait souvent de maintenir la misère à l'abri des regards. Les conditions de vie y étaient lamentables : installations sanitaires minimales, pompes collectives pour l'alimentation en eau, odeur pestilentielle diffusée par les égouts à ciel ouvert. Et pas le moindre signe d'hygiène corporelle étant donné l'absence de toute infrastructure et la promiscuité généralisée.[4]

L'habitat dans les cours intérieures n'était pas soumis à la moindre réglementation. Il s'agissait pour les industriels d'une course au profit à bas prix et d'un moyen de se lier les ouvriers. Les administrations communales fermaient les yeux sur les pratiques douteuses et l'absence totale d'entretien des maisonnettes. Le droit de propriété était entièrement respecté, conformément à la Constitution. Qui plus est, la grande majorité de la bourgeoisie ignorait tout de la vie au sein de ces cours intérieures décrépies. Seuls les médecins des pauvres et les journalistes osaient pénétrer dans ces labyrinthes de rues et de ruelles et publier des articles sur les conditions de vie affreuses dont ils étaient témoins.

En 1843, Mareska et Heyman – deux médecins gantois – enquêtèrent sur les conditions de travail et de vie des ouvriers dans les cours intérieures. Selon leurs écrits, la situation avait totalement dégénéré à cause du laxisme des autorités de la ville. Les deux médecins étaient d'avis que les piètres conditions de logement et le manque de nourriture correcte étaient plus dommageables pour la santé des ouvriers que la nature du travail qu'ils effectuaient ou que les conditions d'hygiène dans les usines. Leur rapport suscita pas mal de remous. Une partie de la bourgeoisie tomba des nues. Les journaux et les tracts s'épanchèrent sur ces situations intolérables. Le ministre de l'Intérieur fut même interpellé au Parlement. Mais l'intérêt du public fut de courte durée. L'hygiène publique ne faisait pas encore partie des priorités de l'agenda politique.[5]

Les égouts à ciel ouvert, les déchets jonchant la voie publique et le manque de sanitaires rendaient les conditions de vie dans cette cour intérieure anversoise tout à fait lamentables.

[4] *De kranten van Gent*, 2-3.

[5] Steensels, « De tussenkomst van de overheid... », 5-8 ; Velle, *Hygiëne en preventieve gezondheidszorg*, 10 ; Mareska en Heyman, *Enquête sur le travail et la condition physique et morale des ouvriers.*

Le fléau des épidémies et la théorie des miasmes

À la famine vinrent s'ajouter les épidémies : dysenterie, typhus, variole et choléra infestèrent nos régions par vagues successives. Une épidémie de typhus ravagea le pays en 1847. Un an plus tard, l'épidémie de choléra fit des milliers de victimes parmi une population déjà affaiblie. À l'époque, les sciences médicales se perdaient encore en conjectures quant à l'origine des maladies. La théorie des miasmes était ainsi très en vogue au milieu du 19e siècle. L'idée était que les germes pathogènes n'étaient pas infectieux en tant que tels, mais qu'ils le devenaient une fois qu'ils atterrissaient dans un sol imbibé de matières fécales et y subissaient un processus de maturation. Les maladies étaient donc provoquées par les gaz de décomposition qui s'élevaient du sol. La théorie des miasmes fut ainsi popularisée et simplifiée pendant des années. La conclusion globale en était : « Ce qui sent mauvais est dangereux pour la santé ». Les partisans de la théorie des miasmes s'attaquaient donc aux immondices en putréfaction et aux cours d'eau dégageant de mauvaises odeurs.[6]

1.2. Des compétences éparses en matière de santé

L'évolution fut très lente. Les piètres conditions de vie des ouvriers devinrent peu à peu connues de couches plus larges de la population. Cette prise de conscience passa en partie par le corps médical qui s'organisait alors, devenant peu à peu un groupe de pression de plus en plus important. De plus en plus de médecins siégeaient au sein des comités consultatifs du gouvernement et du Parlement.[7] Les soins de santé commençaient à gagner l'intérêt des autorités nationales, alors qu'ils relevaient jusque-là principalement de la compétence des communes.

Le centre de gravité du côté des communes

Depuis toujours, le centre de gravité en matière de santé et d'hygiène publiques se situait au niveau des communes. En fait, tout ce qui ne relevait pas explicitement de la compétence de l'État ou des provinces, ou qui ne tombait pas sous le coup d'une loi spécifique, était régi par les communes. Leurs compétences étaient dès lors très étendues au milieu du 19e siècle. La loi du 14 décembre 1789 prescrivait que les autorités communales étaient tenues de veiller à la propreté et au bon éclairage des voies, bâtiments et places publics. Les communes devaient en outre prévenir toute menace sur la santé publique due aux habitations insalubres et aux cimetières mal entretenus. Elles étaient également chargées du contrôle des denrées alimentaires et de la prévention des maladies contagieuses. La Loi communale du 30 mars 1836 vint consolider cette législation, obligeant les administrations communales à consacrer une partie de leur budget annuel à la santé publique. Les communes étaient également responsables des soins médicaux des indigents.

Le rôle intermédiaire des provinces

L'article 79 de la Loi provinciale du 30 avril 1836 obligeait la province à assister les communes dans la prise de mesures préventives contre les épidémies. Les pouvoirs provinciaux pouvaient encourager les communes, en leur octroyant des subsides, à consacrer l'attention nécessaire à la santé publique. La province pouvait en outre instaurer des

[6] Verbruggen, *De stank bederft onze eetwaren*, 10.
[7] Velle, *Hygiëne en preventieve gezondheidszorg*, 10.

STAD KORTRYK.

REGLEMENT

OP HET

WITTEN EN REINIGEN

der Huizen bewoond door de arme en werkende klassen.

De Gemeenteraad der stad Kortrijk :

Overwegende dat, alhoewel tot nu toe de Stad van alle besmettelijke ziekte bevrijd is gebleven, en dat nog niets aanduidt dat dergelijk onheil de Gemeente overvallen zal, het nogtans de plicht is der Gemeente-Besturen al de gebeurlijkheden te voorzien en te zorgen dat al de oorzaken van ongezondheid die het kwaad zouden kunnen vermeerderen wanneer het hier moest aanvangen, vermeden of verdwenen worden ;

Gezien het reglement van politie van den 16 Mei 1849 op de ongezonde woningen ;

Gezien het reglement van politie van 30 Junij 1852 op het vagen der straten ;

Gezien het artikel 78 der wet van den 30 Maart 1836 ;

BESLUIT HETGENE VOLGT :

Art. 1. De eigenaars zijn gehouden, ten minsten eens 's jaars, hunne huizen, door de arme en werkende klas bewoond, en vooral deze staande in straatjes, poortjes en koers, met levenden kalk, van binnen en van buiten te doen witten.

Voor het loopende jaar zal deze witting moeten gedaan zijn tegen den 15en Julij 1866 ; voor de volgende jaren, zal zij geschieden binnen de vijftien dagen na de vermaning daarvan gedaan aan den eigenaar door het Gemeente Bestuur.

Art. 2. De aalputten en teerputten ten dienste van deze woningen zullen luchtdicht gedekt worden.

Art. 3. De eigenaars zullen ook nauwkeurig zorgen, dat er geene waters blijven staan, voor of nabij deze woningen, en zij zullen de greppen zoodanig schikken dat de waters van deze huizen voortkomende, gemakkelijk wegstroomen.

Art. 4. Deze schikkingen zijn zoowel toepasselijk aan het buitendeel als aan het inwendige der stad.

Art. 5. In geval van nalatenheid in het uitvoeren der hier boven aangehaalde maatregelen, zullen die van ambtswege, ten koste van den eigenaar, door het Gemeente Bestuur uitgewerkt worden, zonder eenige benadeeling aan de rechten van het Bestuur krachtens de Reglementen hierna vermeld.

Art. 6. De overtredingen aan het tegenwoordig reglement zullen door schriftelijke verslagen der Politie vastgesteld worden.

Zij zullen gestraft worden met eene boet van 3 tot 15 franken.

In geval van hervalling zal de Rechter eene gevangzitting van 1 tot 5 dagen, het zij afzonderlijk het zij gezamentlijk met de boete, mogen toepassen.

De schikkingen der Reglementen van 16 Mei 1849 en 30 Junij 1852 hiervoren aangehaald, blijven in volle wezen.

Gedaan en vastgesteld in Zitting van den Gemeente-raad den 30 Junij 1866.

DE SEKRETARIS : CH. MUSSELY.

DE BURGEMEESTER-VOORZITTER,
H. NOLF.

Boek- en Steendrukkerij van VERMAUT-GRAFMEYER, Steenpoort, 10, te Kortrijk.

L'État dépendait entièrement de la bonne volonté des communes pour la mise en œuvre de la politique de santé et des avis en matière d'hygiène publique. Les communes jouissaient d'une complète autonomie.

règlements visant à prévenir et à combattre les maladies contagieuses. Ce pouvoir n'était toutefois pas souvent mis en pratique, vraisemblablement du fait que la matière était déjà considérée comme un droit acquis des communes.

Dans les faits, la province faisait essentiellement office d'organe intermédiaire, de « boîte aux lettres » qui diffusait les directives et circulaires ministérielles dans les communes. En retour, les provinces fournissaient aussi à l'autorité centrale des informations utiles sur l'apparition et l'évolution de maladies contagieuses. Une tâche remplie par les commissions médicales provinciales, en l'occurrence. Les pouvoirs néerlandais avaient créé ces commissions le 12 mars 1818, sous le nom de *Provinciale Commissies voor Geneeskundig Onderzoek en Toezicht*. Restées en place à l'indépendance de la Belgique, elles furent alors rebaptisées « commissions médicales provinciales ». Celles-ci surveillaient l'état de santé des habitants du Royaume tout en prodiguant leurs conseils aux provinces dans le cadre de la promulgation d'arrêtés visant à lutter contre les maladies contagieuses. Elles faisaient rapport tant au gouverneur de la province qu'au ministre de l'Intérieur pour tout ce qui concernait les maladies contagieuses. Elles délivraient les diplômes et certificats nécessaires aux médecins, pharmaciens, sages-femmes et droguistes et contrôlaient la conformité de leur exercice. Par contre, le rôle des provinces était plutôt restreint dans le domaine des soins prophylactiques.

Le pouvoir central

En 1847, il n'était absolument pas question d'une administration centrale chargée de la santé publique. Il fallut attendre 1936 pour que la Belgique ait son premier ministère de la Santé Publique à part entière. Jusque-là, plusieurs ministères se partageaient les compétences restreintes de l'État en matière de soins de santé. Le contrôle de l'exercice de la médecine et la santé publique relevaient en grande partie de la compétence du ministre de l'Intérieur. Le ministre de la Justice était responsable des soins aux aliénés, des services médicaux des prisons et des bureaux de bienfaisance des communes. Le service de santé de l'armée et l'inspection médicale du travail relevaient respectivement de la compétence du ministère de la Guerre et du ministère de l'Industrie et du Travail.

Initialement, les autorités nationales accordaient une attention exclusive au contrôle de l'exercice de la médecine et à la lutte contre les épidémies. Suite aux épidémies de choléra qui avaient secoué les années 1830, le gouvernement prit une série de mesures et diverses commissions virent le jour. Ainsi naquit, le 7 avril 1831, le Conseil supérieur de Santé. Il s'agissait alors d'un organe public spécifiquement chargé de prendre des mesures contre le choléra. À la fin de l'épidémie, le Conseil cessa toutes ses activités et fut formellement aboli le 19 novembre 1841. L'Académie royale de médecine de Belgique, créée la même année, reprit alors ses attributions. Le 8 avril 1831, le gouvernement installa une commission de médecins chargée d'enquêter sur le choléra à Paris. Une fois l'épidémie de choléra terminée, une nouvelle commission fut nommée. Celle-ci se mit en quête de personnes qui avaient fait preuve de courage et d'abnégation durant l'épidémie, et qui avaient donc droit aux honneurs du gouvernement. Les progrès enregistrés dans le domaine de la chimie présidèrent à la constitution, le 29 novembre 1833, d'une commission chargée de préparer la révision de la Pharmacopée belge, le manuel regroupant les règles de préparation des médicaments. Cette tâche fut également reprise par l'Académie royale de médecine en septembre 1841.

Le 31 mars 1834, une commission fut mise sur pied pour réviser la loi-cadre néerlandaise sur l'exercice de la médecine, datant du 12 mars 1818. Mais cette commission

Le long périple vers un ministère à part entière

Jusqu'en 1888, la Santé publique relevait du ministère de l'Intérieur. L'administration établit ensuite ses quartiers au département de l'Agriculture, de l'Industrie et des Travaux publics. Après la scission de ce dernier en 1899, la Santé publique passa sous la compétence du ministre de l'Agriculture. Entre le 30 octobre 1908 et le 5 août 1910, le département de l'Agriculture fut absorbé par celui de l'Intérieur. Lorsque l'administration de l'Agriculture fut à nouveau détachée, l'administration de la Santé demeura sous l'égide du ministère de l'Intérieur. C'est seulement en 1936 qu'un ministère de la Santé publique à part entière vit le jour.[1]

[1] Vandeweyer, *Het ministerie van Volksgezondheid*, 25-26.

Charles Rogier (1800-1885)

Avocat libéral d'origine liégeoise, Charles Rogier joua un rôle clé dans l'indépendance de la Belgique alors qu'il était à peine âgé de 30 ans. Il fit partie du Gouvernement provisoire et siégea au Congrès national. Un an plus tard, il fut nommé gouverneur d'Anvers et député à vie. La ligne ferroviaire reliant Malines à Bruxelles, la première du continent européen, fut ouverte à son initiative en 1835. Dans l'intérêt du port d'Anvers, il parvint à abolir le péage de l'Escaut. Charles Rogier témoigna par ailleurs d'un intérêt particulier pour la santé publique. Il prit deux fois la tête d'un gouvernement libéral homogène (12/08/1847 - 28/09/1852 et 9/11/1857 - 21/12/1867). En 1848, il défendit l'indépendance de la Belgique face à la France en sa qualité de ministre des Affaires étrangères. Charles Rogier fut un fervent défenseur des intérêts de la bourgeoisie francophone et nomma essentiellement des fonctionnaires francophones. En 1860, il revisita le texte original de la Brabançonne en y tempérant les attaques virulentes à l'égard du pouvoir néerlandais.[1]

[1] Juste, *Charles Rogier*, 1-102.

ne laissa pas davantage de traces. Le Service de Santé et de l'Hygiène fut fondé le 18 septembre 1845. Un an plus tard, il devint l'un des six départements de l'Administration des Affaires Provinciales et Locales (A.R. du 10 juin 1846). Ce service, baptisé Division des Affaires Médicales et de l'Hygiène, contrôlait l'application de la législation relative à l'exercice de la médecine et était responsable du contrôle sanitaire des ports et des côtes. Le service était en outre chargé de la coordination des mesures prises en vue d'améliorer l'hygiène dans les entreprises, les habitations, l'alimentation et l'environnement. Il devait par ailleurs s'assurer que les subsides publics étaient dépensés utilement.[8]

1.3. Une évolution prudente

Un nouveau gouvernement entra en fonction le 12 août 1847, sous la houlette de Charles Rogier, également détenteur du portefeuille de l'Intérieur. Il s'agissait du premier cabinet libéral homogène de la jeune Belgique, jusqu'alors dirigée par des gouvernements unionistes. Rogier héritait d'un pays en proie à une grave crise agricole et industrielle, et ravagé par la fièvre typhoïde et le choléra.[9] C'est sous son impulsion que le thème de l'hygiène et de la santé publiques fut inscrit pour la première fois à l'agenda politique.

Le gouvernement veut assainir

Fidèle à la théorie des miasmes, le gouvernement espérait pouvoir mettre un terme aux épidémies en opérant des assainissements et en épurant les eaux nauséabondes. Mais le coût des travaux d'assainissement et des soins de santé était entièrement à la charge des communes. Seuls quelques projets d'envergure, comme le comblement de fossés ou la pose de conduites d'alimentation en eau et d'égouttage, pouvaient prétendre aux subsides de l'État, le plus souvent à concurrence d'un tiers du coût total. Mais les revenus locaux étaient tellement insuffisants que même les travaux les plus élémentaires ne

[8] Velle, « De centrale gezondheidsadministratie », 3-6; Velle, *Hygiëne en preventieve gezondheidszorg*, 30-34.
[9] Witte, *Politieke geschiedenis van België*, 54.

purent être réalisés.[10] La plupart du temps, les autorités communales se contentaient d'assurer la propreté des routes. À quelques exceptions près, l'intérêt porté aux règles du logement ou à l'hébergement des indigents et des ouvriers était plutôt faible.

Le gouvernement était conscient de la nécessité d'augmenter les subsides pour apporter des améliorations notables en matière de santé publique.[11] Le 18 avril 1848, Rogier parvint à faire voter au Parlement un crédit exceptionnel d'un million de francs pour l'assainissement des maisons ouvrières. Dans une circulaire datée du 21 avril 1848, il demanda aux Députations permanentes, aux commissaires d'arrondissement, à l'administration des ponts et chaussées, etc. de formuler un avis relatif aux assainissements. Il sonda en outre les possibilités de modifier la loi sur l'expropriation, une condition indispensable à la conduite d'une politique d'assainissement efficace et poussée.

Un avant-projet de modification de la loi fut rédigé. Les propriétaires d'habitations pour indigents, tenus de laisser place aux travaux d'assainissement, avaient la possibilité de vendre leurs maisons à l'État à un prix convenable. La partie du bâtiment qui ne jouxtait pas la voie publique pouvait cependant rester telle quelle. Mais les propriétaires avaient l'obligation de rembourser, à la commune ou à la société qui avait réalisé les travaux, la plus-value de l'habitation – acquise grâce aux travaux d'assainissement du quartier – au plus tard un an après la fin des travaux.[12] Au sommet de la liste des priorités: de nouvelles maisons ouvrières, le pavage des routes dans les quartiers à forte densité de population, la destruction des maisons insalubres, etc.

La politique d'assainissement et d'expropriation servait également les intérêts économiques. Rogier y fit d'ailleurs expressément allusion dans une circulaire ministérielle du 3 avril 1849. Les ouvriers malades signifiaient une perte de main-d'œuvre; le mauvais état de santé de la population était néfaste pour l'économie et entraînait des charges plus lourdes pour les bureaux de bienfaisance.[13] De surcroît, le projet de loi insistait clairement, une fois de plus, sur la non-ingérence sur les maisons non attenantes à la voie publique. Les cours intérieures, hautement insalubres, échappaient donc à la mesure. Des voix s'élevèrent néanmoins, protestant contre la tentative de Rogier de toucher au droit de propriété. Le projet de loi allait trop loin et fut rejeté par le Parlement.

Les comités de salubrité publique

Le gouvernement n'en poursuivit pas moins ses projets. Le 12 décembre 1848, Rogier obligea chaque commune à créer un comité de salubrité publique. Ces comités sanitaires devaient, dans la mesure du possible, se composer d'un ou de plusieurs médecins, d'un pharmacien, d'un architecte et d'un membre de la Commission des Maisons civiles de Dieu ou d'un bureau de bienfaisance. Si nécessaire, d'autres personnes compétentes pouvaient également en faire partie. Les comités devaient faire l'inventaire de tout ce qui pouvait constituer un danger pour la santé des habitants, inventaire destiné aux pouvoirs locaux et provinciaux. Ils devaient en outre déterminer les travaux d'assainissement nécessaires au niveau des habitations, des rues, de l'alimentation en eau et de l'égouttage. Les activités des comités de salubrité publique permettaient aux autorités communales d'élaborer un dossier en vue d'obtenir les subsides publics nécessaires pour les travaux à exécuter.[14]

Les premiers rapports des comités de salubrité publique réceptionnés au ministère de l'Intérieur vinrent confirmer l'urgence de prendre des mesures pour améliorer l'hygiène.

[10] Velle, *Hygiëne en preventieve gezondheidszorg*, 37.
[11] Kuborn, *Aperçu historique*, 63-66.
[12] Steensels, « De tussenkomst van de overheid », 453.
[13] *Pasinomie*, C.M., 3 avril 1849.
[14] Kuborn, *Aperçu historique*, 66; *Moniteur Belge*, 12 décembre 1848.

Rogier comprenait que le gouvernement avait une tâche importante à remplir, ce qui ne l'empêcha pas d'insister encore une fois, dans sa circulaire du 5 avril 1849, sur la responsabilité des communes dans cette matière. Elles devaient prendre des initiatives et faire réaliser les travaux d'assainissement afin d'améliorer les conditions de vie de la classe ouvrière.[15] Il devint peu à peu évident qu'il s'agissait là d'une mission vaste et importante pour le gouvernement. Rogier comprenait la nécessité d'un soutien plus important pour pouvoir exercer dûment cette fonction. C'est pourquoi il proposa de fonder un nouvel organe public : le Conseil supérieur d'hygiène publique.

1.4. Constitution du Conseil supérieur d'hygiène publique (15 mai 1849)

Rogier expliqua ses projets dans un rapport au roi Léopold Ier, daté du 11 mai 1849. Selon lui, la réalisation effective des travaux d'assainissement locaux nécessaires en matière de logement et d'infrastructure constituait une priorité absolue. Pour assurer la réussite de cette opération à grande échelle, il plaidait pour la création d'un organe de coordination national : un Conseil sanitaire central. Cet organe devait avant tout rassembler et traiter les rapports établis par les comités de salubrité publique. Parallèlement à cela,

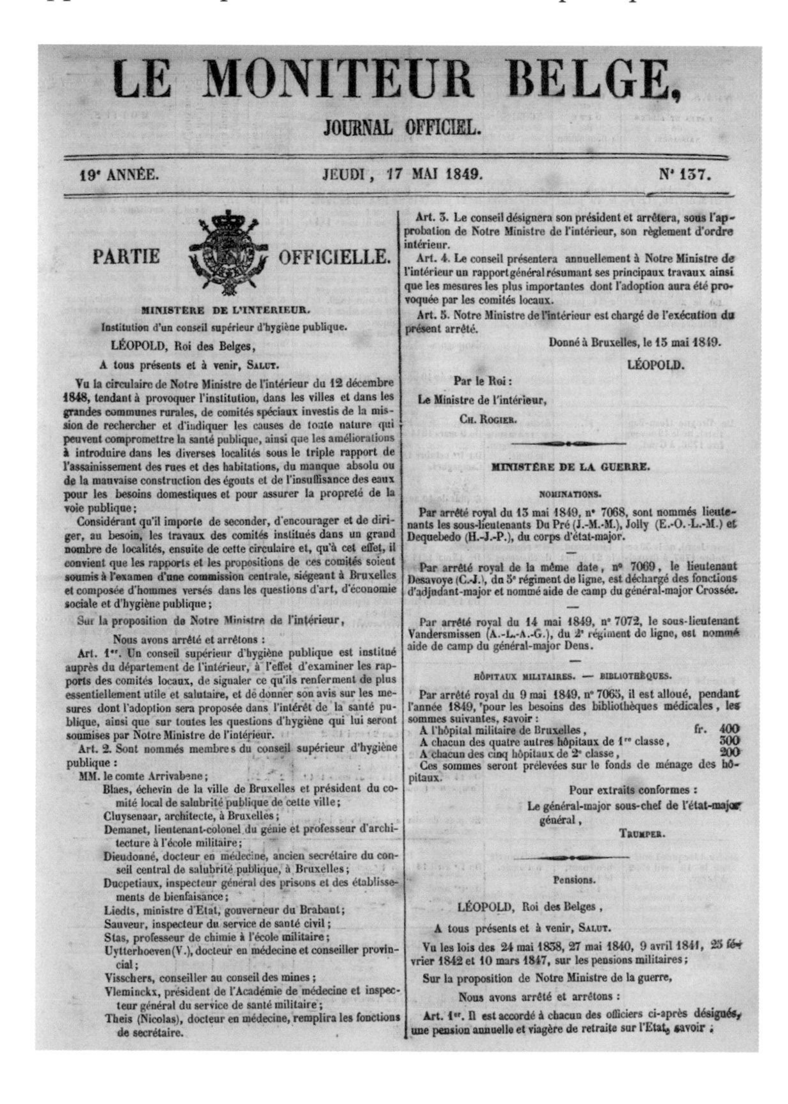

LE MONITEUR BELGE,

JOURNAL OFFICIEL.

19e ANNÉE. JEUDI, 17 MAI 1849. No 137.

PARTIE OFFICIELLE.

MINISTÈRE DE L'INTÉRIEUR.

Institution d'un conseil supérieur d'hygiène publique.

LÉOPOLD, Roi des Belges,

A tous présents et à venir, Salut.

Vu la circulaire de Notre Ministre de l'intérieur du 12 décembre 1848, tendant à provoquer l'institution, dans les villes et dans les grandes communes rurales, de comités spéciaux investis de la mission de rechercher et d'indiquer les causes de toute nature qui peuvent compromettre la santé publique, ainsi que les améliorations à introduire dans les diverses localités sous le triple rapport de l'assainissement des rues et des habitations, du manque absolu ou de la mauvaise construction des égouts et de l'insuffisance des eaux pour les besoins domestiques et pour assurer la propreté de la voie publique;

Considérant qu'il importe de seconder, d'encourager et de diriger, au besoin, les travaux des comités institués dans un grand nombre de localités, ensuite de cette circulaire et, qu'à cet effet, il convient que les rapports et les propositions de ces comités soient soumis à l'examen d'une commission centrale, siégeant à Bruxelles et composée d'hommes versés dans les questions d'art, d'économie sociale et d'hygiène publique;

Sur la proposition de Notre Ministre de l'intérieur,

Nous avons arrêté et arrêtons :

Art. 1er. Un conseil supérieur d'hygiène publique est institué auprès du département de l'intérieur, à l'effet d'examiner les rapports des comités locaux, de signaler ce qu'ils renferment de plus essentiellement utile et salutaire, et de donner son avis sur les mesures dont l'adoption sera proposée dans l'intérêt de la santé publique, ainsi que sur toutes les questions d'hygiène qui lui seront soumises par Notre Ministre de l'intérieur.

Art. 2. Sont nommés membres du conseil supérieur d'hygiène publique :

MM. le comte Arrivabene;
Blaes, échevin de la ville de Bruxelles et président du comité local de salubrité publique de cette ville;
Cluysenaar, architecte, à Bruxelles;
Demanet, lieutenant-colonel du génie et professeur d'architecture à l'école militaire;
Dieudonné, docteur en médecine, ancien secrétaire du conseil central de salubrité publique, à Bruxelles;
Ducpetiaux, inspecteur général des prisons et des établissements de bienfaisance;
Liedts, ministre d'Etat, gouverneur du Brabant;
Sauveur, inspecteur du service de santé civil;
Stas, professeur de chimie à l'école militaire;
Uytterhoeven (V.), docteur en médecine et conseiller provincial;
Visschers, conseiller au conseil des mines;
Vleminckx, président de l'Académie de médecine et inspecteur général du service de santé militaire;
Theis (Nicolas), docteur en médecine, remplira les fonctions de secrétaire.

Art. 3. Le conseil désignera son président et arrêtera, sous l'approbation de Notre Ministre de l'intérieur, son règlement d'ordre intérieur.

Art. 4. Le conseil présentera annuellement à Notre Ministre de l'intérieur un rapport général résumant ses principaux travaux ainsi que les mesures les plus importantes dont l'adoption aura été provoquée par les comités locaux.

Art. 5. Notre Ministre de l'intérieur est chargé de l'exécution du présent arrêté.

Donné à Bruxelles, le 15 mai 1849.

LÉOPOLD.

Par le Roi :
Le Ministre de l'intérieur,
Ch. Rogier.

MINISTÈRE DE LA GUERRE.

NOMINATIONS.

Par arrêté royal du 13 mai 1849, no 7068, sont nommés lieutenants les sous-lieutenants Du Pré (J.-M.-M.), Jolly (E.-O.-L.-M.) et Dequebedo (H.-J.-P.), du corps d'état-major.

—

Par arrêté royal de la même date, no 7069, le lieutenant Desavoye (C.-J.), du 5e régiment de ligne, est déchargé des fonctions d'adjudant-major et nommé aide de camp du général-major Crossée.

—

Par arrêté royal du 14 mai 1849, no 7072, le sous-lieutenant Vandersmissen (A.-L.-A.-G.), du 2e régiment de ligne, est nommé aide de camp du général-major Dens.

—

HÔPITAUX MILITAIRES. — BIBLIOTHÈQUES.

Par arrêté royal du 9 mai 1849, no 7065, il est alloué, pendant l'année 1849, pour les besoins des bibliothèques médicales, les sommes suivantes, savoir :

A l'hôpital militaire de Bruxelles,	fr. 400
A chacun des quatre autres hôpitaux de 1re classe,	300
A chacun des cinq hôpitaux de 2e classe,	200

Ces sommes seront prélevées sur le fonds de ménage des hôpitaux.

Pour extraits conformes :
Le général-major sous-chef de l'état-major général,
Trumper.

Pensions.

LÉOPOLD, Roi des Belges,

A tous présents et à venir, Salut.

Vu les lois des 24 mai 1838, 27 mai 1840, 9 avril 1841, 25 février 1842 et 10 mars 1847, sur les pensions militaires;

Sur la proposition de Notre Ministre de la guerre,

Nous avons arrêté et arrêtons :

Art. 1er. Il est accordé à chacun des officiers ci-après désignés, une pension annuelle et viagère de retraite sur l'Etat, savoir :

Le Conseil supérieur d'hygiène publique fut fondé le 15 mai 1849. Un groupe de douze scientifiques, fonctionnaires et architectes de premier plan fut chargé de conseiller le ministre en matière de santé publique.

[15] *Pasininomie*, 5/04/1849.

Charles A. Liedts (2/12/1802 - 21/3/1878)

Gouverneur libéral du Brabant, Charles Liedts devint en 1849 le premier président du Conseil supérieur d'hygiène publique. Il avait alors déjà une brillante carrière d'avocat à son actif, ainsi que de nombreuses missions diplomatiques à l'étranger et un poste ministériel. Liedts faisait preuve d'un grand intérêt pour la santé publique; la mission du Conseil le captivait au plus haut point. Son rôle de gouverneur lui avait permis de cerner les problèmes liés à la politique de santé. À son grand regret, Liedts fut à nouveau nommé ministre des Finances (1852-1855) afin d'assurer les accords commerciaux avec la France. Il est difficile d'estimer l'influence de son agenda politique sur le fonctionnement du Conseil. Il se fit toutefois remplacer par Jean-François Vleminckx lors du second Congrès d'hygiène (1852), qui jouissait tout de même d'un grand prestige. Durant le mandat ministériel de Liedts, les activités du Conseil tournèrent manifestement au ralenti. Et il resta encore très occupé après son mandat. En plus de son gouvernorat, Liedts s'occupait aussi de compagnies d'assurances, de mines de charbon et de lignes de chemin de fer privées. En 1860, il fonda le Conseil Supérieur du Commerce et de l'Industrie, un organe consultatif chargé notamment de se pencher sur les dispositions légales en matière de livrets d'ouvriers et de travail des femmes et des enfants. En 1861, il fut nommé gouverneur de la Société Générale. À l'âge de 74 ans, il démissionna de sa fonction de président du Conseil supérieur d'hygiène publique et se retira de la vie publique.[1]

[1] Röttger, Charles A. Baron Liedts, 1-79.

le Conseil était chargé de vérifier que les subsides demandés étaient bel et bien destinés aux travaux d'assainissement les plus urgents et les plus utiles. Enfin, il était essentiel qu'une instance centrale, se situant au-delà du niveau local, coordonne et encadre l'exécution des travaux. Rogier proposait de soigner la composition du Conseil en choisissant des membres aguerris dans les matières d'hygiène et de santé publiques. Cet organe intermédiaire se profilerait comme le complément indispensable aux comités de salubrité publique.

Mais Rogier avait encore d'autres ambitions, plus grandes, pour ce Conseil : à terme, celui-ci devait devenir un organe consultatif important pour le gouvernement en matière de santé publique.[16] La constitution du Conseil supérieur d'hygiène publique revêtait dès lors plus qu'une signification symbolique. Elle marquait le début d'une ingérence systématique des pouvoirs publics dans la santé publique. Le ministre Rogier s'inspira d'exemples à l'étranger, en l'occurrence le *General Board of Health* en Angleterre et le *Comité Consultatif d'Hygiène Publique* en France, tous deux fondés un an plus tôt et chargés respectivement de la lutte contre les maladies contagieuses et des problèmes de gestion des déchets et de drainage dans les villes.[17]

Le choix des membres

L'A.R. du 15 mai 1849 signa la mise en place du Conseil supérieur d'hygiène publique. Charles Liedts, Gouverneur de la province du Brabant, fut désigné président du Conseil ; Theis, inspecteur du département des établissements dangereux, insalubres ou incommodes, en fut élu secrétaire. Parmi la première vague de membres, citons notamment

[16] *La Santé*, 8/07/1849, 8 ; *Moniteur Belge*, 17/05/1849.

[17] En Angleterre, le *Board of Health* se concentrait sur le problème de gestion des déchets et sur l'évacuation des eaux, tandis qu'en France, le Comité s'occupait de tout ce qui avait trait à l'hygiène publique.

Jean-François Vleminckx et Dieudonné Sauveur

Lorsque la presse médicale déplorait la présence de certains membres du Conseil supérieur d'hygiène publique dans un nombre excessif de commissions et conseils médicaux, elle reflétait bel et bien la réalité. Après avoir étudié la médecine à Louvain et à Paris, Jean-François Vleminckx (1800-1876) se retrouva à l'âge de 30 ans à la tête du service de santé de l'armée. En 1841, il reçut la présidence de la toute nouvelle Académie Royale de Médecine et, en 1842, il fut nommé inspecteur général du service de santé des chemins de fer et des établissements pénitentiaires. En plus d'être membre du Conseil supérieur d'hygiène publique (1849-1870), Vleminckx siégeait aussi à la Commission centrale de Statistique, à la Commission de contrôle de l'école publique de médecine vétérinaire (1845), au Conseil provincial du Brabant, au Conseil pour l'amélioration de l'enseignement supérieur (1848-1864) ainsi que dans de nombreuses autres sociétés médicales belges et étrangères. Vleminckx fut l'un des instigateurs du mouvement hygiéniste en Belgique. Il décida en 1864 de consacrer sa vie à la politique et fut élu député dans le camp libéral. Cela ne l'empêcha pas de rester membre du Conseil pendant plusieurs années encore.[1]

Dieudonné Sauveur (1792-1862), médecin de profession, remplit lui aussi de nombreux autres mandats en parallèle à sa mission au sein du Conseil supérieur d'hygiène publique. Sauveur avait été nommé inspecteur général du service sanitaire civil, mais siégeait aussi en qualité de secrétaire à l'Académie Royale de Médecine (1841-1862). Il était en outre membre du Comité permanent pour les congrès internationaux d'hygiène et de démographie. Il écrivait pour des revues médicales telles que l'*Observateur Médical* et *La Santé*, collaborait au bulletin de la Commission centrale de Statistique et publia, en 1841, un ouvrage scientifique et un autre de vulgarisation sur l'hygiène publique.[2]

[1] Velle, *Hygiëne en preventieve gezondheidszorg*, XXV.
[2] *Ibidem*, XIX.

le comte J. Arrivabene, Edouard Ducpétiaux (inspecteur général des établissements pénitentiaires et médico-sociaux belges), Dieudonné Sauveur (chef du département de la santé au sein du ministère de l'Intérieur), A. Visschers (président du Conseil des Mines), Jean-François Vleminckx (médecin en chef de l'armée belge et président de l'académie royale de médecine), Jean Servais Stas (éminent professeur de chimie, enseignant à l'École militaire), Victor Uytterhoeven (chirurgien bruxellois et conseiller provincial du Brabant), le Dr Dieudonné et les architectes A. Demanet et Cluysenaer.[18]

Le choix des membres attira immédiatement les critiques de la revue médicale qui faisait autorité à l'époque, *Le Scalpel*. Il faut dire que, sur les treize membres élus, seuls cinq étaient docteurs en médecine. Qui plus est, trois seulement exerçaient réellement le métier de médecin. C'était terriblement peu pour un organe censé s'occuper de santé publique. *Le Scalpel* n'était en outre nullement satisfait des nominations de Dieudonné Sauveur (1797-1862) et de Jean-François Vleminckx (1800-1876). Un avis partagé par *La Gazette Médicale*, selon laquelle ces deux personnes siégeaient déjà dans un trop grand nombre de commissions. Non seulement La Gazette ne parvenait pas à imaginer comment ces messieurs pourraient encore prendre ce travail en charge, mais elle craignait

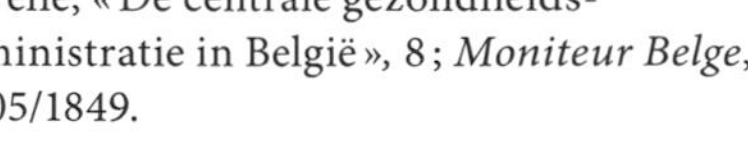

[18] Velle, « De centrale gezondheids-administratie in België », 8 ; *Moniteur Belge*, 17/05/1849.

également qu'ils n'exercent une influence excessive sur la politique sanitaire. En effet, les autres fonctions importantes remplies par les membres augmentaient le risque de voir les différents conseils et commissions marcher sur leurs plates-bandes respectives.[19] Mais Rogier ne se laissa pas démonter par ces critiques.

Missions et attributions

La mission du Conseil supérieur d'hygiène publique revêtait un double caractère. D'une part, le Conseil devait analyser les rapports des comités de salubrité publique et définir des priorités pour ce qui concerne les assainissements les plus utiles. Lors de sa première séance, organisée le 30 mai 1849, le Conseil détermina sa méthode de travail. L'étude des rapports des comités de salubrité fut confiée à une commission spéciale, chargée de faire une première analyse des documents reçus. Ces analyses seraient ensuite abordées à l'occasion des séances suivantes.

Le Conseil avait en outre un rôle consultatif plus large. L'A.R. du 15 mai 1849 stipulait que le Conseil supérieur d'hygiène publique devait réaliser des études et formuler des avis sur tout ce qui avait trait à l'hygiène ou à la santé. Le 24 mai 1849, le ministre Rogier étendit encore cette mission. Le Conseil avait désormais la liberté d'organiser des études de sa propre initiative. Il avait donc la possibilité d'exposer des problèmes auprès du ministère compétent et de proposer des solutions possibles.[20]

Cette définition étant toutefois très large, le Conseil définit un ordre de priorité des points à traiter. Se retrouvèrent ainsi aux premières places : l'assainissement des villes et des villages, l'assainissement et l'amélioration des habitations (surtout en ce qui concerne la ventilation, l'éclairage et l'évacuation des eaux ménagères et des eaux de pluie), l'hygiène alimentaire, l'habillement, les dortoirs, les us et coutumes et, enfin, l'hygiène au travail et la santé de l'ouvrier. Le Conseil souligna l'impérieuse nécessité du premier point de la liste des priorités, à savoir l'assainissement des villes, des villages et des habitations. Si les pouvoirs publics ne s'attaquaient pas en priorité à ce problème, tous les autres changements mentionnés seraient inutiles.[21]

Le règlement d'ordre intérieur

Dans un souci de bon fonctionnement du Conseil supérieur d'hygiène publique, un règlement d'ordre intérieur fut rédigé lors de la séance du 30 mai 1849, puis approuvé par le ministre de l'Intérieur. Il ne nous reste malheureusement qu'une version sommaire de ce règlement. Si les procès-verbaux et les rapports conservés nous ont permis de reconstruire partiellement le fonctionnement concret du Conseil, certains points demeurent toutefois à l'état d'hypothèses étant donné les lacunes et le manque de clarté des sources disponibles.

Toute demande d'avis du Conseil supérieur d'hygiène publique devait être adressée au ministre en charge de la Santé publique et de l'Hygiène publique, y compris si elle émanait d'autres ministères. N'oublions pas que le Conseil avait reçu un droit d'initiative et qu'il en faisait usage de temps en temps. Généralement, un ou plusieurs membres décidaient d'aborder un problème dans un rapport. Si la majorité des membres donnait son accord, le rapport était transmis au ministre compétent.

Un exemple concret permet de mieux comprendre la procédure. En 1874, le Professeur J.B. Depaire constata un net déclin de la qualité de la bière belge. Sa composition

[19] *Gazette Médicale Belge*, 3/06/1849, 106.
[20] Deltombe, *Hygiène publique*, 2.
[21] *La Santé*, 1851-1852, V.

était manifestement trafiquée pour réduire le prix des matières premières. En conséquence, de plus en plus d'ouvriers délaissaient la bière et son mauvais goût pour le genièvre et d'autres alcools forts, avec toutes les conséquences que cela implique. Pour Depaire, le Conseil supérieur d'hygiène publique ne pouvait laisser passer des pratiques aussi inadmissibles et se devait d'informer le ministre. Le Conseil approuva son rapport à l'unanimité et décida d'attirer l'attention du gouvernement sur l'importance d'un cadre législatif en matière d'adultération des denrées alimentaires.[22]

Le Conseil supérieur d'hygiène publique accordait également beaucoup d'importance à sa neutralité et à son indépendance. C'est d'ailleurs pour les garantir qu'il se tenait de préférence en retrait lors des discussions. Ce qui n'était pas toujours simple. En effet, le Conseil évaluait par exemple aussi les qualités d'hygiène de certains produits commerciaux. En 1861, un négociant utilisa le nom du Conseil supérieur d'hygiène publique pour promouvoir un nouveau désinfectant (pour lequel le Conseil avait effectivement donné son approbation). Suite à cet incident, le Conseil demanda au ministre de ne plus communiquer ses avis aux commerçants. Le Conseil voulait ainsi se distancier pleinement des intérêts privés et de la concurrence industrielle.[23]

Les membres du Conseil supérieur d'hygiène publique appartenaient à la crème des scientifiques et architectes de Belgique. Le chimiste Jean-Servais Stas jouissait d'une renommée internationale.

Les assemblées

Le règlement d'ordre intérieur stipulait que le Conseil se réunissait à des dates prédéfinies ou lorsque le président le jugeait nécessaire. Le secrétaire devait convoquer les membres au moins 40 heures avant la séance. Un grand nombre d'avis concernaient des thèmes abordés régulièrement. Le Conseil devait ainsi souvent évaluer des plans d'hôpitaux et de cimetières, et se prononçait fréquemment sur des établissements dangereux, insalubres ou incommodes. La réunion visant à formuler ce type d'avis pouvait facilement être programmée à l'avance. Mais dans certains cas, lors d'une catastrophe par exemple, le ministre devait pouvoir intervenir rapidement. Il fallait alors organiser une session d'urgence. Lors des grandes inondations de 1881, par exemple, le Conseil se réunit en toute hâte pour conseiller le ministre sur les mesures à prendre pour la protection de la santé publique. En effet, l'exposition de cadavres et la pollution de l'eau potable entraînaient d'importants risques pour les citoyens.[24] Une autre session d'urgence dut également être organisée en 1868, à l'occasion de l'explosion de nitroglycérine à Quenast.[25]

Pour chaque participation à une assemblée, les membres recevaient une rétribution de 6 francs, un montant porté à 10 francs en date du 1er janvier 1864.[26] Le président dirigeait les débats. Il informait les membres de la correspondance, menait les délibérations, posait les questions qui circulaient parmi les membres, formulait les décisions et définissait l'ordre du jour de la réunion suivante. S'il était empêché ou absent, le président était remplacé par un vice-président désigné par le Conseil. Le président et le vice-président étaient élus pour une durée d'un an.

Le secrétaire dressait un procès-verbal de chaque session. Il y relatait les dires des membres, les sujets débattus, les conclusions des rapporteurs et les décisions prises par l'assemblée. Seuls les procès-verbaux des séances du Conseil supérieur d'hygiène publique tenues dans les années 1925-1927 ont été préservés. C'est regrettable, car les procès-verbaux étaient si détaillés qu'ils reflétaient parfaitement le processus décisionnel, détaillant les obstacles et les compromis atteints. Certains secrétaires faisaient

[22] Conseil supérieur d'hygiène publique (CSHP), *Rapports*, 26/03/1874, 40.
[23] CSHP, *Rapports*, 7/10/1861, 29.
[24] CSHP, *Rapports*, 10/01/1881, 65-70.
[25] CSHP, *Rapports*, 23/07/1868, 138-140.
[26] *Pasinomie*, 14/03/1850.

même état des accès de colère, des cris ou des rires entendus lors d'une réunion. Le secrétaire du Conseil avait également sous sa responsabilité la gestion des archives et gardait les doubles de toute la correspondance entrante et sortante. En cas d'absence, il était remplacé par une personne désignée par le Conseil.

Le président et le secrétaire signaient tous les courriers et rapports. Après approbation, les rapports devaient toujours être envoyés au ministre de l'Intérieur. Personne n'était autorisé à prendre la parole sans l'accord du président. Toute proposition soumise au vote était rédigée sous la forme d'un texte, et signée par son auteur. Le Conseil ne pouvait prendre aucune décision si plus de la moitié de ses membres faisait défaut. Le procès-verbal reprenait toujours les noms des membres présents. Les décisions étaient prises à la majorité absolue des membres présents. C'était le président qui tranchait en cas de litige. Chaque membre avait la possibilité de faire notifier son vote dans le procès-verbal. Si le Conseil le jugeait nécessaire, certaines questions étaient préalablement examinées par un ou plusieurs commissaires désignés parmi les membres du Conseil. Celui qui avait soulevé le sujet était alors chargé d'assister les commissaires dans leur enquête.

Les experts externes

Le Conseil avait la liberté de faire intervenir des personnes extérieures qui étaient à même de contribuer utilement à l'enquête. Ces experts étaient autorisés à participer aux réunions, mais ne détenaient aucun droit décisionnel.[27] En pratique, le Conseil faisait toutefois très peu appel à des conseillers externes. Il n'eut recours à l'un ou l'autre spécialiste que dans quelques cas très spécifiques. Le Conseil demanda ainsi à deux vétérinaires, Defayes et T. A. Thiernesse, d'expliquer – dans le cadre de la lutte contre la rage – les manifestations et les voies de propagation de la maladie. De même, lorsqu'il s'agit d'élaborer le programme d'hygiène scolaire, un architecte et deux inspecteurs pédagogiques furent invités à formuler un avis en raison de leur longue expérience et des connaissances qu'ils avaient acquises au fil des années. Dans la majorité des cas, le Conseil supérieur d'hygiène publique se fiait à ses propres membres. N'oublions pas qu'à côté des docteurs en médecine et autres hygiénistes, un architecte et un vétérinaire siégeaient également au sein du Conseil.

Du reste, le Conseil pouvait désigner rapidement diverses commissions spécialisées dans des thèmes spécifiques. En réalité, les demandes d'avis spécifiques étaient immédiatement transmises à la commission compétente. Des commissions permanentes avaient été fondées pour les thèmes récurrents. Une source mentionne en passant l'existence de cinq commissions. Nous ne sommes malheureusement pas parvenus à les distinguer avec précision car elles ne sont pas toujours appelées par leur nom. Les rapports faisaient en tout cas état d'une Commission d'hygiène scolaire, d'une Commission des hôpitaux et d'une Commission des établissements insalubres. Toutes trois se voyaient très fréquemment confier des dossiers.

La commission étudiait un dossier précis et formulait ensuite un avis, que le rapporteur présentait aux autres membres du Conseil, qui le votaient par la suite. Tous les rapports publiés avaient été approuvés par la majorité des membres du Conseil supérieur d'hygiène publique. In fine, les avis approuvés étaient rendus publics sous la forme d'une décision univoque du Conseil supérieur d'hygiène publique. Le Conseil

[27] Ministère de l'Intérieur, *Hygiène publique*, 1849, 39-40.

insista notamment sur cette univocité lorsque le Conseil communal de Laeken réagit de manière particulièrement critique à un avis négatif émis par la Commission des établissements dangereux, insalubres ou incommodes. L'avis concernait l'extension d'un cimetière. Selon les doléances du Conseil communal, il s'agissait là d'une décision émanant d'une commission, et en aucun cas d'une décision prise par le Conseil supérieur d'hygiène publique dans son ensemble. Dans un rapport suivant, le Conseil souligna à son tour qu'il s'agissait bel et bien d'une décision de l'ensemble du Conseil. Une fois voté, le ministre devait partir du principe que le rapport transmis reflétait l'avis unanime du Conseil supérieur d'hygiène publique, et non celui de l'une de ses commissions.[28] Dans les analyses subséquentes des activités du Conseil, il fut dès lors décidé de parler du « Conseil supérieur d'hygiène publique », sans mentionner la commission spécifique qui avait traité le dossier.

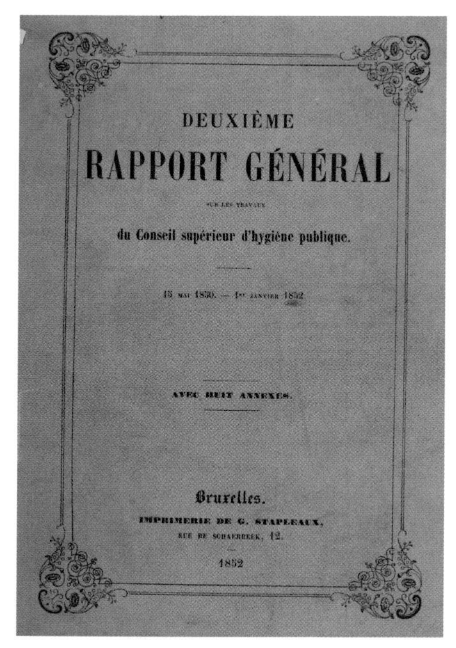
DEUXIÈME

RAPPORT GÉNÉRAL

SUR LES TRAVAUX

du Conseil supérieur d'hygiène publique.

15 MAI 1850. — 1er JANVIER 1852

AVEC HUIT ANNEXES.

Bruxelles.

IMPRIMERIE DE G. STAPLEAUX,

RUE DE SCHAERBEEK, 12.

1852

Le Conseil supérieur d'hygiène publique était légalement tenu de publier ses avis chaque année.

Des sources trop rares pour un portrait complet

Faute de sources, il n'a pas été possible d'étudier le fonctionnement quotidien du Conseil sous toutes ses facettes. Certains rapports étaient-ils refusés ou les membres étaient-ils toujours d'accord ? Les membres tentaient-ils de trouver un consensus par le biais d'amendements ? Dans quelle mesure certains thèmes étaient-ils sujets à controverse et les convictions politico-idéologiques des membres jouaient-elles un rôle ? Nous ne pouvons que le deviner. Tous les procès-verbaux des assemblées du 19e siècle ayant aujourd'hui disparu, nous devons nous contenter d'étudier les décisions finales du Conseil. Or, il était très rare que ces rapports reflètent la procédure suivie pour parvenir à une décision. De temps à autre, l'existence d'une polémique ou, à l'inverse, d'une unanimité parfaite était mentionnée au bas du rapport. Mais la raison de cette polémique n'est jamais abordée dans les sources. Quant aux avis refusés, il n'en reste aujourd'hui pas la moindre trace.

Les sources sont très rares en ce qui concerne les premières années du Conseil Supérieur d'Hygiène Publique et les avis formulés durant cette période. Le Conseil était légalement tenu de publier ses avis annuellement, mais il ne le faisait pas toujours. Ce fut d'ailleurs le sujet d'une interpellation parlementaire du ministre de l'Intérieur, en 1855.[29] Après cela, le Conseil se mit enfin à publier annuellement ses avis. Mais cette publication n'était pas destinée au grand public, ni même aux administrations communales ou aux scientifiques intéressés. Elle était initialement exclusivement réservée à un usage interne. Les rapports étaient classés par ordre chronologique, ce qui permettait à l'administration et aux membres du Conseil de retrouver facilement d'anciennes décisions et donnait aux nouveaux venus l'opportunité de voir dans quel état d'esprit celles-ci avaient été prises.[30]

[28] CSHP, *Rapports,*, 24/02/1881, 72-85.
[29] *Le Scalpel*, 10/02/1855, 158.
[30] CSHP, *Rapports*, 1874-1879. I.

2. Les premières années du Conseil supérieur d'hygiène publique (1849-1852)

2.1. Priorité aux travaux d'assainissement

Dès le tout début, l'assainissement des villes et des villages fut le principal objectif du Conseil supérieur d'hygiène publique. Le 18 juillet 1849, le ministre Rogier résuma les consignes du Conseil dans une circulaire adressée à tous les gouverneurs. Les comités de salubrité pouvaient demander des subsides pour financer les assainissements de deux catégories différentes. La première catégorie englobait les mesures apportant des améliorations à court terme. Des subsides pouvaient ainsi être demandés pour assainir les habitations, réparer les voies publiques, installer des pompes d'eau potable, etc. Quant à la deuxième catégorie, elle incluait les travaux d'assainissement plus coûteux, qui devaient être réalisés à long terme. Ces travaux étaient découpés en phases, de telle sorte que les communes puissent couvrir les dépenses tout en ayant suffisamment de temps pour déterminer l'urgence des différents travaux. Pour le Conseil, il était en outre important que les administrations communales suivent partout une méthode de travail uniforme. Il s'agissait d'élargir des rues trop étroites, de construire des abattoirs et des marchés aux poissons conformes aux règles d'hygiène, de combler des cours d'eau, de poser des réseaux d'égouttage, etc. Le Conseil supérieur d'hygiène publique fonda deux commissions chargées de traiter les demandes classées sous ces deux catégories.

Procédure de demande de subsides

Les demandes de subsides introduites auprès des commissions par les comités de salubrité publique devaient s'accompagner d'un plan de la commune et d'une subdivision en zones. À la lecture des plans, le Conseil devait pouvoir déterminer avec certitude les zones que la commune souhaitait assainir et connaître avec précision la situation sanitaire de ces zones.[31] C'est qu'il n'était pas évident pour les commissions d'évaluer la nécessité des assainissements. L'urgence n'était en effet pas la même pour tous les assainissements demandés. Qui plus est, certaines communes tentaient d'utiliser les subsides pour embellir davantage les quartiers résidentiels les plus huppés. C'était surtout le cas pour la deuxième catégorie, les mesures sanitaires à court terme étant pour leur part généralement très urgentes. Le Conseil supérieur d'hygiène publique se souciait en particulier des maisons ouvrières, car un grand nombre de ces petites habitations ne rencontraient pas les conditions les plus élémentaires d'hygiène.

Deux autres commissions furent désignées pour examiner les améliorations à apporter impérativement aux maisons ouvrières. La première commission se concentrait sur la problématique d'une ventilation suffisante dans les habitations, tandis que la seconde s'attardait sur le système de distribution d'eau et sur l'installation d'égouts et de fosses d'aisances. Les découvertes scientifiques récentes étaient toujours suivies de très près dans cette perspective.

[31] *La Santé*, 25/08/1849.

En dépit de l'important rôle joué par le Conseil supérieur d'hygiène publique dans les mesures d'assainissement voulues par Rogier, le président Charles Liedts (1802-1878) souhaitait que le Conseil soit consulté encore plus assidûment. Le Conseil supérieur d'hygiène publique était convaincu de son droit d'exister et insistait sur les petites et grosses erreurs que le gouvernement pouvait éviter grâce à ses recommandations. Le Conseil proposa donc que les communes soient obligées de consulter le Conseil pour toute demande de subside relative à des travaux d'assainissement.

Règlement sur la voirie et sur les constructions

Le Conseil supérieur d'hygiène publique voulait de surcroît que les conditions d'hygiène en vigueur pour les bâtiments soient connues de tous. Pour ce faire, il y avait lieu de diffuser des publications précisant minutieusement les prototypes des bâtiments, de même que les règles auxquelles les architectes devaient se tenir. Il va de soi qu'aucune publication ne pouvait être envoyée avant d'avoir reçu le feu vert du Conseil. Un système séquentiel devait être appliqué. Le Conseil contrôlait la publication, ou la rédigeait, après quoi le ministre envoyait les recommandations aux gouverneurs de province. Ceux-ci transmettaient la publication aux commissions médicales provinciales, qui l'envoyaient à leur tour aux comités de salubrité publique. C'est ainsi qu'ils pouvaient juger si un bâtiment répondait ou non aux normes d'hygiène. C'est que rien ne pouvait être construit sans l'autorisation de la commission provinciale ou du comité de salubrité publique.[32]

La publication se présentait sous la forme de prototypes d'habitations salubres pour personnes indigentes et pour ouvriers. Le 4 mars 1850, les gouverneurs de Belgique diffusèrent un règlement général rédigé par le Conseil supérieur d'hygiène publique et définissant les conditions que les constructions et la voirie devaient remplir dans les villes et communes de plus de 2 000 habitants.[33] Plus tard, le Conseil établit encore un règlement applicable à la campagne. L'intérêt du règlement ne résidait pas dans les nouvelles idées qui y étaient rassemblées. La plupart des directives étaient déjà connues. Fait remarquable, pour la première fois une publication officielle rassemblait toutes les dispositions relatives à l'hygiène des logements et des routes. Il s'agissait en ce sens d'un instrument de travail extraordinairement pratique pour les commissions provinciales et les comités locaux, chargés de contrôler les travaux d'assainissement et la construction des nouvelles habitations et routes.

Une dépendance trop forte envers les communes

Le ministre de l'Intérieur espérait que les administrations communales surveilleraient le bon respect du règlement. Mais Rogier mettait là le doigt sur le point faible du système, en l'occurrence la dépendance entière et totale par rapport à la bonne volonté des administrations communales et au sérieux des comités. Les dispositions édictées dans le règlement ne pouvaient en aucune manière être imposées. En effet, en 1850 – et bien longtemps après – la moindre mesure contraignante suscitait l'indignation. Dès lors, les critiques fusèrent dans la revue médicale *La Santé*, qui paraissait sous la rédaction d'Alphonse Leclercq et de N. Theis, secrétaire du Conseil supérieur d'hygiène publique, et qui peut être considérée comme le porte-parole et l'instrument de propagande du gouvernement. Pour la revue, il était impossible que ce type de règlement produise de

[32] CSHP, *Deuxième rapport général,* Annexe F, 44-49.

[33] *Mémorial administratif*, v. 67, 1850.

Le Conseil rédigea en 1850 un règlement général sur les constructions. Ce règlement fut vivement critiqué car il s'appliquait seulement sur la voie publique donc pas dans les cours intérieures.

bons résultats sans une législation concrète.[34] Le Conseil supérieur d'hygiène publique en avait conscience et remettait régulièrement le problème sur le tapis.

Il n'empêche que le règlement renfermait des dispositions bien utiles. Pour ce qui concerne la construction des routes, il s'attachait principalement à la largeur, dans la perspective de ne pas créer de nouvelles venelles sombres et mal aérées où les miasmes pouvaient proliférer librement, ainsi qu'au nettoyage des routes existantes. Le règlement comportait également de nombreux avis pour les habitations. Il insistait sur la nécessité de voir chaque projet de construction évalué par les comités de salubrité publique. Et, en l'absence d'un tel comité, il convenait de fonder une commission spéciale, composée d'un médecin, d'un architecte et d'un agent administratif. Les règles étaient très détaillées et fixaient la hauteur des façades avant et des étages, l'épaisseur des murs, les dimensions des pièces, le système d'écoulement des eaux, la ventilation et les exigences de qualité auxquelles les fosses d'aisances devaient satisfaire.[35]

[34] *La Santé*, 23/12/1849, 159.
[35] *Mémorial administratif*, v. 65, 1850, 226-231.

Bizarrement, le règlement attira les critiques de la rédaction de *La Santé*. Si la revue confirmait qu'un grand nombre de dispositions du règlement étaient bien utiles, elle déplorait que le Conseil supérieur d'hygiène publique ne soit pas allé plus loin dans les conditions à remplir par une maison salubre. Le principal sujet d'irritation venait du fait que le Conseil limitait ses règles à la voie publique. Et comme les ruelles et placettes abritant les cours intérieures insalubres n'étaient pas attenantes à la voie publique, celles-ci restaient entièrement hors d'atteinte. Selon *La Santé*, le Conseil aurait dû se prononcer contre l'existence des venelles et des cours intérieures, tout court. La revue était en outre d'avis que le silence observé par le règlement sur la sous-location de chambres de bonne et de caves beaucoup trop exiguës était une véritable occasion manquée. Pour *La Santé*, les assainissements n'allaient pas assez loin. Il s'agissait bien plus d'embellissements que d'améliorations véritables en termes de ventilation et d'éclairage dans les cours intérieures.[36] Rappelons que ces critiques parurent dans une revue dont l'un des deux rédacteurs n'était autre que le secrétaire du Conseil supérieur d'hygiène publique, ce qui peut être le signe d'un débat vraisemblablement très animé au sein du Conseil à ce sujet. L'erreur sera rapidement corrigée.

2.2. Expropriations : conformes à la loi ?

Le Conseil supérieur d'hygiène publique était resté prudent dans son règlement général applicable aux voiries et aux constructions, n'empiétant pas trop sur les intérêts des propriétaires et des communes. Mais lorsqu'il précisa son point de vue sur les expropriations, le Conseil osa aller plus loin en plaidant pour une série de mesures drastiques. Une mesure irréversible telle qu'une expropriation devait être possible si elle était indispensable dans le cadre des assainissements.

Mais la loi le permettait-elle ? Il est vrai que les communes jouissaient d'une grande autonomie en matière de santé publique. Cependant, le droit de propriété – qui était d'ailleurs le cheval de bataille des libéraux – n'était pas volontiers mis en cause. Sans oublier l'importance des libertés individuelles. Dans l'un des tout premiers rapports du Conseil supérieur d'hygiène publique, le président Charles Liedts soulignait un article du code civil, stipulant que le propriétaire avait droit à une jouissance absolue de sa possession. Mais, comme le disait Liedts, la loi y ajoutait néanmoins : « à condition que cela n'implique aucune action en violation des lois et des règlements ». Les communes ne pouvaient donc pas établir de règlements relatifs au droit à la propriété, mais elles pouvaient édicter diverses règles en matière d'usage de cette propriété. La loi du 24 août 1790 obligeait en effet les communes à prévenir les maladies contagieuses.[37]

La commune avait le droit d'exproprier une personne si la santé publique était menacée et si une indemnisation correcte était versée préalablement à cette personne. Cette indemnisation devait être payée par les personnes qui tiraient effectivement profit de l'expropriation, et non par les recettes fiscales. Aux yeux du Conseil, il n'y avait donc rien de contraire à la Constitution. Mais le débat sur les expropriations n'en était pas clos pour autant. De nombreuses communes doutaient toujours de la légitimité de ces règlements. Malgré tout, le Conseil supérieur d'hygiène publique continuait à mettre l'expropriation en avant comme étant le moyen le plus indiqué pour assainir les quartiers populaires.

[36] *La Santé*, 24/02/1850, 205 ; 10/03/1850, 193-196.

[37] *La Santé*, 1851-1852, XXIV-XXVI.

La question revint à l'ordre du jour dans le rapport annuel de 1850, en marge d'un projet de loi préparé par le Conseil supérieur d'hygiène publique en la matière. Ce projet de loi indiquait que le Collège des bourgmestre et échevins avait le droit d'interdire l'occupation d'une maison lorsque celle-ci était synonyme de risques permanents pour la santé publique. Dans les cas où il était nécessaire – en termes de santé publique – d'élargir ou d'ouvrir des rues et des venelles, les autorités communales avaient même le droit de procéder à une expropriation si ces ruelles n'étaient pas attenantes à la voie publique. La seule condition était que les projets d'expropriation soient approuvés au niveau national.

Le projet de loi signifiait une fracture importante avec le passé. Non seulement l'expropriation en soi était rendue possible, mais l'accent était mis une fois encore explicitement sur la possibilité d'exproprier des maisons insalubres qui ne jouxtaient pas la voie publique. Il s'agissait là d'une avancée de taille car les cours intérieures ne seraient désormais plus hors de portée. Une nouvelle fois, le Conseil soulignait que seule la commune pouvait intervenir en cas de danger pour la santé publique. Il n'était donc nullement porté atteinte au droit de propriété. Il n'était pas davantage question d'une violation des libertés individuelles, puisque chacun restait maître chez lui tant qu'il ne constituait pas une menace pour la santé publique.

Le Conseil supérieur d'hygiène publique craignait pourtant les réactions de l'opinion publique. Les membres pensaient que la loi ne serait pas votée au Parlement si son champ d'application concernait l'ensemble du pays. Ce n'était pas une catastrophe en soi, puisque les cours intérieures se localisaient essentiellement dans les grandes villes industrialisées. Voilà ce qui incita le Conseil supérieur d'hygiène publique à limiter la loi au territoire de la capitale. Les membres du Conseil étaient convaincus que Bruxelles donnerait le bon exemple. Quand les autres villes verraient les résultats positifs découlant des expropriations, elles se hâteraient d'appliquer la loi dans leur juridiction.[38] On ignore aujourd'hui si cette proposition a obtenu l'approbation du Parlement.

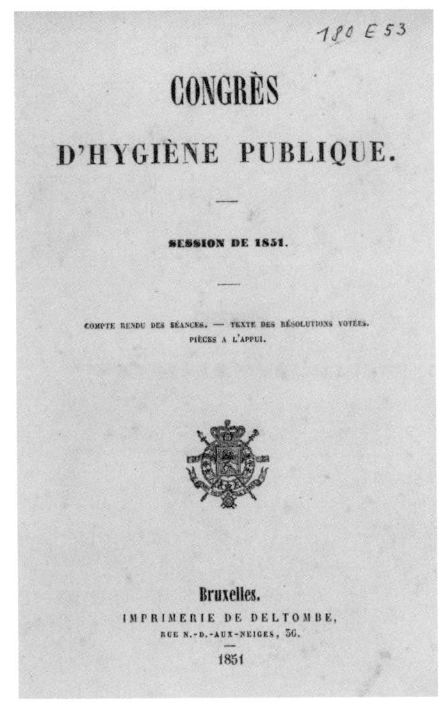

CONGRÈS

D'HYGIÈNE PUBLIQUE.

—

SESSION DE 1851.

—

COMPTE RENDU DES SÉANCES. — TEXTE DES RÉSOLUTIONS VOTÉES.
PIÈCES A L'APPUI.

Bruxelles.
IMPRIMERIE DE DELTOMBE,
RUE N.-D.-AUX-NEIGES, 36.
—
1851

Les participants aux congrès d'hygiène débattirent d'un large éventail de thèmes liés à la santé et à l'hygiène. Un rapport détaillé en fut publié.

2.3. Les congrès d'hygiène (1851-1852) : un forum de discussion fertile

Le premier congrès d'hygiène

Le ministre Charles Rogier était manifestement fier des efforts fournis par son ministère en vue d'améliorer la santé et l'hygiène publiques dans le pays. Mais le pouvoir central savait qu'il avait besoin du soutien des comités de salubrité publique pour infiltrer suffisamment le niveau local. Rogier voulait rassembler les membres des comités locaux dans un débat sur divers thèmes de santé. C'est dans cette optique qu'il demanda au Conseil supérieur d'hygiène publique d'organiser un congrès. Celui-ci eut lieu à Bruxelles le 22 septembre 1851. Les comités de salubrité publique devaient y envoyer au moins un délégué, et les gouverneurs de province devaient partir en quête des voyers les plus compétents, qui disposaient de bonnes connaissances sur l'état des petites routes locales. D'autres personnes susceptibles d'apporter une contribution utile à la discussion furent également conviées.[39] Le congrès avait pour objectif d'informer les autorités locales sur leurs tâches et de favoriser les échanges d'idées sur les mesures de protection de la santé publique.

[38] Deltombe, *Deuxième rapport général*, Annexe E, 36-43.
[39] Van Oye, Membre du congrès d'hygiène publique, 1851, 7-8.

Le congrès était présidé par le président Liedts, le vice-président Vleminckx et le secrétaire Theis. Les thèmes avaient tous été minutieusement préparés. Le Conseil avait établi une liste des diverses questions qui devaient être traitées durant le congrès. Il avait en outre déjà formulé les réponses à ces questions. Les congressistes avaient la possibilité d'introduire des amendements si le texte ne leur convenait pas tel qu'il avait été rédigé par le Conseil supérieur d'hygiène publique. Le texte amendé fut finalement voté après des débats souvent houleux.

Les réformes en question

Le programme était fort chargé. Le congrès fut l'occasion d'aborder un large éventail de sujets liés à la santé et à l'hygiène. Les intervenants n'évitèrent même pas certains thèmes sensibles, comme le travail des enfants et l'inertie des pouvoirs locaux en matière de santé publique. Dès l'ouverture du congrès, le président Liedts prévint que leurs décisions ne seraient pas bien accueillies par tout le monde, mais que les congressistes n'avaient pas le droit de se laisser décourager par les critiques qui parviendraient sans doute à leurs oreilles. Son discours fut vigoureux: *« Courage donc, messieurs et chers collaborateurs, courage! Ne vous laissez pas émouvoir surtout par les clameurs de ces hommes imprévoyants que toute innovation effraye, que tout changement trouve rebelles, qui ne voient le bonheur que dans la résistance et l'opposition. (...) marchez, marchez sans crainte dans la voie que vous vous êtes tracée, et ne vous donnez ni repos ni halte que vous n'ayez achevé votre œuvre de patriotisme et d'humanité »*.[40] Le changement radical n'était toutefois pas du goût de tous. Le libéral Jean-François Vleminckx, qui défendait pourtant des idées très progressistes à l'entame du congrès d'hygiène, prônait par exemple une réforme progressive.[41]

Les assainissements occupaient évidemment la première place de l'agenda. Les congressistes étaient d'avis que les pouvoirs locaux devaient prendre des mesures pour éviter les miasmes et favoriser la propreté, améliorer les routes, permettre à l'air et aux rayons du soleil de pénétrer à l'intérieur des maisons, assurer l'évacuation des eaux de pluie et des eaux ménagères, et garantir l'alimentation en eau potable. Edouard Ducpétiaux[42] (1804-1868) insista sur l'importance d'éduquer la population et de la conscientiser aux problèmes de santé. Il y avait lieu de combattre l'ignorance et les préjugés par le biais d'instructions claires, transmises dans des publications et dans le cadre scolaire.[43]

Le congrès d'hygiène prouva qu'il avait raison. Des idées étranges y furent soutenues, y compris par certains membres du congrès. Un chirurgien bruxellois s'opposa ainsi au plaidoyer du Conseil supérieur d'hygiène publique en faveur d'un meilleur réseau routier. Il n'était pas favorable à l'augmentation du nombre de routes car il opérait de nombreux patients victimes de blessures consécutives au mauvais état des routes. Ducpétiaux dut intervenir pour préciser que le Conseil supérieur d'hygiène publique préconisait justement de réparer le réseau routier. Autre exemple: un certain Lombard était très énervé car le Conseil supérieur d'hygiène publique proposait d'installer un nombre suffisant d'urinoirs publics dans chaque quartier. Il ne voyait pas l'urgence d'ajouter d'autres urinoirs, les considérant même comme des réservoirs à ammoniac. Les vapeurs qui se dégageaient de l'urine en décomposition entreraient dans les maisons, déjà en bien piteux état, ce qui rendrait selon lui la situation encore plus insalubre.[44]

[40] Deltombe, *Rapport général*, 19-20.
[41] *Ibidem*, 4.
[42] Edouard Ducpétiaux était principalement réputé pour son rôle de réformateur dans le régime des prisons belges.
[43] Deltombe, *Rapport général*, 7 et 24; Velle, *Hygiëne en preventieve gezondheidszorg*, 65-67.
[44] Deltombe, *Rapport général*. 30-31.

Edouard Ducpétiaux, membre du Conseil, s'attira les foudres des communes lorsqu'il leur reprocha leur ignorance et leur indifférence en matière de politique de la santé.

Un dynamisme restreint dans les communes

Les exemples susmentionnés n'étaient pas des exceptions. Les membres du Conseil supérieur d'hygiène publique se montraient critiques envers l'amateurisme dont les communes faisaient preuve dans leur politique de santé et d'hygiène publiques. Ducpétiaux fut le plus mordant à l'égard des communes. « *Parmi les obstacles moraux il faut ranger en première ligne l'ignorance des préceptes essentiels de l'hygiène, les préjugés locaux et les mauvaises [habitudes] enracinées dans les mœurs, l'incurie, l'insouciance, et le mauvais vouloir des administrations locales comme des habitants* ».[45] Ce type de sentence ne lui a évidemment pas attiré que des amis. Les représentants locaux rejetaient la faute sur les instances supérieures, qui se montraient particulièrement avares en termes de soutien financier et qui leur imposaient des inspecteurs dont la formation n'était que très rudimentaire. Ducpétiaux proposa de remédier au premier problème cité en mettant en place un fonds communautaire par canton, arrondissement ou province. Celui-ci avait la capacité de soutenir les communes pauvres pour le financement de mesures sanitaires. Il comptait donc sur la solidarité entre communes et espérait ainsi signer le début d'une centralisation des soins de santé. Ducpétiaux put ici compter sur le soutien du comte Arrivabene, qui souligna dans son intervention qu'un indigent pouvait aussi contaminer un fortuné. Les communes riches avaient donc aussi tout intérêt à dégager des sommes pour diverses mesures de salubrité publique dans les communes pauvres. Un grand nombre de participants accueillirent la proposition avec dédain. Pour bon nombre de congressistes, le principe allait totalement à l'encontre de l'autonomie communale et la réalité d'une telle solidarité était très peu probable.

En revanche, le congrès atteignit l'unanimité sur l'idée d'une proposition de loi obligeant les communes à prendre certaines mesures fondamentales de salubrité publique. On pouvait également envisager d'obliger les propriétaires à rendre leurs maisons suffisamment salubres. Il fut proposé de créer un système de prime pour les communes et les propriétaires qui fourniraient des efforts en ce sens.

Le travail des enfants

Deux autres débats intéressants sont à retenir de ce congrès : l'un traitant du trachome (une ophtalmie contagieuse), l'autre abordant le travail des enfants. La majorité des membres du congrès prônaient de porter l'âge minimum des garçons travaillant dans les mines de 12 à 14 ans. Les expériences du passé avaient en effet suffisamment démontré que les enfants qui descendaient dans la mine dès l'âge de dix ans souffraient souvent de rachitisme et de maladies des voies respiratoires.[46] Bon nombre de participants voulaient aussi rehausser l'âge minimum dans d'autres industries. Le débat était complexe, car les arguments en faveur du travail des enfants se firent aussitôt jour. Plusieurs congressistes soulignèrent ainsi que, dans les grandes maisonnées, le salaire des enfants était indispensable pour parvenir à joindre les deux bouts. Par ailleurs, il valait mieux envoyer les enfants travailler plutôt que de les voir traîner dans les rues. Un peu d'effort physique était même conseillé. Un participant renvoya le débat au niveau politique. Et en définitive, le rapport final du congrès ne se prononça pas sur l'âge minimum pour le travail des enfants, mais formula le vœu de voir la question abordée au Parlement.[47]

[45] Velle, *Hygiëne en preventieve gezondheidszorg*, 65-67.
[46] Le rachitisme était une maladie caractérisée par le développement de membres déformés chez les enfants dont le corps ne pouvait pas produire de vitamine D par manque d'exposition à la lumière du soleil.
[47] Deltombe, *Rapport général*, 43-56 et 73-78.

L'industrie textile occupait des enfants d'à peine neuf ans. L'industrie minière wallonne engageait, elle aussi, de très jeunes enfants. Les congressistes ne parvinrent pas à atteindre un consensus sur le relèvement de l'âge minimum pour le travail des enfants.

Les avis du premier congrès d'hygiène n'eurent aucun écho dans la nouvelle législation. Rogier s'en tint une fois de plus à une circulaire ministérielle enjoignant les communes à intégrer les conclusions du congrès d'hygiène dans leurs règlements communaux. Rogier n'en était pas moins très satisfait de ce premier congrès. Les questions de santé avaient fait l'objet d'un examen intensif et, lorsque les avis relatifs aux assainissements, au travail des enfants et aux soins médicaux à apporter en cas de trachome seraient suivis, de grandes améliorations seraient incontestablement observées au niveau de l'hygiène publique et de la santé publique.[48]

Le second congrès d'hygiène

Pour son second congrès d'hygiène, organisé du 20 au 23 septembre 1852, le Conseil supérieur d'hygiène publique vit encore plus grand. Non seulement il allongea la durée du congrès, mais il invita également des intervenants internationaux. Si le premier congrès avait accueilli 129 participants, le second enregistra 300 inscriptions en Belgique et 57 à l'étranger. Même les États-Unis y envoyèrent un représentant. Les questions à traiter furent subdivisées en quatre sections. La première section, où siégeaient essentiellement des architectes et des ingénieurs, s'occupa des assainissements. Ils devaient définir à quoi les maisons et les établissements hospitaliers devaient ressembler et à quelles règles les toilettes et les bains publics devaient se conformer. Les aspects techniques n'avaient pas le monopole de l'attention. Les participants discutèrent également de la façon dont les autorités pouvaient stimuler ou imposer ces mesures. Dans la deuxième section, médecins et chimistes débattirent de l'eau potable, de l'égouttage et des latrines. Les juristes, médecins et fonctionnaires qui composaient la troisième section étudièrent l'organisation de l'administration de la santé publique, l'utilité des morgues, la réglementation en matière d'enterrements et la délocalisation de cimetières. Enfin, la quatrième section s'exprima sur l'adultération des denrées alimentaires, les établissements dangereux, insalubres ou incommodes, la sécurité au travail, le travail des femmes et des enfants, et les mesures à prendre pour contenir la prostitution.

Des thèmes sensibles

De nouveau, le congrès n'accoucha pas de décisions fermes concernant le travail des enfants. Les congressistes conclurent que l'âge minimum devait être relevé, mais aucun chiffre concret ne fut cité. Les participants s'accordèrent toutefois à dire que le travail des enfants devait être interdit dans les établissements dangereux, insalubres ou incommodes. Il fut également jugé inacceptable de faire travailler les enfants de nuit, de même que de faire descendre les femmes dans les mines. Les participants estimèrent en outre que les propriétaires d'usines devaient garantir un lieu de travail convenable et du matériel sûr. La responsabilité des chefs d'entreprises devait pouvoir être reconnue en cas d'accident survenu du fait de leur négligence ou de leur faute. Le débat fit également rage sur les heures de travail des femmes et des enfants. La réglementation était très variable d'un pays à l'autre, ce qui compliquait fortement l'obtention d'un consensus dans lequel tous les pays pourraient se retrouver. La formulation des réponses fut pour le Conseil un véritable et difficile exercice d'équilibriste.[49]

[48] *La Santé*, 22/02/1852, 189-190.
[49] *La Santé*, 26/09/1852, 62-66 et 10/10/1852, 73-79.

Des journées de travail trop longues ? Un débat animé

Le Conseil supérieur d'hygiène publique profita du second congrès d'hygiène pour proposer de limiter légalement le temps de travail maximum des femmes et des enfants. Le thème fit l'objet d'intenses discussions. Pour ses opposants, le gouvernement dépouillait ainsi les femmes et les enfants de leur travail, et par conséquent de leur salaire pourtant si vital. Ils prétendaient que l'évolution technologique allégeait le travail et qu'il était préférable de voir les enfants effectuer un travail utile plutôt que traîner dans les rues. L'ingérence de l'État dans le processus industriel n'était pas appréciée de tous. Les facteurs économiques devaient primer sur les arguments sanitaires. De leur côté, les défenseurs de cette réduction du temps de travail renvoyaient au *Ten Hours Act* anglais, datant de 1847 et limitant à dix heures par jour les prestations des femmes et des enfants dans le secteur textile. Il était prouvé que la production n'avait pas pâti de l'instauration de cette loi et ce, grâce aux meilleures conditions de travail des ouvriers. En d'autres termes, le même travail était exécuté à moindre coût. Les partisans d'une fixation concrète du temps de travail eurent finalement le dernier mot. La majorité décida de limiter le travail des femmes et des enfants à dix ou douze heures par jour.[1]

[1] *La Santé*, 9/01/1853 ; 150-155.

Des critiques

Et c'est justement ce que la presse médicale nationale et internationale reprocha au Conseil supérieur d'hygiène publique, déplorant son manque de courage et son incapacité à formuler des avis tranchés. De manière générale, les critiques étaient pourtant positives. La presse fit l'éloge du Conseil supérieur d'hygiène publique, qui était parvenu à rassembler un aussi grand nombre de personnes pour débattre de ces thèmes importants.[50] La publication intégrale des comptes rendus des différentes sessions dans le Moniteur Belge soulignait l'importance attachée aux congrès.

Les congrès étaient un maillon essentiel dans le processus de sensibilisation à l'hygiène. Une fois rassemblés, un grand nombre de médecins purent se rendre compte de l'utilité d'échanger leurs points de vue sur d'importants thèmes. Les médecins apprirent aussi à se rapprocher les uns des autres via la presse spécialisée. Sans oublier que les congrès soulevaient de nouvelles idées qui pouvaient servir de base aux actions des différents pouvoirs, commissions sanitaires régionales et organisations caritatives.[51] Les congrès ne produisaient pourtant que peu de résultats concrets. Ce manque de productivité s'expliquait peut-être par le départ imminent de Charles Rogier, qui avait donné un nouvel élan à la politique sanitaire. Le *Geneeskundige Courant voor het Koninkrijk der Nederlanden*, parmi d'autres, voyait un meilleur avenir pour la santé du peuple belge si Rogier était resté au pouvoir. « *En waarlijk, als men de vroegere weldaden nagaat, die door dezen te vroeg aftredende, bewindsman in het belang der openbare gezondheid bewezen zijn, als men de doelmatigheid der maatregelen nagaat, die hij genomen of goedgekeurd heeft, – als men de tonnen gouds telt, welke hij voor verbetering der openbare gezondheid heeft beschikbaar gesteld, – dan kan het niet anders, of de hygiëne moest in België haar bakermat hebben, en zich aldaar tot eene hoogte ontwikkelen, die nog door geen land ter wereld bereikt was.* »[52]

Quoi qu'il en soit, le gouvernement Rogier (1847-1852) avait fait souffler un vent nouveau sur l'administration de la santé en Belgique. Des thèmes tels que l'hygiène et la santé publique étaient enfin inscrits à l'agenda politique et l'envie de trouver une solution à la délicate situation sanitaire du pays se faisait sentir.

[50] *La Santé*, 24/10/1852 et 28/11/1852.
[51] Velle, *Hygiëne en preventieve gezondheidszorg*, 55 et 67-68.
[52] « Et réellement, si l'on considère les bienfaits dont a bénéficié la santé publique précédemment grâce à ce ministre ayant démissionné trop tôt, si l'on considère l'efficacité des mesures qu'il a prises ou approuvées, – si l'on compte les tonnes d'or qu'il a mises à disposition pour améliorer la santé publique, – alors il ne peut en être autrement : l'hygiène devait avoir son origine en Belgique et s'y développer jusqu'à un niveau jamais atteint par un autre pays au monde. » *Geneeskundige Courant voor Koninkrijk der Nederlanden*, 24/10/1852.

3. À nouveaux gouvernements, nouvelles priorités (1852-1857)

3.1. Un intérêt réduit pour la santé publique

Dans les années qui suivirent 1848, le gouvernement Rogier – à tendance libérale – avait adopté de nombreuses positions progressistes, menant même une franche politique de déconfessionnalisation. Mais les libéraux ne formaient en aucun cas un bloc homogène en termes d'idéologie. Ils comptaient dans leurs rangs de nombreux pratiquants, incapables de se retrouver dans certaines décisions anticléricales. Les catholiques libéraux eurent surtout du mal à avaler les lois sur l'enseignement secondaire (1850) et sur les droits de succession (1851).[53] Le fait de voir le rôle du clergé limité dans l'enseignement à la mise à disposition d'un professeur de religion (hormis dans son propre réseau) déboucha même, en 1864, sur une encyclique du pape Pie IX, une mise en garde contre les dangers libéraux qui menaçaient le catholicisme belge. La goutte qui fit déborder le vase fut la loi sur les droits de succession. Dans sa quête de recettes pour lutter contre la crise économique, le ministre des Finances de l'époque, Frère-Orban (1812-1896), avait introduit un projet de loi qui permettrait dorénavant de percevoir des droits de succession en ligne directe. Les grands propriétaires fonciers du Sénat y opposèrent un « non » ferme et la loi ne fut finalement appliquée que d'une manière très limitée.[54] Les élections de 1852 furent à nouveau suivies d'une période de cabinets unionistes, sous les rênes du libéral Henri De Brouckère (1852-1855) et du catholique centriste Pieter de Decker (1855-1857).

Le gouvernement libéral Rogier se heurta à une forte résistance lorsqu'il décida de limiter l'emploi des prêtres et des religieuses dans l'enseignement libre aux seuls cours de religion.

[53] Reynebeau, « De kiescijnsverlaging van 1848 en de politieke ontwikkeling te Gent tot 1869 », 16.
[54] On s'en tint à une taxe très légère sur la succession de biens immobiliers.

La guerre scolaire était, pour les Catholiques, synonyme de lutte pour l'âme de l'enfant.

Suspension des subsides alloués aux assainissements

Ferdinand Piercot (1797-1877), le libéral qui succéda à Rogier à la tête du ministère de l'Intérieur le 31 octobre 1852, décida immédiatement de geler les subsides dégagés pour les assainissements. Le nouveau cabinet De Brouckère était en fait un cabinet d'affaires, qui se concentrait sur la politique étrangère et qui visait à une réconciliation entre catholiques et libéraux sur la loi relative à l'enseignement secondaire.[55] Les assainissements ne faisaient plus du tout partie des priorités. En 1855, son successeur catholique Pieter de Decker (1812-1891) pensait aussi que les deniers publics pouvaient être dépensés plus utilement qu'à des travaux d'assainissement et à la santé publique. Il était en outre d'avis que les soins de santé étaient l'affaire des communes, et non du gouvernement. Il était à vrai dire typiquement catholique de privilégier ce type de gestion décentralisée. Plus le pouvoir central était faible, plus la sphère d'influence de l'Église était grande.[56]

L'enthousiasme avec lequel les communes avaient créé les comités de salubrité publique faiblit rapidement lorsqu'il s'avéra que les subsides seraient fortement rabotés. Les onéreux travaux d'assainissement devaient être supportés par les pouvoirs locaux, ce qui portait un gros coup aux communes, au propre comme au figuré. Une avalanche de critiques émana dès lors des autorités locales et provinciales. Le Conseil supérieur d'hygiène publique fit aussi entendre son mécontentement. Par exemple Victor Uytterhoeven, chirurgien de son état, réagit violemment. Sans subsides publics, il était impossible d'obtenir des résultats : « *Quelle est la conséquence de ce défaut d'assainissement ? Le prolongement de la maladie, des charges pour les communes, la chronicité et souvent la mort* ».[57] Jean-François Vleminckx sortit lui aussi de ses gonds. La politique du laisser-faire appliquée par le gouvernement lui était intolérable : « *Je la considère comme l'une des plus funestes pour le pays. Ce système qui se réduit à couper bras et jambes au gouvernement, est ce qu'il faut pour énerver les populations* ».[58]

Charles Liedts insista sur le fait que, du haut de sa fonction de président du Conseil supérieur d'hygiène publique, il était mieux placé que quiconque pour évaluer les résultats positifs qui pourraient être engrangés grâce aux subsides. Il nuança toutefois le rôle de De Decker. Selon Liedts, le Parlement avait refusé le crédit pour une raison logique. En effet, le plus gros des travaux d'assainissement concernaient l'assainissement des petites routes locales. Or, il y avait déjà un budget pour cela, un budget qui avait même été revu à la hausse en 1855. Et comme il était plus facile de garder le contrôle sur un budget que sur deux, le gouvernement en avait supprimé l'un des deux. Il était ainsi plus aisé de vérifier que les deniers publics étaient répartis équitablement entre les communes. Si tel était le souhait de la majorité du Parlement, le ministre n'avait d'autre choix que de le suivre.[59]

Rogier sous le feu des critiques

Le Scalpel, qui n'avait jamais offert un soutien plein et entier à la politique de Charles Rogier, lança un appel au calme. La revue professionnelle écrivit que Rogier n'était en aucun cas le « promoteur de la santé publique belge », comme beaucoup le prétendaient, et qu'elle n'avait jamais approuvé ses « excès ». *Le Scalpel* partageait la conclusion de De Decker selon laquelle Rogier avait commis des erreurs. La revue fustigea la brusquerie avec laquelle Rogier avait tenté d'opérer les réformes. Le système de subventionnement

[55] Luyckx, *De politieke geschiedenis van België*, 106-107.
[56] Parmentier, « Het liberaal staatsinterventionisme in de 19de eeuw », 26.
[57] *La Santé*, 12/08/1855, 26.
[58] *Le Scalpel*, 10/08/1855, 1 ; *La Santé*, 12/08/1855, 29.
[59] *La Santé*, 12/08/1855, 26.

20 Mai 1849. 1re Année. — N° 20.

ABONNEMENT PAR AN:
Pour toute la Belgique,
FRANC DE PORT PAR LA POSTE,
QUATRE FRANCS,
PAYABLES PAR ANTICIPATION.
INSERTIONS:
La ligne. . . . . . . c. 15.
L'Abonnement peut être pris au Bureau du Journal ou à ceux de la poste.

LE SCALPEL,

ORGANE DES GARANTIES MÉDICALES DU PEUPLE

BUREAU DU JOURNAL,
Rue Gerardrie, N° 12, à Liége. — S'y adresser pour tout ce qui concerne
LA RÉDACTION,
ON NE REÇOIT QUE LES LETTRES AFFRANCHIES.
ÉCHANGE
contre les autres publications périodiques.
LES ARTICLES NON INSÉRÉS NE SONT PAS RENDUS.

et des intérêts Sociaux et Scientifiques de la Médecine, de la Pharmacie et de l'Art vétérinaire.

Paraissant le 5 et le 20 de chaque mois.

Docteur FESTRAERTS, rédacteur-gérant.

La revue médicale *Le Scalpel* se montra particulièrement critique sur les premières années d'activité du Conseil supérieur d'hygiène publique.

que Rogier utilisait depuis 1848 était tout simplement mauvais. Avec ces subsides, les communes ne pouvaient s'attaquer qu'à un nombre restreint de problèmes, tandis qu'une foule d'autres venaient s'y ajouter. En résumé, Rogier avait dépensé trop d'argent sans obtenir de résultats durables. Le gouvernement ne faisait que consolider l'attitude nonchalante des communes en leur octroyant toujours plus de subsides. *Le Scalpel* était d'avis que le monde politique ferait mieux de ne pas se mêler des questions d'ordre médical. La santé publique devait rester en dehors de la guerre des partis. La revue souligna cependant qu'elle n'était pas opposée à une intervention publique. Au contraire, une intervention de l'Etat était nécessaire pour enregistrer des succès dans le domaine de la santé publique, sans quoi il serait vite question d'anarchie. Il existait bel et bien un besoin de lois et règlements répressifs, et surtout préventifs. Telle était la tâche fondamentale du gouvernement, qui devait rédiger une législation claire au lieu de gaspiller l'argent public.[60]

Les vives critiques n'en mirent pas moins de Decker sous pression. Il se montra déjà nettement plus tempéré dans sa circulaire du 13 octobre 1855.[61] Mais il insista encore explicitement sur le fait que le gouvernement ne dépensait en principe pas d'argent dans les matières locales. Son rôle se bornait en fait à conseiller et à stimuler les communes. Mais l'hiver approchant à grands pas, le ministre eut à cœur de déroger à ses principes en revenant sur l'arrêté du 16 juin 1855. Il faut dire que les travaux d'assainissement apportaient aussi du travail aux ouvriers. Il souhaita donc y consacrer un budget en vue de permettre aux ouvriers de passer l'hiver.

En dépit de cette concession, la politique de De Decker porta un coup mortel à l'attention que le gouvernement portait à la santé publique. Les débats parlementaires sur les problèmes socio-médicaux cessèrent. Le flot de rapports détaillés émanant des commissions médicales provinciales s'assécha. Seule l'explosion d'une épidémie était suffisamment mobilisatrice pour réveiller temporairement l'intérêt porté à la santé publique. Mais une fois l'épidémie passée, le gouvernement retombait dans l'immobilisme le plus complet. Les commissions médicales provinciales et les comités de salubrité publique avaient beau continuer leur travail, leur influence était très limitée par l'autonomie extrême des communes. Souvent, ils ne pouvaient pas faire front aux autorités locales. Ils pouvaient bien sûr formuler des avis, mais les communes n'étaient

[60] *Le Scalpel*, 20/09/1853, 10/08/1855 et 10/09/1855, 26-27.
[61] *Pasinomie*, 13/10/1855.

pas obligées d'en faire la demande. En principe, ils pouvaient intervenir exclusivement dans les matières pour lesquelles il existait déjà une législation. Or, la législation belge en matière de santé était très limitée.[62]

3.2. Quid du Conseil supérieur d'hygiène publique ?

La baisse d'intérêt pour la santé publique eut naturellement des conséquences pour le Conseil supérieur d'hygiène publique. Rogier avait de grands projets, dans lesquels le Conseil jouait un rôle central. Ces ambitions ayant été reléguées au second plan, la seule question qui demeurait était de savoir dans quelle mesure le Conseil supérieur d'hygiène publique pouvait encore jouer un rôle significatif. Après le départ de Rogier, les activités du Conseil supérieur d'hygiène publique touchèrent le fond. Le Conseil ne publiait plus de rapports, bien que la loi l'y obligeât. Il faut éplucher la presse médicale pour retrouver de faibles traces du Conseil. Durant cette période, le Conseil ne s'immisça qu'une seule fois dans un débat sur les travaux d'assainissement concernant des maisons ouvrières. C'est ainsi qu'il revint complètement sur sa position initiale selon laquelle les institutions caritatives ne pouvaient pas dépenser leur argent dans la construction de maisons pour les ouvriers et les indigents.[63] Sans doute le Conseil supérieur d'hygiène publique savait-il trop bien qu'il ne fallait plus compter sur le pouvoir central pour obtenir des ressources financières à allouer à la santé publique.

Le Conseil au centre des critiques

Les seules critiques acerbes que nous ayons retrouvées sont l'œuvre du *Scalpel*; les autres revues professionnelles ne faisaient même plus mention du Conseil. D'un ton condescendant, *Le Scalpel* dépeignait la création du Conseil supérieur d'hygiène publique comme un phénomène de mode. La seule raison qui avait mené à la création du Conseil était qu'il était de bon ton, en 1849, de s'intéresser à la santé publique. Mais le Conseil n'était en fait rien de plus qu'un organe administratif avec de vagues objectifs. Ce qui gênait le plus *Le Scalpel*, c'est que l'existence du Conseil supposait une centralisation de la politique en matière de santé publique. Non seulement les avis du Conseil ne parvenaient pas dans tous les recoins du pays. Mais en confiant les choix politiques à un groupe très sélect de figures bruxelloises, le gouvernement bloquait les efforts des comités de salubrité publique et des commissions médicales provinciales. Pour la revue, il s'agissait là d'un énorme problème étant donné l'importance de suivre de près tant la situation sanitaire que l'hygiène publique. À la centralisation, *Le Scalpel* préférait un rôle plus important à confier aux comités sanitaires provinciaux. Leurs initiatives devaient être respectées et encouragées, au lieu d'être subordonnées à un « bureau central » tel que le Conseil supérieur d'hygiène publique.[64]

L'argumentation du *Scalpel* se fit de plus en plus critique au fil du temps. En 1854, le Parlement s'enquit de la raison pour laquelle le Conseil supérieur d'hygiène publique ne publiait plus ses rapports. Voici ce que les lecteurs de la revue purent en savoir : « *En négligeant cette publication, on fait supposer que les travaux du Conseil ne sont ni importants, ni nombreux* ».[65] Le budget du Conseil supérieur d'hygiène publique n'était pas davantage du goût du *Scalpel*. Un Conseil qui travaillait aussi peu n'avait pas droit à des sommes importantes lors de la répartition des budgets. Pour 1854, le Conseil supérieur

[62] Velle, *Hygiëne en preventieve gezondheidszorg*, 71.
[63] *La Santé*, 27/11/1853, 115-117.
[64] *Le Scalpel*, 28/02/1854, 164.
[65] *Le Scalpel*, 30/09/1854, 55.

d'hygiène publique avait reçu un budget de 4 200 francs (à titre de comparaison, l'Académie royale de médecine avait une dotation annuelle de 20 000 francs). De cette somme, 1 200 francs étaient destinés aux dépenses du secrétaire du Conseil, 1 600 francs aux jetons de présence des membres du Conseil présents aux assemblées[66], 500 francs aux dépenses de bureau, 500 francs aux coûts de publication et 400 francs aux frais de transport et de séjour. Beaucoup d'argent, donc, pour un Conseil qui déléguait son travail. En effet, les tâches du Conseil supérieur d'hygiène publique relatives aux établissements dangereux, insalubres ou incommodes étaient – toujours selon *Le Scalpel* – assumées en grande partie par un autre comité généralement consulté en la matière, ainsi que par l'inspecteur sanitaire.[67]

Il nous est impossible, en l'absence d'autres sources, de juger si les critiques du *Scalpel* étaient fondées et partagées par d'autres. Mais nous présumons effectivement que le Conseil supérieur d'hygiène publique avait des difficultés à propager ses idées. Il s'était ainsi avéré, à l'occasion du second congrès d'hygiène, qu'un grand nombre de membres n'avaient encore jamais entendu parler du règlement sur la voirie et sur les constructions. Ce projet avait pourtant nécessité beaucoup de travail de la part du Conseil supérieur d'hygiène publique, et les membres étaient extrêmement satisfaits du résultat.[68]

En juillet 1856, *La Santé* constata à son tour que les règlements du Conseil supérieur d'hygiène publique étaient bafoués. De graves violations des règlements établis par le Conseil étaient observées tant dans les milieux ruraux que dans les grandes villes. Des cimetières étaient construits à côté d'écoles, des abattoirs apparaissaient dans des quartiers populaires très peuplés, des salles de théâtre n'étaient pas équipées d'un système de ventilation, etc. Un grand nombre d'architectes n'étaient pas du tout au fait des mesures prescrites en matière d'hygiène, ou les transgressaient sans vergogne. L'esthétique de l'architecture primait trop souvent sur la santé. *La Santé* déplorait que les architectes exposent leurs plans de construction à la Commission des Beaux-Arts plutôt qu'au Conseil supérieur d'hygiène publique. En guise de conclusion, la revue dénonça le nombre insuffisant d'avis concernant les établissements dangereux, insalubres ou incommodes demandés aux personnes compétentes telles que les membres du Conseil supérieur d'hygiène publique.[69]

Manifestement, tout le monde ne pensait pas que le Conseil supérieur d'hygiène publique faisait obstacle au fonctionnement des commissions médicales provinciales et des comités de salubrité publique. Lorsque, en mars 1854, *La Santé* fit une mauvaise interprétation d'un article du président de la commission médicale provinciale liégeoise, y voyant une plainte contre la politique sanitaire centralisée et le Conseil supérieur d'hygiène publique, ce dernier réagit promptement dans un courrier. Dans celui-ci, le président prenait fait et cause pour le Conseil supérieur d'hygiène publique et y faisait part de sa grande estime pour le Conseil. Le fait que le Conseil souhaitait être davantage qu'un petit rouage dans la machine administrative belge inspirait son respect. Qui plus est, l'existence de conseils de salubrité publique était selon lui nécessaire à tous les niveaux : local, provincial et central. Mais, constatait-il, il y avait manifestement dans le pays quelques personnes qui voulaient absolument réformer l'organisation des soins de santé en Belgique. Celles-là souhaitaient même carrément supprimer le Conseil supérieur d'hygiène publique et les commissions médicales provinciales.[70] Il s'agissait là à

[66] Selon le règlement, les membres recevaient 6 francs par réunion, mais *Le Scalpel* prétendait qu'ils touchaient 10 francs par session.

[67] *Le Scalpel*, 30/01/1855, 149.

[68] Deltombe, *Rapport général*, 29.

[69] *La Santé*, 13/07/1856, 1-2.

[70] *La Santé*, 9/04/1854, 226.

première vue d'une déclaration étrange. Car aucune autre source ne mentionne une quelconque réorganisation de la politique en matière de santé publique. Mais au vu des déclarations critiques du *Scalpel* sur le « néfaste » Conseil supérieur d'hygiène publique et le plaidoyer en faveur d'une politique décentralisée, il semble effectivement vraisemblable que certains aient pu prôner une réorganisation dans laquelle le Conseil supérieur d'hygiène publique se verrait attribuer un rôle moins éminent, voire disparaîtrait totalement.

Cette hypothèse est en outre étayée par la présence d'un ministre catholique à la tête du ministère de la santé publique. Il faut savoir que le camp catholique conservateur était farouchement opposé à une centralisation poussée. Les conservateurs privilégiaient une politique du laisser-faire au niveau de l'État, politique qui permettait à l'Église de conserver tout son pouvoir. Sans réglementation centrale, le curé local pouvait exercer une influence maximale sur l'administration communale.[71] Le Conseil supérieur d'hygiène publique devait donc s'effacer. Il est vrai qu'il symbolisait par excellence une ingérence accrue. L'absence de rapports nous donne en tout cas à penser que le gouvernement de Decker laissa le Conseil supérieur d'hygiène publique de côté. En 1855-1856, le Conseil semblait vivre ses derniers jours.

[71] Parmentier, « Het liberaal staatsinterventionisme », 26.

4. Renforcement du rôle consultatif du Conseil (1857-1884)

4.1. Le Conseil reste en place

La victoire libérale aux élections de 1857 rendit juste à temps quelques couleurs au Conseil supérieur d'hygiène publique. Rogier et Frère-Orban dirigèrent conjointement un gouvernement libéral homogène jusqu'en 1867. Rogier géra à nouveau le portefeuille de l'Intérieur, ce qui élimina toute crainte de voir les organismes publics de santé publique réorganisés. Une période de relative quiétude politique s'annonçait.

Ce cabinet n'était cependant pas une copie du précédent gouvernement Rogier. La santé publique et l'hygiène publique étaient clairement moins au centre de l'attention. Les anciennes ambitions en matière d'assainissement s'étaient réduites comme peau de chagrin. Le Conseil n'était donc plus chargé d'étudier les rapports des comités de salubrité publique et d'accompagner les travaux d'amélioration des voiries et des constructions. Mais il conservait son rôle consultatif dans toutes les matières relatives à la santé et à l'hygiène publiques. Dans la période qui suivit, le Conseil s'occupa essentiellement d'architecture hospitalière, de cimetières, d'hygiène scolaire, de maladies contagieuses, d'établissements dangereux, insalubres ou incommodes et, durant une courte période, de maisons ouvrières.

4.2. Besoin de logements convenables pour les ouvriers

Des visions opposées

La disponibilité d'un nombre suffisant de logements de qualité pour les ouvriers était un vieux problème. La question de savoir de quelle instance les ressources nécessaires devaient émaner n'avait absolument rien de neuf. Certains bureaux de bienfaisance estimaient devoir aider les indigents dans ce domaine. Pour ceux-ci, il était de leur devoir de construire des habitations et de les mettre à la disposition des ouvriers, gratuitement ou à prix plancher. Mais de plus en plus de voix s'élevaient, prétendant que ce type d'aide entretenait la pauvreté. De l'avis des opposants, les bureaux de bienfaisance jetaient leur argent dans un puits sans fonds. Fondamentalement, rien ne changeait et les pauvres n'étaient nullement encouragés à changer leur situation. Le Conseil supérieur d'hygiène publique était lui aussi initialement très opposé à la charité et au projet de quelques bureaux de bienfaisance visant à construire de nouveaux logements. Les promesses des bureaux de bienfaisance semblaient toutefois bien belles. Des milliers de personnes se verraient offrir non seulement une nouvelle maison, mais aussi une nouvelle vie : adieu crasse, puanteur et maladies. Qui plus est, non seulement la santé des indigents s'améliorerait, mais ils déserteraient aussi nettement moins leurs chez-eux pour passer le temps dans des bouges mal famés. L'ouvrier pourrait jouir d'une vraie vie de famille, ce qui stimulerait indubitablement un comportement économe et de bon aloi.

Mais pour le Conseil, les arguments des bureaux de bienfaisance n'étaient rien d'autre qu'une belle utopie. Les membres étaient convaincus que les vieilles maisons seraient immédiatement occupées par d'autres familles pauvres. Et comme les propriétaires des mauvaises maisons devraient revoir leurs prix à la baisse face à la concurrence de ces nouveaux logements, ils seraient encore moins prêts à y apporter la moindre amélioration. Voilà qui entraînerait un déclin encore plus poussé de la santé des indigents. Les demandes d'aide seraient encore plus nombreuses, tandis que les moyens des bureaux de bienfaisance seraient trop limités du fait que leur capital serait entamé par la construction des maisons. Le Conseil estima qu'il serait préférable, plutôt que de faire concurrence aux propriétaires de maisons insalubres, de les obliger à ne proposer que des logements répondant en tout point aux règles élémentaires d'hygiène. La procédure d'expropriation était une option humaine et rationnelle en ce sens, mais le Conseil espérait aussi parvenir à des améliorations grâce à un système de gratifications fiscales. Le Conseil changea cependant d'avis lorsque les subsides dédiés aux assainissements furent suspendus sous l'égide du ministre Piercot et se rallia alors au point de vue des bureaux de bienfaisance.[72]

La société anonyme

En 1857, Ducpétiaux, Arrivabene et Visschers – tous trois membres du Conseil – formulèrent une autre solution, qui reçut le soutien total du Conseil supérieur d'hygiène publique. Les particuliers n'étaient pas prêts à construire des maisons ouvrières saines et de qualité. Non seulement ce type d'investissement se chiffrait à plusieurs millions, mais les risques financiers qui y étaient liés étaient aussi trop nombreux. En lançant le projet *Société Bruxelloise pour la construction d'habitations ouvrières*, les membres espéraient toutefois atteindre le capital nécessaire pour construire des maisons ouvrières à grande échelle à Bruxelles. Ils avaient pour cela l'intention de fonder une société anonyme (S.A.). Chaque actionnaire pouvait investir une somme dans le projet sans encourir de gros risques financiers. Le projet s'adressait aux ouvriers qui avaient un peu d'argent de côté ou aux ouvriers capables de pourvoir à leurs besoins. Il était donc possible de faire des bénéfices, qui seraient soit encaissés, soit investis dans de nouvelles habitations ou dans des œuvres caritatives. Et comme les logements de qualité seraient plus nombreux sur le marché, le gouvernement pourrait également établir des règles plus strictes pour les propriétaires de taudis. Mais en 1857, le gouvernement n'accéda pas à la demande du Conseil supérieur d'hygiène publique, qui visait à rendre la loi sur les sociétés anonymes applicable aux sociétés immobilières.[73] Il fallut attendre 1889 pour que ces sociétés immobilières connaissent le succès.

Reste à savoir dans quelle mesure ce projet aurait eu des chances d'aboutir en 1857. Le Conseil supérieur d'hygiène publique faisait en effet preuve d'un optimisme débordant lorsqu'il estimait le montant du loyer qu'un ouvrier pouvait se permettre de payer. Il s'agissait d'une erreur de jugement typique parmi les classes aisées du milieu du 19e siècle. Selon les croyances de la bourgeoisie, un ouvrier habile, ayont une femme honnête, ordonnée et méticuleuse et pas trop d'enfants, pouvait largement s'en sortir avec son salaire. Et s'il n'y arrivait pas, c'était tout simplement de sa faute. Les ouvriers se voyaient alors traités de dépensiers, débauchés et paresseux. En réalité, il était quasi impossible de boucler le mois avec un salaire d'ouvrier, encore moins s'il fallait dépenser

[72] CSHP, *Deuxième rapport général*, Annexe C, 24-26; Langerock, *De arbeiderswoningen in België*, 32.
[73] CSHP, *Rapports*, 10/06/1857, 88-91; 2/01/1860, 266-268.

plus d'argent pour une habitation de meilleure qualité. Les problèmes de logement des ouvriers furent relégués au second plan. Et dans la période qui suivit, le Conseil ne se prononça que rarement sur les projets de nouvelles constructions d'habitations ouvrières.

4.3. Architecture hospitalière

L'hôpital : un mouroir

Les établissements de soins étaient à l'époque un thème de premier plan pour le Conseil supérieur d'hygiène publique. Les hospices et hôpitaux du 19e siècle avaient encore mauvaise réputation parmi la population, réputation qui n'était par ailleurs pas tout à fait infondée. Les séjours dans les hospices et hôpitaux du 19e siècle n'étaient pas une sinécure. Les malades, les handicapés, les orphelins et les personnes âgées étaient hébergés dans des bâtiments froids et humides, dénués de la moindre forme de confort sanitaire. Les malades étaient rassemblés dans des grandes salles de 20 à 40 lits, les chambres individuelles étant extrêmement rares. Les patients payants pouvaient tout au plus jouir du luxe d'avoir un rideau autour de leur lit. Les malades contagieux n'étaient pas placés en isolement, ou à peine. De surcroît, la mauvaise ventilation apportait son lot de nuisances olfactives. En hiver, les salles étaient chauffées au moyen d'un poêle à charbon central, qui diffusait autant de poussière que de chaleur. L'éclairage au gaz ne commença progressivement à faire son apparition qu'à partir de 1850. Avant cela, la lumière était produite par des bougies ou des lampes à huile fumantes. Bref, il est bien compréhensible que ce type d'établissement ait été synonyme de mouroir aux yeux du peuple. De par les conditions d'hygiène déplorables, les institutions médicales étaient en outre des foyers de contagion, qui représentaient effectivement un danger pour la santé publique. La crainte des hôpitaux était dès lors profondément ancrée dans la population.[74]

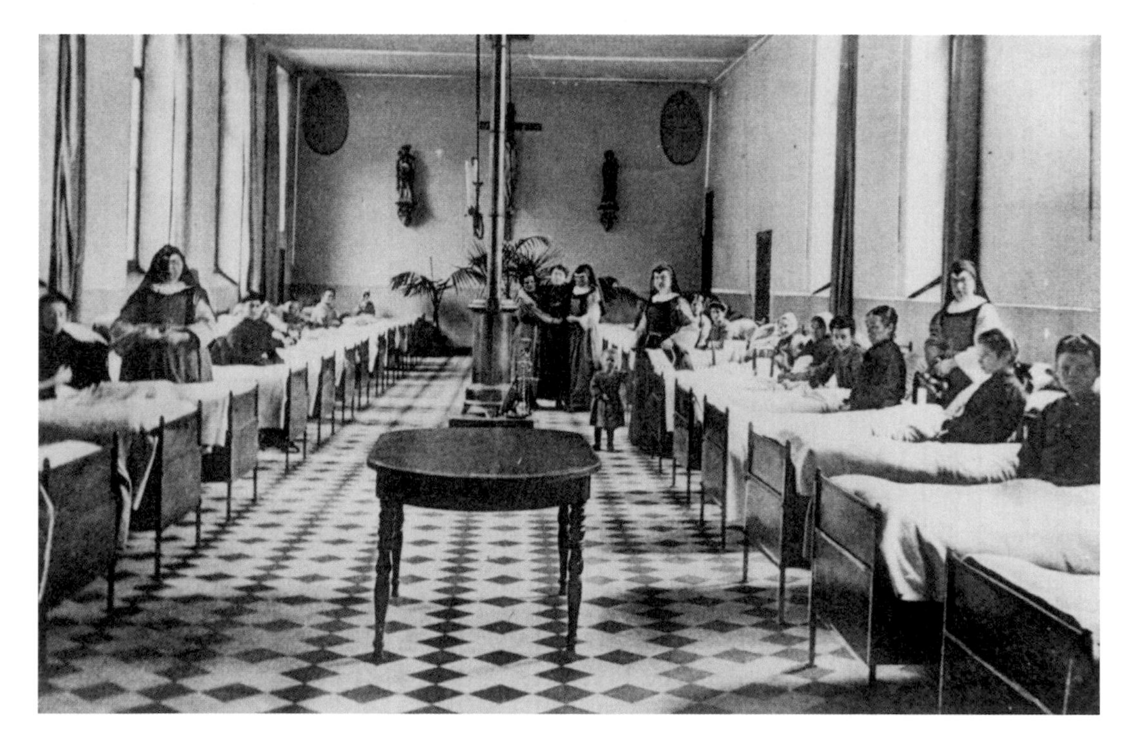

La plupart des hôpitaux du 19e siècle possédaient de grandes salles communes de 20 à 40 lits. Il y était pratiquement impossible d'isoler les malades contagieux.

[74] Bruneel, « Ziekte en sociale geneeskunde : de erfenis van de verlichting », 26.

Pour couronner le tout, les hôpitaux et les hospices servaient souvent de centres d'accueil pour les miséreux, ce qui en faisait des instruments de maintien du contrôle social. Il faudra attendre le 20e siècle pour que l'hôpital soit définitivement considéré comme un établissement de soins grâce aux nouvelles connaissances médicales, à l'amélioration des infrastructures hospitalières et à une meilleure formation du personnel.[75]

Travaux d'infrastructure

Le mauvais état de la plupart des bâtiments engendra de plus en plus de problèmes dès le milieu du 19e siècle. La spécialisation croissante de l'exercice de la médecine et l'augmentation de la population dans les villes entraînèrent en outre un manque de place chronique dans les hôpitaux. Il apparut de plus en plus clairement que la solution aux problèmes d'infrastructure et d'hygiène passait par d'importants travaux de transformation et de construction.

Victor Uytterhoeven mit le doigt sur le problème lors du premier congrès d'hygiène : il n'y avait pas de règles uniformes pour la construction des hôpitaux. Tout était laissé au bon vouloir des autorités locales, qui n'y connaissaient goutte en matière de santé et d'hygiène. Le résultat était donc souvent affligeant. Non seulement les nouveaux hôpitaux et hospices coûtaient trop cher, mais il n'était pas rare que les architectes commettent de graves erreurs sur le plan de l'hygiène, mettant en péril tant le bien-être des patients que la santé des riverains. C'est pourquoi le médecin s'exprima en faveur d'un programme global pour la construction d'établissements hospitaliers, programme dans lequel les administrations locales pourraient puiser les recommandations nécessaires.[76]

Le fait que le problème soit soulevé par un membre du Conseil supérieur d'hygiène publique n'était nullement dû au hasard. La création du Conseil avait en effet marqué l'entrée dans une nouvelle ère pour la construction d'hospices et d'hôpitaux en Belgique. Une commission spéciale avait été créée au sein du Conseil pour la gestion des projets de construction, restauration et extension d'hôpitaux, hospices et orphelinats communaux. Le contrôle du respect des normes d'hygiène dans ces établissements était même l'une des principales activités du Conseil supérieur d'hygiène publique. La majorité des rapports émis traitaient de ce sujet.

Le Conseil prenait à cœur le suivi des dossiers de construction. Il étudiait en détail l'implantation, l'orientation, la typologie, l'agencement technique, le cahier des charges et le métré des bâtiments. L'ordre de l'analyse était important. Si l'implantation n'était pas correcte, il était immédiatement mis fin à l'étude.[77] Les communes se voyaient dès lors dans l'obligation de fournir du matériel de recherche. Un extrait du cadastre permettait d'étudier les larges alentours (300 m) ; un plan général devait donner un aperçu des bâtiments existants et futurs ; des plans détaillés fournissaient les renseignements nécessaires sur les différents étages, les pièces, les dimensions, etc. Le système de ventilation et de chauffage, l'égouttage, les latrines, les bains et les lavoirs étaient également passés à la loupe. La commune devait annexer une note, dans laquelle elle expliquait avec précision la destination des immeubles, le nombre de futurs résidents, la manière dont les patients des deux sexes seraient séparés, les personnes qui y seraient soignées, etc. Enfin, il y avait lieu d'établir une évaluation du coût. Si nécessaire, les membres de la commission effectuaient également une visite sur place.

[75] Vermeiren en Hansen, « Het hospitaalwezen : ziekenzorg voor armen », 50-51 et 57.
[76] Deltombe, *Rapport général*, 36-37.
[77] Van de Vijver, « Architectuur die heelt », 60.

Le Conseil se plaignait régulièrement de la non-exhaustivité des données et des retards qui s'ensuivaient. Les sources révèlent en effet que le Conseil remettait souvent un avis négatif pour cause de dossier incomplet. Parfois, les données nécessaires se faisaient attendre très longtemps, et un dossier était renvoyé à plusieurs reprises. La commission exprimait son mécontentement à ce sujet, car il s'agissait le plus souvent de travaux urgents. De plus, des hausses de prix pouvaient rapidement faire dépasser le budget prévu. En cas d'avis négatif, le Conseil supérieur d'hygiène publique détaillait dans son rapport toutes les adaptations que l'architecte devait intégrer dans son nouveau plan. Ce plan devait ensuite être à nouveau soumis au Conseil. Si l'avis était positif, le Conseil approuvait évidemment les plans. Il faut toutefois noter qu'il le faisait rarement sans autre commentaire ou annotation.

Mais cela ne signifie pas que les avis aient toujours été suivis à la lettre. Une fois que les organisations caritatives ou les communes avaient leur avis positif en main, elles osaient fréquemment passer outre les règles fixées.[78] Le Conseil supérieur d'hygiène publique demanda donc à plusieurs reprises au ministre de l'Intérieur d'opérer un contrôle plus strict sur l'exécution des travaux.[79] Car le Conseil était totalement impuissant face au non-respect de ses avis.

Pouvoir respirer de l'air pur

À quoi devait donc ressembler un hôpital moderne au 19e siècle, selon le Conseil supérieur d'hygiène publique ? Le Conseil résuma les principales caractéristiques des hospices et hôpitaux dans un règlement général publié en 1852. L'hôpital devait se situer en un endroit où une aide pouvait être apportée rapidement, où les malades pouvaient être transportés facilement et où la propagation des maladies contagieuses était empêchée. Un hospice (qui accueillait les personnes âgées, les handicapés, les pauvres et les orphelins) se trouvait de préférence en milieu rural – ou à tout le moins dans un faubourg – où les résidents avaient la possibilité de respirer de l'air frais et de se promener. L'objectif visé était une architecture simple, dépouillée, bon marché et fonctionnelle. Les bâtiments devaient être solides, sûrs et conformes aux prescriptions d'hygiène.[80] La beauté architecturale ne faisait pas partie des priorités du Conseil. L'hygiène primait sur le coût et sur la prétention architecturale.[81]

La première priorité était la ventilation des bâtiments. Chaque rapport ou presque traitait du système de ventilation dans les moindres détails. L'importance que le Conseil accordait à la pureté de l'air était naturellement étroitement liée à la théorie des miasmes. Il s'agissait donc de faire obstacle aux émanations produites par les malades grâce à une ventilation performante. Les bâtiments étaient orientés de telle sorte que le vent expulse les miasmes et les maintienne à l'écart des zones d'habitation. Les galeries ouvertes étaient une absolue nécessité ; les cours couvertes ou enclavées, à proscrire à tout prix. Le Conseil recommandait en outre d'exploiter au maximum les formes arrondies afin d'empêcher les miasmes de se nicher dans les coins. Une autre méthode était utilisée pour se débarrasser des miasmes pathogènes : un chauffage purificateur d'air. Le Conseil supérieur d'hygiène publique mettait une grande ardeur à tester les différentes machines et organisa même un concours pour élire le meilleur système.[82]

[78] CSHP, *Deuxième rapport général*, 20-23.
[79] CSHP, *Rapports*, 26/11/1863, 172-13.
[80] *La Santé*, 10/10/1852, 69.
[81] Vandevijver, « Architectuur die heelt », 58.
[82] CSHP, *Rapports*, 28/12/1871, 371-391 et 27/12/1877, 272-275.

Le Conseil supérieur d'hygiène publique présentait l'hôpital de Mons comme le prototype de l'hôpital idéal. Il se composait de vastes pavillons entièrement isolés les uns des autres.

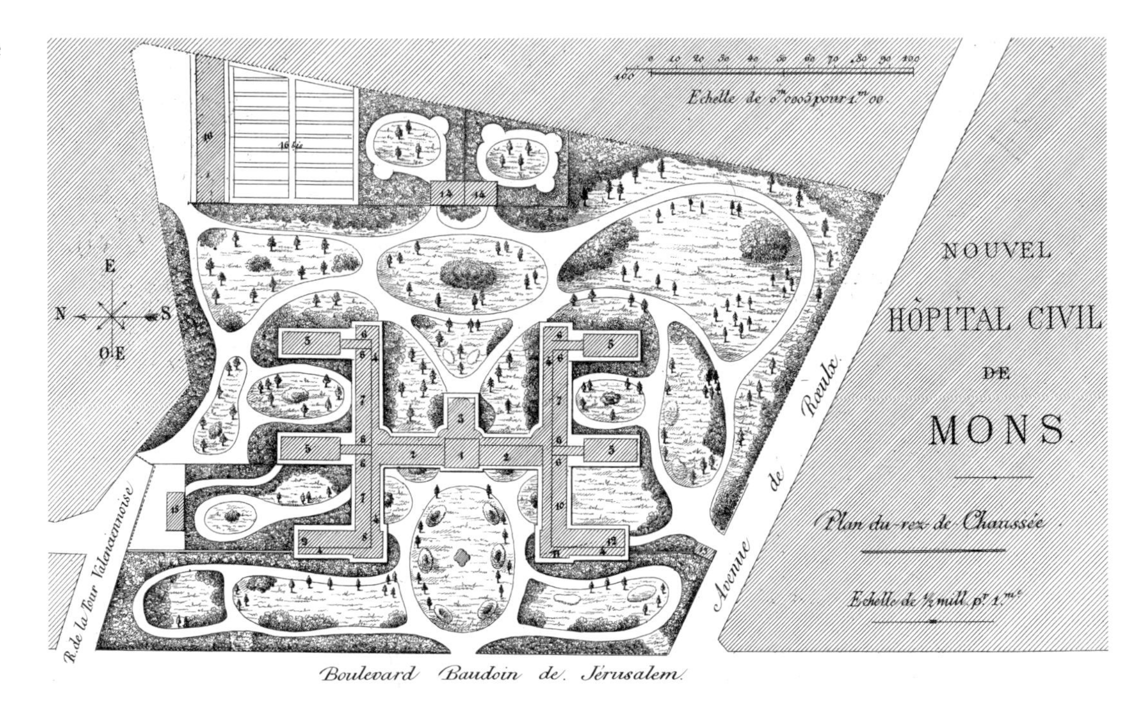

Le pavillon : la construction idéale

L'hôpital pavillonnaire, qui se composait de bâtiments distincts, éventuellement reliés entre eux, était le modèle architectural de référence de la deuxième moitié du 19e siècle. Les expériences avaient déjà été nombreuses, s'essayant à diverses formes de construction, mais chacune d'entre elles avait ses inconvénients. Dans le simple bâtiment carré, les salles se confondaient ou étaient trop proches. Les structures en double cour et en croix ne permettaient pas de séparer facilement les différents types de malades. Dans le modèle en étoile, le point de rencontre des différentes ailes posait problème. Le type pavillonnaire offrait, par contre, la possibilité de séparer totalement les différentes catégories de patients.[83] La décentralisation des bâtiments réduisait le risque de contamination. Les grandes fenêtres imbriquées dans les deux longueurs des pavillons et l'implantation des bâtiments, séparés par une grande distance, garantissaient une lumière suffisante et une meilleure aération, deux conditions jugées essentielles au processus de guérison.[84]

Le Conseil supérieur d'hygiène publique développa, avec la construction de l'hôpital civil de Mons (1857-1869), une norme belge : un système de pavillons totalement isolés. L'hôpital comptait quatre pavillons de deux étages. Des passerelles reliaient ces pavillons aux bâtiments administratifs. L'isolation des pavillons nécessitait toutefois énormément d'espace. Bien que la capacité de l'hôpital fût réduite à 150 patients, les bâtiments occupaient un terrain de cinq hectares. Pour le Conseil supérieur d'hygiène publique, l'hôpital montois était LA référence en matière d'architecture hospitalière. Selon le Conseil, il touchait à la perfection en matière d'hygiène et d'isolation.

Lorsque, en 1884, le Conseil établit un nouveau règlement pour la construction d'hôpitaux et d'hospices, l'hôpital de Mons faisait toujours office d'exemple à suivre bien qu'il ait déjà fêté son 15e anniversaire.[85] Le nouveau règlement, publié au Moniteur Belge le 19 février 1884, continuait à promouvoir le « *système à pavillons* » comme modèle du parfait établissement hospitalier. Le Conseil supérieur d'hygiène publique révisa les anciennes instructions de 1852 et antérieures concernant le chauffage et

[83] Vandevijver, « Architectuur die heelt », 59-60.
[84] Dehaeck en Van Hee, « Van Hospitaal naar virtueel ziekenhuis », 18.
[85] Vandevijver, « Architectuur die heelt zijn », 60 ; CSHP, *Rapports*, 1856-1860, 73, 74, 117 et 1871-1876, 191-192.

la ventilation. Le résultat donna lieu à un règlement très détaillé, consolidant clairement les idées émises au cours des trois dernières décennies au sein du Conseil supérieur d'hygiène publique. Les directives circonstanciées, allant de la taille des lits aux arbres et arbrisseaux à planter pour donner une apparence plus conviviale aux établissements, visaient à fournir un fil conducteur pour les plans dessinés par les architectes. La ventilation et le chauffage des bâtiments, de même que la séparation stricte des malades, restaient des principes intouchables. Le coût, la solidité et l'hygiène étaient toujours au centre de l'attention.[86]

En 1861, Ignaz Semmelweis parvint à éradiquer la redoutable fièvre puerpérale de l'hôpital de Budapest en se lavant les mains à l'eau de Javel. Il fit peu d'émules dans un premier temps.

Maternités

Les établissements de soins n'en conservaient pas moins leur mauvaise réputation. En 1879 *Le Scalpel* se demandait ainsi s'il ne valait pas mieux les supprimer sur-le-champ. Les statistiques révélaient en effet clairement qu'il était plus sûr de se faire soigner chez soi qu'à l'hôpital. L'accouchement en maternité était jugé extrêmement dangereux.[87] Le Conseil supérieur d'hygiène publique lui-même se révéla être un farouche opposant aux services de maternité dans les hôpitaux: «*La mortalité est effrayante dans les maternités, si effrayante, à peu près huit fois plus considérable que pour les femmes assistées à domicile*».[88] Le grand coupable était la terrible fièvre puerpérale, fatale pour au moins de 20% des femmes qui accouchaient à l'hôpital au milieu du 19e siècle. La maladie était très fréquente jusqu'aux avancées enregistrées en bactériologie, car les médecins ne se lavaient et ne se désinfectaient pas (assez) les mains après avoir pratiqué une autopsie. Et comme il était de coutume, dans nombre de cliniques, de commencer la journée en disséquant les cadavres avant d'aller examiner les jeunes mamans, celles-ci devenaient des proies faciles. Un médecin hongrois dénommé Ignaz Semmelweis (1818-1865) avait pourtant déjà dit, en 1861, qu'un médecin pouvait éviter de transférer des «matières cadavériques» dans le sang des femmes en se lavant les mains à l'eau chlorée. Mais ses conseils ne trouvèrent pas beaucoup d'écho. Il faut dire que le lavage répété des mains au chlore était très impopulaire, car très douloureux. Il fut clairement établi que les bactéries étaient à l'origine de ces septicémies potentiellement fatales seulement vers 1884.

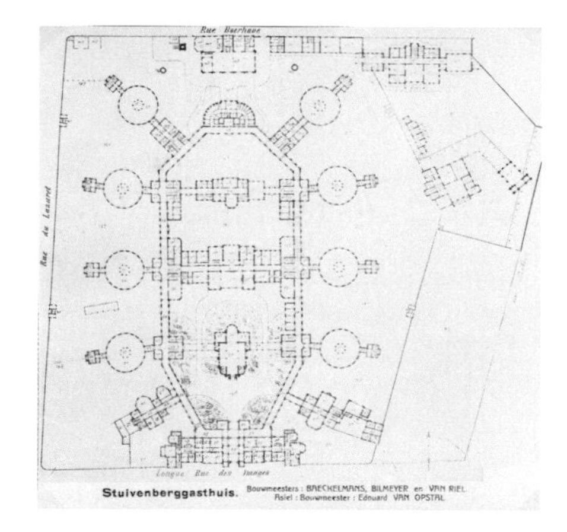

La construction de l'immense hôpital du Stuyvenberg d'Anvers donna lieu à un débat animé sur l'opportunité d'investir dans un établissement permanent, dont l'architecture serait bien vite dépassée

Compte tenu du taux élevé de mortalité, il était compréhensible que le Conseil Supérieur d'Hygiène Publique ne prône pas l'existence de maternités dans les hôpitaux. En fait, le Conseil aurait même préféré interdire les maternités. Mais comme un accouchement ne se déroulait pas toujours sans complications, le Conseil s'en tint à recommander un isolement très strict. Il suivit pour cela l'exemple d'une maternité de la région de Gand. Cette maternité n'avait plus connu le moindre cas de fièvre puerpérale depuis dix ans, alors que cette dernière ne quittait autrefois jamais les murs de l'hôpital. Le Conseil expliqua l'éradication de la fièvre par le fait que le quartier obstétrique était entièrement isolé des autres services de l'hôpital. Mais la véritable clé du succès résidait dans une hygiène irréprochable.[89]

Des hôpitaux provisoires?

Le Conseil supérieur d'hygiène publique n'appréciait pas davantage les grands hôpitaux. Il privilégiait les petits établissements, comme celui de Mons, dont les pavillons s'étendaient sur un vaste terrain. Le débat fit rage lorsque le Conseil approuva les plans du Stuivenberg à Anvers (1878-1885). Non seulement il s'agissait d'un hôpital gigantesque,

[86] CSHP, *Rapports*, 30/10/1883, 360-374.
[87] *Le Scalpel*, 19/02/1879, 33.
[88] CSHP, *Rapports*, 14-22/10/1875, 188.
[89] CSHP, *Rapports*, 14 et 22/10/1875, 188-189.

Le Stuivenberg

L'hôpital Stuivenberg d'Anvers est l'œuvre de l'architecte Frans Baeckelmans. L'élément le plus marquant de son architecture émane des pavillons circulaires disposés en cercle autour des bâtiments administratifs. En optant pour cette forme expérimentale, Baeckelmans se présentait en fervent disciple du Conseil supérieur d'hygiène publique, qui conseillait d'arrondir au maximum les angles des salles communes. Dans le droit fil de la théorie prédominant à l'époque, le Conseil pensait que les miasmes restaient accrochés dans les angles et les arêtes. Baeckelmans ne s'attendait dès lors à aucun problème lorsque le Conseil étudia ses plans en 1875. Les salles circulaires devaient faciliter la surveillance des malades, favoriser la circulation de l'air et fournir une luminosité maximale. Dans les salles communes, les lits étaient disposés en rayon autour d'une salle de service, de telle sorte que les malades ne puissent pas se contaminer les uns les autres et que l'infirmière puisse parvenir rapidement jusqu'à chacun d'entre eux.

Le Conseil émit toutefois un avis négatif sur les plans, tout d'abord en raison des dimensions de l'hôpital. L'établissement, conçu pour accueillir minimum 468 lits, ne reçut pas son aval. D'une part, le Conseil se demandait s'il était raisonnable de construire un hôpital aussi gigantesque. Et d'autre part, il ne voyait pas d'un bon œil la nouvelle forme circulaire des pavillons. Selon le Conseil, il était onéreux et difficile de chauffer des salles communes circulaires. Sans oublier que ces plans excluaient quasiment toute possibilité d'extension. Ainsi placés en cercle, les malades étaient constamment confrontés à la douleur des uns et des autres, ce qui était néfaste pour leur moral. Qui plus est, la forme des salles communes ne favorisait pas leur ventilation. Les cours

intérieures n'étaient pas davantage du goût du Conseil. Les bâtiments situés autour de ces cours entravaient la libre circulation de l'air, laissant ainsi le champ libre aux miasmes. Les critiques furent tout aussi négatives concernant le projet de Baeckelmans de construire un service d'obstétrique de 40 lits dans l'un des pavillons.

Le Conseil supérieur d'hygiène publique refusa d'approuver les plans. Il préférait un hôpital comme celui de Mons, qui hébergeait moins de malades et qui, d'après le Conseil, frôlait la perfection en termes de ventilation et d'isolement. Après quelques adaptations, les plans de l'hôpital Stuivenberg furent néanmoins approuvés en 1876. Le terrain avait été élargi d'un demi-hectare, ce qui permettait de laisser plus d'espace entre les bâtiments. La maternité fut construite sur un terrain séparé et les cours intérieures fermées furent remplacées par des cours ouvertes. Le Conseil recommanda toutefois d'aménager de vastes jardins, s'inspirant d'une tendance caractéristique de la seconde moitié du 19e siècle. Il s'agissait d'agrémenter les jardins d'arbres et d'arbustes pour conférer à l'établissement une impression de vie et un attrait supposés mettre fin à l'aversion profondément ancrée dans la population à l'égard des hôpitaux. Bien que le Conseil ne fût pas adepte des expérimentations en matière d'architecture hospitalière, il admit les salles communes circulaires à contrecœur. Ces salles circulaires remportaient d'ailleurs un grand succès à l'étranger.[1]

[1] Beets-Anthonissen, «Antwerpen, Stuyvenberg», 96; CSHP, *Rapports*, 14 et 22/10/1875, 183-193; 30/11/1876.

d'une capacité de minimum de 468 lits, mais le coût était en outre estimé à trois millions de francs, une somme astronomique pour l'époque. Était-il vraiment utile de dépenser autant d'argent dans un hôpital permanent ? Les progrès étaient si nombreux en matière d'hygiène que ce type d'établissement serait dépassé en quelques années à peine. Ne serait-il pas préférable d'opter pour des baraquements en bois ou d'autres sortes d'*hôpitaux volants*, que l'on pouvait construire rapidement et démonter ou remplacer au bout de quelques années ? Médecins et hygiénistes ne manquèrent pas de faire toutes sortes de propositions. La polémique cessa d'elle-même avec les découvertes révolutionnaires faites en bactériologie vers 1885.[90]

4.4. Établissements dangereux, insalubres ou incommodes

Le Conseil supérieur d'hygiène publique rendait fréquemment des avis sur les établissements dits dangereux, insalubres ou incommodes. Les règles relatives à ces entreprises avaient été peaufinées par l'A.R. du 13 novembre 1849. Les prescriptions publiques visaient à protéger l'industrie, les riverains et l'environnement. Fait remarquable, c'était aussi la première fois que le gouvernement s'intéressait à la sécurité des ouvriers.

Trois catégories d'entreprises

Les établissements dangereux englobaient toutes les entreprises où il existait un risque d'explosion ou d'incendie. Usines à gaz, dépôts stockant des substances inflammables et dispositifs incluant des machines à vapeur étaient donc concernés. Les établissements insalubres étaient quant à eux répartis en trois catégories. Les entreprises qui rejetaient

[90] CSHP, *Rapports*, 22/10/1875, 183-184.

Les fumées rejetées par les usines étaient souvent qualifiées de dangereuses ou incommodantes.

des « miasmes » comme le soufre étaient jugées nocives. Les fumées épaisses rejetées par les fondoirs, les usines de bleu de Prusse et les usines de colle, étaient considérées comme beaucoup moins toxiques. Selon les recommandations du Conseil, le degré de nocivité des entreprises dépendait des circonstances (locales) spécifiques. Une entreprise pouvait également être taxée d'insalubre s'il y avait un danger pour les ouvriers ou si l'établissement nuisait à la végétation environnante. Le rôle joué par le lobby agricole conservateur dans l'intégration de cette dernière disposition ne fait aucun doute. Enfin, une entreprise était considérée comme incommode si elle provoquait des dégâts matériels ou « *une forte gêne* ». Les mauvaises odeurs et les nuisances sonores pouvaient donc aussi être invoquées. Le Roi, la Députation permanente de la province et les administrations communales, respectivement, octroyaient les autorisations pour les trois catégories.

C'est sous l'influence du gouvernement libéral Frère-Orban que l'octroi des autorisations fut décentralisé par l'A.R. du 29 janvier 1863. L'idée était de simplifier la demande pour l'administration, mais avant tout pour l'industrie. Car le traitement des demandes d'autorisation soumises au Roi, notamment, prenait beaucoup de temps. Les entreprises ne furent plus divisées en trois catégories. Les établissements dangereux relevant autrefois de la première catégorie furent rangés dans la classe A. L'ancienne deuxième catégorie se vit apposer l'étiquette de classe B. Les entreprises reprises sous les classes A et B devaient obtenir l'autorisation de la Députation permanente de la province. La deuxième catégorie, qui regroupait les établissements moins dangereux, était désormais du ressort du collège des bourgmestre et échevins. C'était une épine de moins dans le pied du pouvoir central, qui ne devait désormais plus se prononcer que lorsqu'un recours était introduit contre une décision de la Députation permanente. En principe, cette décentralisation signifiait un pas en arrière pour la politique de l'environnement car elle laissait le champ libre à l'industrie.[91]

[91] Verbruggen, *De stank bederft onze eetwaren*, 26-27.

Les mauvaises odeurs liées au blanchissage du lin faisaient surtout l'objet de plaintes d'autres entrepreneurs. Les brasseurs, par exemple, affirmaient qu'elles altéraient la qualité de leur bière. Cette peinture illustre l'étendage du lin sur le sol pour le blanchissage.

Rien ne permet de savoir si le ministre de l'Intérieur demandait systématiquement l'aide du Conseil supérieur d'hygiène publique lorsqu'un recours était introduit auprès de la Députation permanente. Mais ce que nous pouvons dire, c'est que le Conseil supérieur d'hygiène publique s'immisçait fréquemment dans ce type d'affaires. Une commission spéciale (la *Commission des établissements dangereux, insalubres et incommodes)* avait même été mise sur pied pour venir à bout des nombreux avis. Avec l'architecture hospitalière et les avis relatifs aux cimetières, l'examen des plaintes liées aux établissements dangereux, insalubres ou incommodes constituait l'une des principales activités du Conseil et faisait d'ailleurs l'objet de rapports détaillés.

Économie et santé

Lorsqu'il étudia les réactions à la pollution industrielle à Gand, l'historien Christophe Verbruggen parvint à la conclusion que les plaintes contre la pollution découlaient le plus souvent de motifs économiques. Les opposants étaient souvent des entrepreneurs qui voyaient dans les activités de leurs concurrents une menace pour leurs activités économiques. Les brasseurs et les blanchisseurs se mettaient ainsi souvent des bâtons dans les roues. Les blanchisseurs en voulaient aux brasseurs de polluer l'eau des rivières, tandis que les brasseurs reprochaient à l'odeur du blanchissage de souiller leur bière. Les dossiers examinés par le Conseil supérieur d'hygiène publique venaient clairement confirmer ce constat. Les plaintes provenaient quasiment toujours d'autres entrepreneurs. Les témoignages d'ouvriers étaient extrêmement rares. Ils étaient pourtant les premiers en droit de se plaindre. En effet, les entreprises sources de bruit, de mauvaise odeur et de pollution étaient presque toujours construites à proximité des quartiers ouvriers. Ils étaient également les plus confrontés aux travaux dangereux. Dans les fabriques de blanc de céruse, par exemple, les ouvriers risquaient de graves intoxications

Au milieu du 19e siècle, les autorités locales ne s'opposaient guère à la construction d'usines dans les zones résidentielles. Elles refusaient peu d'autorisations aux établissements dangereux, insalubres ou incommodes, surtout en période de crise économique.

au plomb (saturnisme), et la fabrication d'allumettes était elle aussi très mauvaise pour la santé. Mais les ouvriers n'avaient pas voix au chapitre. Leur seule et unique priorité était de survivre.

Il serait intéressant de s'attarder sur la manière dont la Commission des établissements dangereux, insalubres ou incommodes traitait les affaires contre lesquelles un recours avait été introduit. En effet, Verbruggen constata qu'il existait, à Gand, un rapport évident entre l'octroi d'autorisations et la conjoncture économique. Il était plus facile aux autorités de refuser une autorisation lorsque l'économie était florissante, mais elles se montraient plus indulgentes durant les périodes de récession. Ainsi, le Collège des bourgmestre et échevins gantois ne refusa plus la moindre autorisation dans les années de crise qui suivirent 1874, lorsque l'économie belge était particulièrement mal en point.[92]

[92] Verbruggen, *De stank bederft onze eetwaren*, 112 et 122-123.

Durant le rouissage, le lin trempait dans des bacs en bois baignant dans les eaux de la Lys, ce qui lui conférait sa teinte dorée typique. Le processus de décomposition dégageait une odeur écœurante.

Les rapports indiquent clairement que le Conseil supérieur d'hygiène publique se retrouvait lui aussi fréquemment confronté à de cruels dilemmes. En effet, les améliorations à apporter pour l'environnement et la santé des ouvriers et des riverains avaient souvent des conséquences négatives pour la santé de l'économie. Le Conseil fut ainsi averti, en 1861, de l'utilisation de céruse pour blanchir la dentelle dans différents ateliers. Or, la céruse était une substance hautement toxique. Plusieurs enfants étaient déjà tombés malades : il fallait intervenir. Mais les autorités devaient-elles totalement interdire l'utilisation de céruse ou pouvaient-elles limiter la mesure en autorisant son utilisation en plein air ? Dans son rapport, le Conseil supérieur d'hygiène publique confirma qu'il s'agissait d'une substance très toxique. Les contaminations étaient fréquentes. Mais… rien ne blanchissait la dentelle aussi bien que la céruse ! Les négociants craignaient une diminution des ventes si les ateliers produisaient de la dentelle moins blanche. Comprenant l'inquiétude des entrepreneurs, le Conseil minimisa le danger pour la santé. Après tout, les ouvriers savaient parfaitement qu'ils devaient être prudents lorsqu'ils manipulaient la céruse et ils étaient donc à même de prendre les précautions nécessaires. Il était en outre possible de travailler en plein air. Et de s'assurer que le blanchissage ne soit pas toujours effectué par les mêmes personnes.[93] Dans cette affaire, la santé des ouvriers ne l'emporta donc pas sur les intérêts de l'industrie.

Le rouissage du lin

Le cas n'était pas isolé. Les plaintes étaient également nombreuses sur le rouissage du lin dans ou au bord des rivières et canaux. Le rouissage était un procédé de décomposition au cours duquel des bactéries ou des champignons dissolvaient les filasses de lin, une étape essentielle dans le processus de production des toiles tant aimées. Divers modes de rouissage artificiel avaient déjà été tentés, qu'ils soient chimiques

[93] CSHP, *Rapports*, 7/10/1861, 31-36.

Eaux polluées

A partir du milieu des années 1870, le Conseil supérieur d'hygiène publique redoubla de vigilance à l'égard de la pollution des eaux. Il n'était pas rare que les déchets ménagers, les excréments humains et les eaux fortement polluées rejetées par les usines soient déversés dans les cours d'eau les transmormant en «*véritables égouts à ciel ouvert*» pour reprendre l'expression du Conseil.[1] Les plaintes étaient à l'avenant: des eaux de toutes les couleurs de l'arc-en-ciel, des poissons morts, de la mousse et des odeurs nauséabondes.[2] Le Conseil rejeta cependant la proposition faite en 1877 par le ministre Delcour, qui souhaitait organiser un concours appelant à des solutions pour lutter contre cette pollution. Les usines s'y seraient en effet opposées.[3] En outre, l'État ne disposait pas des moyens et du pouvoir nécessaires pour étudier sérieusement l'état de l'eau potable.[4] Le Conseil œuvra toutefois à une nouvelle loi (7 mai 1877), qui remplaça le règlement obsolète relatif aux cours d'eau non navigables. Dorénavant, ces cours d'eau devaient être nettoyés tous les ans. Le coût des opérations était réparti entre les usines et les autres usagers. Les communes devaient supporter les assainissements ou travaux exceptionnels. Par ailleurs, il était désormais interdit de construire de nouvelles usines ou de nouveaux moulins au niveau des ponts sans l'autorisation de la Députation permanente de la province. La nouvelle loi ne produisit aucun effet faute de sanctions possibles. Elle n'interdisait nulle part de déverser les eaux usées dans un cours d'eau. Les usines n'étaient même pas obligées de filtrer, ni de traiter chimiquement l'eau.[5]

[1] CSHP, *Rapports*, 25/06/1874, 62.
[2] Par exemple CSHP, *Rapports*, 30/09/1868,149 et *Rapports*, 1874-1976, 125.
[3] CSHP, *Rapports*, 29/11/1877, 267-270.
[4] CSHP, *Rapports*, 31/10/1878, 312-313.
[5] Velle, *Hygiëne en preventieve gezondheidszorg*, 114-117.

avec l'utilisation de chaux vive ou de soude, ou physiques avec l'application d'eau chaude ou d'un procédé mécanique. Mais ces tentatives ne donnaient pas de résultats satisfaisants. Car c'était le terrain qui donnait aux fibres la couleur et la souplesse spécifiques tant appréciées. Il était conseillé de changer régulièrement l'eau et de l'utiliser ensuite sur les terres, mais ce conseil était rarement pris en considération. C'est que le niveau de l'eau était souvent très bas en été. Le rouissage de lin allait néanmoins de pair avec de graves problèmes écologiques. Le rouissage à l'eau stagnante était particulièrement mauvais pour la santé. Il occasionnait une formidable puanteur, qui était non seulement incommodante, mais aussi jugée dangereuse selon la théorie des miasmes.[94]

Les plaintes pleuvaient donc. En 1867, le Conseil supérieur d'hygiène publique se retrouva face à un grave dilemme. Une certaine madame Daumerie, vraisemblablement fortunée puisqu'elle disposait d'une résidence secondaire, se plaignait de la « dangereuse » puanteur causée par le rouissage de lin sur les rives du Moervaart à Moerbeke. À ses yeux, il était incompréhensible que la Députation permanente de Flandre orientale ait autorisé monsieur Cambier à rouir du lin à grande échelle dans les prairies de Moerbeke. Le Conseil supérieur d'hygiène publique comprenait son inquiétude au sujet des mauvaises odeurs. La putréfaction de matières organiques occasionnait des miasmes susceptibles d'être nuisibles, c'était un fait. Du point de vue de la santé, il était donc souhaitable que l'industrie linière cesse le rouissage à l'eau boueuse. Mais le Conseil était devant un profond dilemme. Il se rendait bien compte qu'un avis négatif rendu pour ce cas précis entraînerait l'interdiction pure et simple du rouissage. Or, cette interdiction aurait de lourdes conséquences pour les nombreux agriculteurs qui avaient besoin du lin pour survivre. Le Conseil se sentit dès lors obligée de conseiller au ministre de ne pas interdire le rouissage.[95]

Parfois, le Conseil supérieur d'hygiène publique tenait bon et tentait d'imposer des mesures pour le moins impopulaires aux entrepreneurs. Mais même dans ces cas-là, le Conseil devait parfois fléchir. Se posaient ainsi de sérieux problèmes concernant le transport des os et des peaux. Ils étaient simplement transportés par rail, à bord de wagons ouverts, d'où se dégageait une odeur nauséabonde. Le problème était largement répandu car de très nombreuses industries recouraient à ce moyen de transport. Le Conseil recommanda au ministre des Travaux publics d'édicter une directive limitant ce transport la nuit et dans des coffres fermés hermétiquement. Mais le ministère fut submergé de plaintes émanant des commerçants. Le Conseil se sentit dès lors obligée de faire des concessions. Désormais, les os séchés et salés ne devaient plus nécessairement être transportés dans des coffres fermés hermétiquement. Une bâche suffirait. Mais cet assouplissement n'était pas concédé de gaieté de cœur car les membres y voyaient encore un procédé insalubre. Pourtant, le Conseil supérieur d'hygiène publique approuva le rapport final rédigé par le ministère des Travaux publics. Cependant le respect des règles continuait à poser problème. À peine un an plus tard, une délégation du Conseil constata que deux wagons non couverts se trouvaient à proximité de la gare de Vilvorde, répandant la puanteur d'os séchés au grand air. L'odeur était insupportable et il s'avéra que ce n'était pas la première fois. Le Conseil supérieur d'hygiène publique exhorta dès lors le ministre à durcir le règlement et à l'assortir de sanctions en cas de non-respect.[96]

[94] Velle, *Hygiëne en preventie*, 114-117.
[95] CSHP, *Rapports*, 31/10/1867, 53-56.
[96] CSHP, *Rapports*, 27/06/1872, 438-441 ; 30/01/1873, 509-511, 11/09/1873, 593-594 ; 25/06/1874, 71-74 et 112-114.

Les briqueteries

Il est établi que les mauvaises odeurs étaient souvent à l'origine des plaintes formulées. Mais certaines plaintes étaient aussi déposées lorsque la végétation souffrait des activités d'une entreprise. Le dépérissement de plantes associé à des nuisances olfactives pouvait ainsi provoquer l'ouverture d'une enquête afin d'identifier les facteurs polluants dans les briqueteries provisoires et permanentes. Au 19e siècle, les briqueteries avaient fait de certaines communes rurales des pôles de croissance industrielle. Après l'ouverture du canal Bruxelles-Charleroi, en 1832, et les modifications drastiques du processus de production, les briqueteries poussèrent comme des champignons. Entre 1807 et 1857, leur nombre fut quintuplé, passant de 500 à 2 407. Les carrières d'argile et les cheminées des fourneaux dominaient le paysage. Les briqueteries attiraient de nombreux campagnards désargentés qui fuyaient la crise agricole. La densité de population fit donc un bond, engendrant une détérioration encore plus marquée de l'hygiène et un délabrement croissant des quartiers. Les conditions de logement étaient tout bonnement lamentables. De nombreux nouveaux quartiers étaient construits à l'ombre des fours à briques. Ces quartiers se composaient de petites maisons mitoyennes, comptant une ou deux pièces difficiles à éclairer ou à aérer. Et comme il fallait perdre le moins possible de ce terrain argileux si cher, les habitations étaient construites au plus près des briqueteries. Les habitants devaient se débrouiller sans pavage, sans équipements sanitaires dignes de ce nom, sans égouttage et sans alimentation en eau. Sans oublier les graves nuisances occasionnées par la briqueterie.

En 1863, une délégation du Conseil supérieur d'hygiène publique fut envoyée en reconnaissance dans le but d'observer si les briqueteries engendraient vraiment beaucoup de problèmes. À Boom, ils constatèrent que c'était effectivement le cas. Les fours étaient continuellement allumés et ne rejetaient les fumées qu'à quelques mètres de haut, ce qui rendait les maisons inhabitables et détruisait entièrement les arbres et les plantes des alentours. Bien qu'il craignît une contre-attaque des briqueteries, le Conseil recommanda au ministre de l'Intérieur de fixer la hauteur des cheminées entre 30 et 40 mètres. Ses craintes étaient fondées. Les propriétaires prétendirent que ces cheminées étaient trop chères et qu'ils ne pourraient plus faire face à la concurrence des briqueteries travaillant toujours selon l'ancien procédé. Les briques seraient en outre de moins bonne qualité. Pour le Conseil, cette argumentation ne tenait pas debout. L'investissement serait vite récupéré car les ouvriers travailleraient beaucoup plus vite avec ces nouveaux fours. Les cheminées rehaussées étaient donc à la fois bénéfiques pour la santé publique et pour l'économie.[97]

Mais une nouvelle fois, l'avis ne fut pas suffisamment suivi et le Conseil supérieur d'hygiène publique dut militer pour la prise de mesures contraignantes. En 1870, le Conseil proposa de fixer la hauteur des cheminées dans un règlement afin de réduire les nuisances vis-à-vis de la nature et des riverains. Il s'agissait d'une mesure nécessaire, même si les maisons et la nature étaient éloignées des fours. La végétation souffrait principalement de la chaleur et des vapeurs sulfureuses, et les ouvriers devaient vivre dans la puanteur immonde qui se dégageait de la cuisson des briques. Le vent répandait cette odeur si loin qu'il était en principe impossible d'élaborer un règlement totalement efficace. Le Conseil proposa toutefois de respecter une distance d'au moins 50 mètres entre les briqueteries provisoires et les zones d'habitation, et une distance de 200 à

[97] CSHP, *Rapports*, 8/08/1863, 157-158.

Le Conseil supérieur d'hygiène publique s'opposa avec succès à la tradition malsaine qui consistait à ériger les cimetières autour des églises, à proximité immédiate des zones résidentielles.

500 mètres entre les briqueteries permanentes et les maisons les plus proches. Toute forme d'agriculture était en outre interdite sur les terrains.[98]

D'après les sources à disposition, nous pouvons constater que le Conseil supérieur d'hygiène publique éprouvait pour le moins des difficultés à trouver le bon équilibre entre l'hygiène et la santé publique d'une part, et les intérêts économiques de l'autre. Ce dilemme ne concerne d'ailleurs pas uniquement les avis relatifs aux établissements dangereux, insalubres ou incommodes. Le Conseil ne parvint pas, même à l'approche d'une épidémie de choléra, à recommander la quarantaine absolue des navires alors qu'il avait déjà été prouvé par le passé que la maladie pouvait être amenée sur terre par des matelots de retour sur le plancher des vaches. Risque d'épidémie ou pas, il fallait penser aux intérêts commerciaux.[99] Ces différents exemples montrent que l'économie primait souvent sur la santé du peuple.

4.5. Enterrements et cimetières

Les cimetières étaient également un thème significatif dans la lutte contre les maladies contagieuses. Les us et coutumes en matière d'enterrement et l'implantation des cimetières faisaient l'objet de profondes critiques de la part du Conseil supérieur d'hygiène publique. La théorie des miasmes faisait craindre les germes pathogènes qui s'élevaient des cimetières non hygiéniques et les corps en décomposition susceptibles de polluer la nappe phréatique. Le Conseil partit en guerre contre l'habitude d'enterrer les morts dans des cimetières encerclant des églises très fréquentées ou à proximité de zones résidentielles.

Lors des congrès d'hygiène du début des années 1850, le Conseil élabora un règlement complet sur l'aménagement des cimetières. Un cimetière devait être suffisamment éloigné des zones résidentielles et des bâtiments publics. Il ne pouvait en aucun cas

[98] CSHP, *Rapports*, 27/05/1870, 242-245.
[99] CSHP, *Rapports*, 30/01/1868, 79-81.

Ce cimetière montois avait reçu l'agrément du Conseil. Il était suffisamment éloigné du centre du village, en pleine nature, ce qui excluait tout risque lié aux miasmes.

se trouver à proximité d'un bâtiment public ou d'un puits. Les vents dominants et l'état général du terrain devaient être pris en considération. Le Conseil privilégiait les grands terrains aux sols bien drainés, où les miasmes n'avaient aucune chance. Les cimetières devaient être assez grands pour que les tombes existantes puissent tenir au moins dix ans avant de devoir faire place à des nouvelles. C'est dans cette même optique que le Conseil réglementa la taille et la profondeur des tombes, ainsi que la distance qui les séparait. Il fixa aussi des règles pour le transport des cadavres, le moment des enterrements et l'aménagement des morgues.

La crainte des épidémies fut à nouveau le facteur déterminant. Lors d'une épidémie de choléra, par exemple, les victimes étaient enterrées le plus rapidement possible, par crainte d'une contamination directe. Une rumeur était née de cet empressement: certains seraient parfois enterrés vivants. Le Conseil stipula donc qu'un médecin devait officiellement constater le décès avant de pouvoir enterrer le défunt. L'enterrement ne pouvait ensuite pas avoir lieu avant 36 heures, et 48 heures en cas de mort subite. Le recours aux morgues devait éviter l'exposition prolongée des cadavres dans le cercle familial. Les cimetières insalubres devaient être déplacés. Les communes qui s'y refusaient devaient y être contraintes par A.R.[100]

Les règles régissant la délocalisation d'un cimetière

Au 19e siècle, les cimetières étaient souvent déplacés ou étendus. Les morts étaient traditionnellement enterrés autour de l'église. La conséquence de cette habitude solidement ancrée est que de nombreux petits cimetières étaient pleins à craquer. Il était absolument indispensable d'augmenter leur capacité au vu de la poussée démographique et de la mortalité élevée lors des épidémies. Parfois, un cimetière devait être déplacé, tant le danger était devenu important pour les riverains. Le problème était souvent délicat. Le fait de déplacer les corps mettait la population en émoi. Au-delà de

[100] *La Santé*, 10/10/1852, 73-79.

L'eau-de-vie fortement alcoolisée était considérée à tort comme un remède efficace pour la prévention des maladies contagieuses.

l'aspect religieux et personnel, on craignait également pour la santé des riverains et des ouvriers chargés de transférer les tombes.

Le Conseil supérieur d'hygiène publique donnait toujours des instructions très précises et détaillées sur ce point. Les tombes devaient être déménagées durant une période fraîche, par des ouvriers bien nourris et en bonne santé, qu'il y avait lieu de réconforter ensuite avec quelques verres de spiritueux. La consommation d'eau-de-vie était donc recommandée pour prévenir les maladies contagieuses, ce qui illustre bien le manque de connaissances sur le sujet à l'époque. La commission insistait pour que les ouvriers ne touchent ni les corps ni les cercueils, et pour qu'ils se lavent les mains au savon noir et à l'eau phénylacétique. Les restes devaient être couverts de chaux vive. La terre devait être creusée jusqu'à quatre mètres de profondeur – et plus encore en cas de nuisances olfactives – et évacuée en un lieu éloigné des zones habitées.[101]

Obstacles au bon fonctionnement

La Commission des établissements dangereux, insalubres ou incommodes du Conseil supérieur d'hygiène publique formulait souvent des avis relatifs à l'aménagement de nouveaux cimetières ou à l'extension et à la délocalisation d'anciens cimetières. La commission ne se contentait pas d'étudier les plans du cimetière, elle examinait aussi l'état d'hygiène du terrain directement sur place.

Chaque année, le Conseil supérieur d'hygiène publique publiait d'innombrables rapports sur le sujet. Il était pourtant considérablement gêné dans son travail. Tout d'abord, l'avis du Conseil n'était pas systématiquement demandé. Le Conseil supérieur d'hygiène publique n'entrait en action qu'après l'introduction, par une instance spécifique, d'un recours dans une affaire précise ou après demande explicite d'un avis par la province. En 1864, par exemple, aucun avis n'avait été demandé pour la construction du cimetière de Froidchapelle, dans le Hainaut. Ce n'est que neuf ans plus tard que les experts visitèrent le cimetière à la demande du ministre de l'Intérieur. En effet, l'administration provinciale croulait sous les plaintes concernant la puanteur qui se dégageait du cimetière durant l'été. Qui plus est, une épidémie de diphtérie avait touché 50 élèves d'une école de filles à proximité, et le cimetière était suspecté d'être à l'origine du problème. L'examen de la commission révéla que le sous-sol du cimetière se composait en grande partie de roche schisteuse, et qu'il n'avait donc pas été possible de creuser les tombes assez profondément, avec toutes les conséquences que cela implique. Le Conseil recommanda au ministre de supprimer le cimetière sans attendre, et même d'exproprier des terrains pour aménager un nouveau cimetière s'il n'était pas possible de trouver rapidement un emplacement. Pas mal de problèmes auraient pu être évités si les spécialistes avaient mené une enquête préalable.[102]

Un deuxième obstacle au travail du Conseil supérieur d'hygiène publique venait de l'absence de législation détaillée concernant les cimetières. Officiellement, seul le vieux décret datant de l'ère française et octroyant une grande autonomie aux communes, était en vigueur. Le Conseil souhaitait une nouvelle loi qui viendrait combler les lacunes et corriger les imperfections du décret.[103] Mais le gouvernement n'accéda pas à cette demande. Comme c'était le cas pour le contrôle de l'architecture hospitalière et des assainissements dans les villes, le Conseil ne pouvait pas imposer ses règlements et dépendait entièrement de la collaboration des communes. Le Conseil était confronté à

[101] CSHP, *Rapports*, 7/09/1871, 334- 339.
[102] CSHP, *Rapports*, 27/11/1873, 614-618.
[103] Decret : 25 prairial de l'an XII ; CSHP, *Rapports*, 21/03/1859, 206-207.

Le Conseil et l'incinération

En dépit des nombreux disciples que la théorie des miasmes rassembla pendant plusieurs décennies, jamais le débat entre inhumation et incinération ne revêtit une dimension vraiment fondamentale. Entre 1865 et 1868, une maladie contagieuse des bovins décima le cheptel belge. C'est à cette occasion que le vétérinaire E. Dèle conçut un incinérateur pour animaux très controversé. D'après Dèle, l'incinération des carcasses stoppait les maladies contagieuses, prévenait toute pollution du sol et évitait aux abatteurs d'être exposés à la maladie du charbon. À ses yeux, l'incinération était toujours plus saine que l'inhumation, y compris dans le cas de cadavres humains. En effet, les communes étaient souvent confrontées à un manque de place, à des problèmes de sol et à une pénurie de chaux vive. Le Conseil supérieur d'hygiène publique ne se prononça pas sur la problématique, mais conclut néanmoins que personne ne pouvait contester que l'incinération des carcasses prévînt les maladies contagieuses. Malgré tout, les désagréments olfactifs causés par l'incinération poussèrent le Conseil à continuer d'opter pour l'inhumation.[1]

Un débat de société sur l'incinération s'amorça au milieu des années 1870. Le Conseil supérieur d'hygiène publique s'en mêla en 1883. Dans un rapport, Stas, Janssens et Crocq soulignèrent les inconvénients de l'inhumation, qui représentait surtout un danger dans les villes. Les citadins vivaient trop près des cimetières et risquaient de respirer les miasmes pathogènes et de consommer de l'eau contaminée. L'enfouissement des corps prenait en outre énormément de place. L'incinération, au contraire, permettait d'échapper à un long et dangereux processus de décomposition. Le rapport suscita la polémique parmi les membres du Conseil, mais la majorité vota finalement pour.[2] Il faudra toutefois encore attendre plusieurs années avant que l'incinération devienne un fait en Belgique. Peu à peu, avec la polarisation croissante entre catholiques et libéraux, elle devint – peut-être involontairement – un symbole politique. Les conseils communaux durent attendre jusqu'au 21 mars 1932 avant d'avoir le droit de construire des incinérateurs, suivant des critères très stricts.[3]

[1] Velle, *Begraven of cremeren*, 23-24; CSHP, *Rapports*, 7/09/1871, 340-343.
[2] CSHP, *Rapports*, 10/03/1883, 284-287.
[3] Velle, *Begraven of cremeren*, 32, 57.

l'indifférence, à la négligence et/ou à l'ignorance des administrations locales. Il n'était pas rare que le Conseil constate que les règles en matière d'enterrements et d'entretien des cimetières étaient bafouées. La commission fut par exemple outrée par les situations intolérables qu'elle découvrit au cimetière de Namur. Même les règles élémentaires du vieux décret y étaient transgressées. Le cimetière devait céder de la place pour l'arrivée d'une nouvelle gare ferroviaire, mais on ne disposait pas même d'un plan du cimetière. Les distances n'étaient pas respectées entre les tombes, et la profondeur n'était manifestement pas aux normes. Au lieu de refermer la tombe immédiatement, une fine couche de sable était versée sur le cercueil en attendant l'enterrement suivant. On y enterrait jusqu'à trois personnes les unes au-dessus des autres, le couvercle du dernier cercueil n'arrivant plus qu'à 40 ou 50 cm du sol.[104]

Il fallut attendre 1880 pour voir la situation légale s'améliorer. Quelques règles propagées par le Conseil supérieur d'hygiène publique furent, pour la première fois,

[104] CSHP, *Rapports*, 28 /10/1864, 205.

coulées dans un cadre législatif. L'A.R. du 7 août 1880 stipulait que les cimetières abandonnés ne pouvaient pas faire l'objet de plantations avant cinq ans. Le terrain ne pouvait avoir d'autre destination et aucun déblaiement n'était autorisé dans les quinze années suivantes. Passé ce délai, une nouvelle affectation n'était possible qu'après constat, par les représentants du Conseil supérieur d'hygiène publique ou de la commission médicale provinciale, de l'absence de tout danger pour la santé publique. Cet examen tenait compte du degré de décomposition des corps, de l'état du sol dans lequel ils reposaient et de l'état de la nappe phréatique. Si l'avis rendu était positif, le cimetière recevait une nouvelle affectation par A.R.[105]

Le Conseil supérieur d'hygiène publique s'occupait donc régulièrement de cimetières, mais son action était fortement entravée par le vide législatif et l'autonomie des communes. Souvent, le mal était déjà fait quand on daignait enfin le consulter.

4.6. Hygiène et santé à l'école

Des cours de gymnastique dans les écoles

Le Conseil supérieur d'hygiène publique avait encore un autre thème à cœur : la santé de la jeunesse scolarisée. Au début, les efforts se concentrèrent principalement sur la condition physique des jeunes. Le Conseil accordait une grande importance à l'organisation de bons cours de gymnastique dans les écoles belges. Le sujet fut abordé pour la première fois en 1857. N. Theis, médecin et secrétaire du Conseil, lança une enquête sur les cours de gymnastique de l'époque. Il conçut un programme d'entraînement à bas prix, supposé améliorer la condition physique des jeunes scolarisés et préparer les garçons au service militaire. Le Conseil recommandait d'intégrer le programme de gymnastique dans tous les degrés de l'enseignement.[106]

En marge de la publication, en 1870, de *Gymnastique hygiénique, thérapeutique et récréative sans instruments* de Guillaume Docx (1830-1895), le Conseil supérieur d'hygiène publique s'empressa d'exercer son droit d'initiative pour dénoncer l'état déplorable de l'enseignement de la gymnastique en Belgique.[107] À l'instar de Docx, le Conseil plaidait pour l'instauration de cours obligatoires de gymnastique. Il prônait une gymnastique scolaire sans trop de fioritures, ne s'aidant que de quelques agrès simples. Les exercices spécifiques ainsi créés étaient adaptés en fonction de l'âge et du sexe des élèves. L'accent était mis sur le savoir-acheter et la simplicité. Tous les élèves devaient être capables de faire les exercices. Il fallait en outre à tout prix éviter de s'emballer pour des exploits individuels.

Une meilleure formation des enseignants

Aux yeux du Conseil supérieur d'hygiène publique, le travail de Docx ne pouvait être utile qu'à la condition de s'inspirer des cours de gymnastique donnés à l'étranger pour façonner leur enseignement en Belgique. La façon de donner cours pouvait s'en trouver nettement améliorée. Contrairement à d'autres pays comme la Suède, le Danemark et l'Allemagne, la Belgique ne prévoyait pas la moindre formation pédagogique pour ses professeurs de gymnastique. Les autorités pensaient que les bons athlètes étaient aussi de bons enseignants. Grossière erreur ! Et jugement sans valeur, selon le Conseil supérieur d'hygiène publique. Un bon professeur de gymnastique devait non seulement être sportif et capable d'expliquer comment pratiquer un sport, mais il devait aussi

[105] CSHP, *Rapports*, 19/12/1879, 360-362.
[106] CSHP, *Rapports*, 27/05/1857, 84-85 et 17/10/1862, 86-88.
[107] Dans son ouvrage, le capitaine d'infanterie Guillaume Docx faisait la promotion d'une gymnastique scolaire rationnelle et obligatoire et s'opposait farouchement aux exercices aux agrès.

Les exercices de gymnastique simples imaginés selon la méthode Docx étaient également à la portée des élèves moins sportifs.

savoir pourquoi certains sports étaient recommandés et quels étaient leurs effets sur l'organisme. Il était donc question de s'y connaître un minimum en physiologie, anatomie et pédagogie. Or, ces connaissances ne s'acquièrent pas sur un terrain de sport, mais sur les bancs d'une école.

L'urgence était là : il fallait organiser une formation pour les professeurs de gymnastique dans les écoles normales. Toutefois, une bonne formation ne suffisait pas si l'on voulait professionnaliser le statut des professeurs de gymnastique. Leur rémunération devait aussi être revue à la hausse, et les leçons de gymnastique devaient, contrairement aux habitudes, être données pendant les heures de cours. Bref, il s'agissait de revoir l'ensemble de la politique en matière de gymnastique. En Belgique, la gymnastique était encore trop souvent considérée comme un simple amusement ou – dans le meilleur des cas – comme un passe-temps utile. Il valait mieux prendre exemple sur l'étranger, où la gymnastique était véritablement considérée comme une science visant à perfectionner l'être humain. Le Conseil prônait une profonde réforme de la gymnastique scolaire. La gymnastique devait être rendue obligatoire pour tous les enfants et à tous les niveaux, sans exception. Pour y parvenir, le Conseil voulait que les autorités créent une école centrale de gymnastique, où les futurs professeurs pourraient s'aguerrir à la théorie et à la pratique du jeu, à l'anatomie, à la physiologie, à la diététique, etc. Leurs connaissances devaient en outre être évaluées par des examens sérieux.[108]

Les doléances du Conseil supérieur d'hygiène publique furent entendues par le gouvernement. Fin 1870, le ministre de l'Intérieur envoya trois spécialistes – dont Docx – en visite de travail dans des écoles de gymnastique d'Allemagne et de Suède. À leur retour, ils composèrent un programme qui fut ensuite soumis à l'approbation du Conseil supérieur d'hygiène publique. Le travail nécessita plusieurs séances. Et le résultat fut traduit en différents A.R., régulant à la fois la formation des professeurs de gymnastique et l'enseignement de la gymnastique dans les écoles.[109]

[108] CSHP, *Rapports*, 8/12/1870, 277-285.
[109] A.R. du 12 juillet 1874, A.M. du 12 mai 1875, A.R. du 16 juin 1875, A.R. du 17 juillet 1875, A.R. du 12 mai 1875.

Dès 1875, des professeurs furent spécialement formés pour prodiguer des cours de gymnastique de manière professionnelle et scientifiquement étayée.

Le Conseil pensait qu'il était nécessaire de créer une école normale spécialisée en gymnastique, mais son avis ne fut pas suivi. Les auteurs du programme étaient convaincus que ce type d'école n'attirerait pas assez d'élèves. Qui plus est, le ministre de l'Intérieur Charles Delcour n'était pas favorable à l'existence d'une école centrale, jugée trop onéreuse. Il préférait ajouter la discipline dans les écoles normales existantes. Chaque école normale devait donc embaucher un professeur de gymnastique ayant acquis l'expérience requise en Suède ou en Allemagne. Les écoles devaient en outre disposer du matériel nécessaire. Désormais, la gymnastique ferait partie des examens d'entrée et du programme des écoles normales. Lors des examens de fin d'études, les connaissances acquises en la matière devaient être évaluées en profondeur, par le biais d'un examen écrit et d'un examen pratique. Pour les professeurs qui enseignaient la gymnastique avant l'entrée en vigueur de la nouvelle législation, la perspective d'une meilleure rémunération était source de motivation pour suivre une formation complémentaire. Ils suivaient alors des cours de pédagogie, d'anatomie, de physiologie et d'hygiène pendant un mois. S'ils réussissaient ensuite leur examen, ils recevaient un certificat donnant droit à une augmentation de salaire. La loi du 1er juillet 1879 rendit la gymnastique obligatoire dans l'enseignement fondamental officiel. La gymnastique faisait partie du programme obligatoire des écoles secondaires publiques depuis 1850 et les élèves étaient obligés de suivre le cours. Seul un certificat médical pouvait les en dispenser. Le Conseil supérieur d'hygiène publique était enchanté de ces A.R. qui venaient combler une grave lacune dans l'enseignement officiel de Belgique.[110]

L'hygiène à l'école

La condition physique de la population scolarisée n'était pas le seul centre d'intérêt. Le ministre Delcour demanda aussi au Conseil supérieur d'hygiène publique de rédiger un règlement relatif à l'hygiène à l'école. Une commission spécialement créée à cet effet, la *Commission pour l'hygiène scolaire*, se mit au travail dès 1874 pour élaborer dans les moindres détails un nouveau programme général qui viendrait remplacer l'ancien

[110] CSHP, *Rapports*, 29/05/1873, 543-546. Laporte, « De lichamelijke opvoeding in het onderwijs in België », 49.

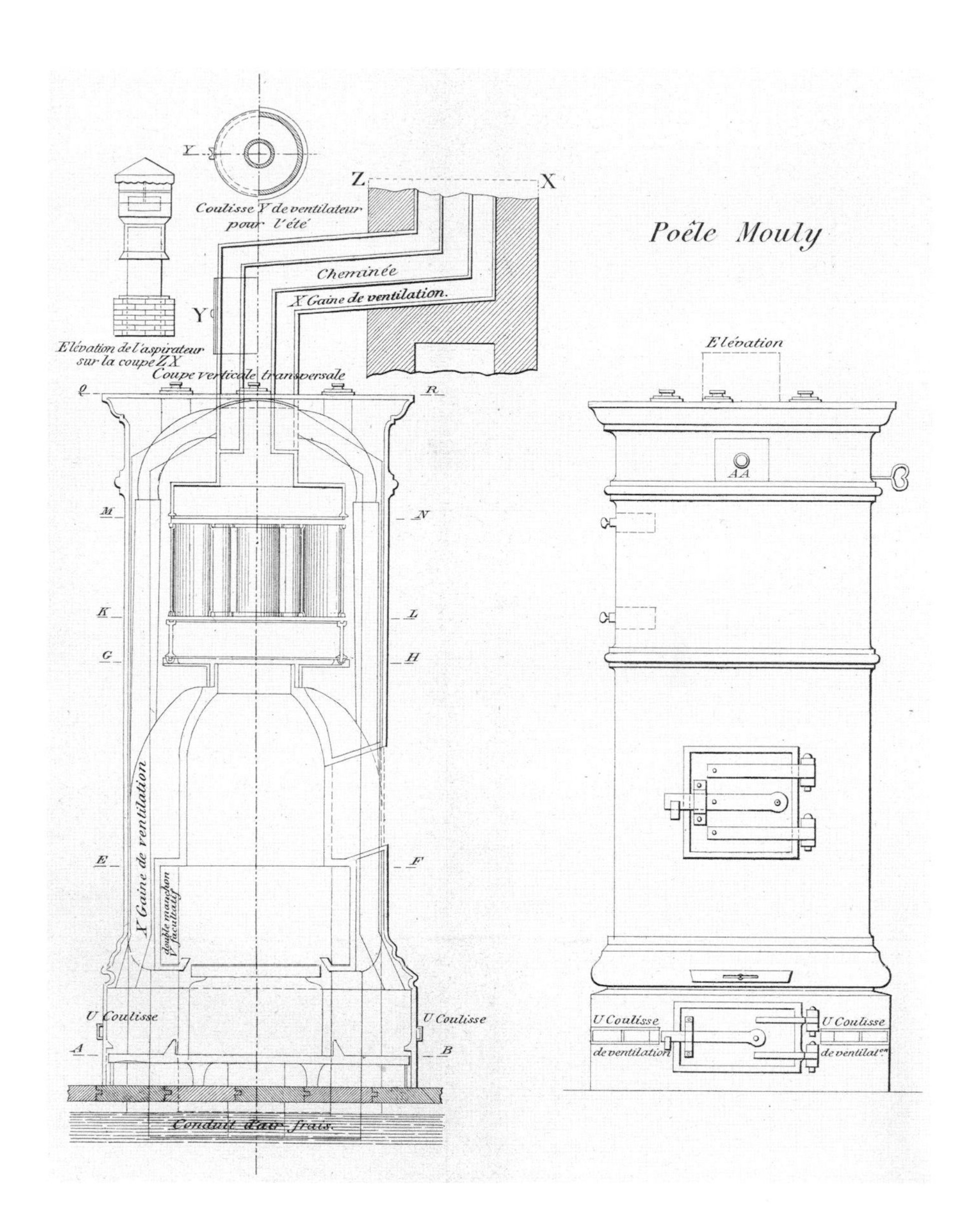

Le Conseil recommandait ce poêle soufflant de la marque « Mouly » pour un chauffage et une ventilation optimums des classes.

règlement datant de 1852. En novembre 1873, le gouvernement avait en effet mis 20 millions de francs à la disposition des provinces et des communes pour construire et aménager les écoles. Le nouveau programme devait garantir la conformité des nouvelles écoles aux prescriptions, ainsi qu'un degré suffisant d'uniformité.

La réforme prit énormément de temps. La commission se réunit pas moins de 14 fois, pour des séances de trois heures environ, et visita d'innombrables hospices, écoles et hôpitaux pour y examiner les systèmes d'ameublement, ventilation, chauffage, latrines, etc. Ils firent également appel à divers experts. L'architecte Blandot de Huy et les inspecteurs pédagogiques des provinces de Namur et de Liège, messieurs Dony et Kleyer, assistèrent ainsi aux six dernières assemblées. De par leur longue expérience, ils connaissaient parfaitement les besoins des écoles en matière d'hygiène.

La collaboration déboucha sur un programme très complet et détaillé, publié au Moniteur Belge le 28 novembre 1874. Le programme arrêtait la position et l'orientation indiquées pour les bâtiments scolaires, l'aménagement intérieur des écoles, la superficie des classes, la manière dont les filles et les garçons devaient être séparés, l'éclairage, l'aménagement des sanitaires, le mobilier, ... Tout était décrit dans les moindres détails : jusqu'à la couleur des classes (le gris clair étant idéal et le blanc, à proscrire absolument) et l'emplacement du crucifix.[111]

Les pages traitant de la ventilation et du chauffage furent laissées vierges car la commission n'avait pas encore atteint de consensus sur le meilleur système. Ce sujet fut donc régulièrement remis à l'agenda du Conseil supérieur d'hygiène publique au cours des années qui suivirent. En sa séance du 3 juillet 1874, le Conseil avait en effet recommandé au ministre de l'Intérieur d'organiser un concours pour les systèmes de chauffage et de ventilation. Dès cet instant, le Conseil supérieur d'hygiène publique fut harcelé par toutes sortes d'inventeurs désireux de lui présenter la machine idéale. Le nombre de demandes connut une telle hausse que la Commission pour l'hygiène scolaire eut rapidement l'impression d'être un comité permanent de consultation pour les industriels et leurs poêles, plutôt qu'un organe chargé de formuler des avis en matière d'hygiène. Une machine ne répondant pas aux critères du Conseil pouvait être légèrement modifiée par son inventeur, puis représentée à la commission. Le Conseil supérieur d'hygiène publique demanda donc au ministre l'autorisation d'organiser un nouveau concours, lors duquel cinq systèmes différents seraient testés dans des conditions identiques. Il serait ainsi plus simple d'identifier et de comparer les avantages et les inconvénients des différentes machines. Et tant qu'aucun système ne satisfaisait pas parfaitement à tous les critères en matière de chauffage et de ventilation, la commission recommandait l'utilisation des radiateurs soufflants de De Maeghd et Mouly.[112]

4.7. La lutte contre les épidémies

Initialement, le Conseil supérieur d'hygiène publique ne s'occupait pas du tout des maladies contagieuses, qui étaient du ressort de l'Académie royale de médecine. À l'origine, le Conseil n'était consulté qu'en qualité d'organe intermédiaire dans les questions médicales. Quelques débats avaient ainsi eu lieu sur la question de déterminer le responsable des soins à apporter aux malades. Les cantons de Wavre, Jodoigne et Perwez se plaignaient par exemple d'ouvriers qui avaient contracté le typhus dans les villes surpeuplées, mais qui retournaient dans leur ancien village pour se faire soigner, y contaminant d'autres personnes.[113] La loi du 10 février 1845 stipulait en effet que les ouvriers migrant vers les villes restaient ensuite, pendant huit ans au moins, dépendants de leur commune d'origine pour toute forme d'assistance. Le gouvernement tentait ainsi de maîtriser l'exode rural et de limiter les dépenses des villes.[114] Les prostituées formaient une exception à la règle depuis les lois du 30 janvier 1854 et du 9 octobre 1855. Elles étaient tenues de faire soigner leur syphilis dans leur ville d'activité, une décision qui déplaisait très fortement à Bruxelles et à Louvain et qui était également contestée par le Conseil supérieur d'hygiène publique.[115] Le Conseil ne commença à s'intéresser aux maladies infectieuses qu'en 1866, l'année même où une épidémie de choléra fit rage dans le pays. Difficile de dire pourquoi le Conseil attendit plus de quinze ans pour se pencher sur le sujet. Mais le problème des épidémies récurrentes était plus que préoccupant.

Comme nous l'avons déjà dit, l'industrialisation et l'exode rural qui l'accompagnait avaient fortement accentué la pression sur le cadre de vie citadin. Il était de plus en plus difficile de préserver la pureté des cours d'eau et d'évacuer les déchets des villes.

[111] CSHP, *Rapports*, 18, 30/06, 2 et 3/07/1874, 75-83.
[112] CSHP, *Rapports*, 27/02/1879, 314-318.
[113] CSHP, *Rapports*, 1874, 7-8.
[114] Van Damme, *Onderstandswoonst, sedentarisering en stad-plattelands-tegenstellingen*, 20-21.
[115] CSHP, *Rapports*, 1864, 209-212.

À la fin du 17e siècle, le rebouteux était déjà au centre de cette peinture de genre de Jan Steen. Au milieu du 19e siècle encore, la population vouait souvent une plus grande confiance aux rebouteux qu'aux médecins diplômés.

Les conséquences étaient lourdes. Mains sales, eau polluée et famine furent à l'origine des épidémies ravageant systématiquement le pays au cours du 19e siècle. Les maladies infectieuses – comme le typhus, la diphtérie, mais surtout le choléra – dévastaient la population. La variole faisait aussi énormément de victimes. Les plus durement touchés étaient la classe ouvrière et les indigents. L'exiguïté de leurs logis et l'absence de toute forme élémentaire d'hygiène en faisaient des proies faciles.

En 1855, Edouard Ducpétiaux analysa le comportement des consommateurs belges. Il en ressortit qu'à peine 0,5 à 1,65% du budget total d'un ménage ouvrier était consacré aux soins corporels et aux soins médicaux. Les ouvriers du 19e siècle tentaient avant tout de survivre. Conscientiser les classes populaires à la nécessité d'être propre, de s'occuper de son corps et de veiller à son hygiène avait peu de sens. Elles pouvaient à peine se permettre de manger à leur faim, de s'alimenter en eau potable et de chauffer leur maison. Un morceau de savon était bien le cadet de leurs soucis.[116]

La plupart des ouvriers n'avaient pas non plus les moyens de se payer les soins médicaux. Une consultation coûtait presque un jour de salaire à l'ouvrier du milieu du 19e siècle. Sans oublier que l'homme de la rue était très méfiant vis-à-vis des médecins. Cette méfiance était due non seulement à l'ignorance – souvent, les gens ne savaient même pas qu'il était possible de se faire soigner par un médecin – mais aussi aux superstitions et traditions héritées du passé. Le curé était celui qui soutenait le malade dans ses souffrances. S'il y avait guérison, elle était le fait de Dieu ou de la Vierge, mais certainement pas du médecin. Face à la maladie, les remèdes les plus recherchés étaient la prière, le rosaire, le pèlerinage et l'appel aux saints. Les charlatans et les rebouteux étaient aussi souvent appelés à la rescousse, en complément des traditionnels remèdes de bonne femme transmis de génération en génération. La majorité de la population

[116] Velle, *Lichaam en hygiëne*, 63 et 106.

préférait laisser son sort entre les mains de charlatans qui s'exprimaient dans un langage simple et compréhensible, et qui promettaient des miracles avec tout le décorum requis. Le médecin n'était appelé qu'en cas d'extrême urgence. Souvent, c'était déjà trop tard.[117] Et le changement de mentalité ne s'est fait que très progressivement.

Edward Jenner découvrit que les laitières contaminées par la vaccine – sans danger pour l'homme – étaient immunisées contre la variole, variante potentiellement fatale de la maladie. L'illustration montre les lésions causées par la vaccine sur le bras d'une laitière.

Le vaccin antivariolique

Les vaccinations contre la variole représentent un bel exemple de la méfiance du peuple à l'égard de la médecine moderne. Depuis des siècles, la variole ravageait nos contrées par vagues. La maladie était une importante cause de mortalité : avant le 19e siècle, la variole était périodiquement responsable de 10 à 25 % des décès. Et ceux qui y survivaient étaient marqués à vie par de vilaines cicatrices. En 1796, Edward Jenner (1749-1823) – un médecin de campagne anglais – découvrit qu'une vaccination à base de vaccine de la vache immunisait l'être humain contre la variole. Ce fut le tournant dans la lutte contre la redoutable maladie : la voie de la vaccination était ouverte. Sous Napoléon, le pouvoir français encouragea fortement la vaccination. Un système de primes, de médailles et de prix était supposé inciter les médecins à vacciner au maximum. Beaucoup de docteurs offraient des vaccins gratuits ou à prix plancher. Les pauvres qui souhaitaient bénéficier de l'assistance publique devaient se faire vacciner, idem pour les enfants qui souhaitaient accéder à l'enseignement. Guillaume Ier (1772-1843) institua la vaccination obligatoire dans l'armée. Le gouvernement belge continua lui aussi à encourager la vaccination, tout en soulignant que les provinces et communes en portaient la responsabilité. Le taux de vaccination dépendait donc des efforts fournis par les autorités locales pour convaincre la population de l'efficacité du vaccin.

En effet, les campagnes de vaccination se heurtaient à une forte résistance du côté de la population. Certains parents croyaient par exemple que la variole pouvait avoir un effet salutaire sur leur enfant, car la maladie éliminait prétendument toutes les humeurs viciées de l'organisme. Certaines conceptions religieuses et autres préjugés constituaient encore d'autres obstacles. Le clergé ne réservait pas un bon accueil aux innovations médicales. La qualité des vaccins était mise en cause au sein même du corps médical. Tout ceci explique pourquoi le nombre de vaccinations variait tant d'une région à l'autre. Le recul de la variole ne fut donc pas spectaculaire dans un premier temps. La Belgique connut même une nouvelle épidémie en 1865, faisant près de 6 000 victimes.[118]

Le Conseil supérieur d'hygiène publique avait conscience de la gravité de la situation et de la nécessité de mieux structurer les campagnes de vaccination. Le Conseil prit même l'initiative d'inciter le ministère de l'Intérieur à passer à l'action. Uytterhoeven, membre du Conseil, mit le doigt sur le nœud du problème dans un rapport publié en 1865 : certains médecins ne croyaient pas en l'efficacité du vaccin. Cette crise de confiance pouvait représenter une sérieuse menace pour la santé publique. À l'origine de cette crise, deux problèmes. Les médecins ne disposaient pas toujours d'un nombre suffisant de vaccins de bonne qualité, et les scientifiques craignaient le développement d'une résistance au vaccin. Le micro-organisme affaibli risquait de muter dans l'hôte et de perdre son pouvoir immunisant. Il y avait même un risque minime de voir le micro-organisme regagner ses propriétés pathogènes. Mais pour le Conseil supérieur d'hygiène publique, ces problèmes ne justifiaient pas la mise en doute de la nécessité de vacciner. *« Nier le pouvoir anti-variolique du vaccin (du bon vaccin bien entendu) c'est*

[117] Devos, « Ziekte een harde realiteit », 127 ; Velle, *Lichaam en hygiëne*, 23.
[118] Bruneel, « Ziekte en sociale geneeskunde : de erfenis van de verlichting », 26-28 ; Velle, « De overheid en de zorg voor de volksgezondheid », 141-143.

NOUWKEURIGE

BESCHOUWING

VAN DE

KOEY-POKSKENS.

Vr. *Wat zyn Koey-pokskens?*

Ant. Het zyn kleyne witagtige puystjens ofte pokskens die noch pyn noch gevaer veroorzaeken. Zy koómen te voórschyn, op de plaets waer het voortplanting-vogt van een ander Koey-poksken vier dagen te vóoren is ingeënt, onder de gedaente van zeer kleyne, verhevene,

La vaccination contre la variole fut introduite en Belgique vers 1800. Le docteur Jaquemyns, médecin à Tielt, présenta la vaccination dans le *Nouwkeurige beschouwing van de Koey-poksens* de 1809.

nier la clarté du jour »,[119] comme l'écrivit Uytterhoeven dans son rapport. Le Conseil était en complet désaccord avec le groupe de médecins qui pensaient qu'il fallait laisser faire la nature et que la variole était un mal nécessaire à endurer. *« La variole ne préserve de rien, ni contre rien ; elle défigure ou elle tue. La suppression de la variole est le plus grand bienfait qui ait été procuré à l'humanité. »*[120]

La première priorité du gouvernement devait être de s'assurer que les médecins disposaient de vaccins de qualité en suffisance. Pour cela, le Conseil prônait – à l'instar des instituts apparentés de Naples et de Lyon – la création d'un *établissement vaccinogène*. Cet institut devait élever des génisses et les infecter tour à tour par la variole. Ce procédé permettrait de produire en continu des vaccins d'excellente qualité. Le Conseil préconisait la gratuité des vaccins pour la population et un meilleur suivi des vaccinations grâce à une organisation plus efficace des services de vaccination. Car un meilleur vaccin ne signifiait pas une protection définitive contre la variole ; des contrôles réguliers étaient nécessaires afin de vérifier la bonne réussite des vaccinations. Le Conseil militait donc pour un règlement général sur le contrôle des vaccinations, destiné aux autorités communales et provinciales.[121]

La proposition devait manifestement décanter un certain temps au niveau du gouvernement, qui fut finalement convaincu lorsque l'Académie de Médecine recommanda également un rajeunissement du vaccin (mars 1867).[122] L'*Institut vaccinal de l'État* fut

[119] CSHP, *Rapports*, 24/05/1865, 227.
[120] CSHP, *Rapports*, 24/05/1865, 227.
[121] Ibidem, 226.
[122] Velle, *De nieuwe biechtvaders*, 51.

donc fondé le 11 juin 1868, date à laquelle l'ancien système de médaille fut pour sa part aboli. Les moyens ainsi libérés furent consacrés à la production et à la distribution de vaccins de qualité supérieure, avec de meilleurs résultats à la clé. Le gouvernement n'avait pas suivi la proposition du Conseil, qui souhaitait établir l'*Institut vaccinal de l'État* au sein de l'école vétérinaire d'Anderlecht. Mais il revint sur sa décision quelques années plus tard. La production de vaccins devait être augmentée et l'école était l'endroit idéal pour contrôler en permanence la santé des génisses.[123] L'A.R. du 15 février 1883 organisa le site de production des vaccins à base de souches animales, rebaptisé *Office vaccinogène central de l'État* en 1882, au sein de l'École royale de médecine vétérinaire d'Anderlecht. Avec succès : en 1883, le service de vaccination produisait 44 863 doses de vaccin antivariolique ; en 1889, ce nombre était déjà passé à 381 246 doses. Plus tard, l'*Office vaccinogène* produirait également les vaccins contre d'autres maladies infectieuses.[124]

Le Conseil supérieur d'hygiène publique avait toujours défendu la vaccination obligatoire. Faute d'une loi, et vu l'inexistence d'une vaccination systématique généralisée qui en découlait, la variole ne cessait de revenir périodiquement. Les autorités et les médecins continuaient à se battre contre la négligence de la classe ouvrière, contre les manquements des administrations locales et même, ci et là, contre une opposition systématique. En l'absence d'une vaccination obligatoire, les commissions médicales provinciales avaient la charge de faire une propagande incessante pour les vaccins gratuits.[125] Il fallut attendre la fin de la Seconde Guerre mondiale, c'est-à-dire une période où la variole ne faisait quasiment plus de victimes, pour que la vaccination soit rendue obligatoire pour les enfants de 3 à 12 mois.[126]

La peur du choléra

La « mort bleue » fut l'une des maladies les plus redoutables et redoutées tout au long du 19e siècle. L'infection intestinale provoquée par la maladie était très aiguë et s'accompagnait généralement de grandes pertes hydriques. Le sang perdait en liquidité, ce qui donnait au malade une couleur bleutée typique. Une fois infecté, les chances de survie étaient d'environ 50%. L'apparition si brusque de la maladie, la rapidité de sa propagation et sa capacité à tuer des milliers de gens en un minimum de temps étaient à la base d'une véritable psychose au sein de la population. Il y avait un sentiment total d'impuissance, principalement alimenté par l'ignorance même des médecins. Lors de la violente épidémie de choléra de 1866-1867, les sciences médicales n'avaient pas encore la moindre idée du mécanisme qui sous-tendait l'apparition de la maladie, et encore moins de la façon de la combattre. L'épidémie fit pourtant plus de victimes que jamais : 1 habitant sur 111 succomba.[127]

C'est cette année-là que le Conseil supérieur d'hygiène publique se pencha pour la première fois sur la lutte contre le choléra. Le Conseil rédigea des règlements détaillés, reprenant des conseils utiles mais malheureusement inefficaces pour prévenir la maladie, à l'attention tant des administrations locales que de la population. À l'examen de certaines mesures prônées par le Conseil, il apparaît clairement que les médecins n'avaient aucune idée de la façon de s'attaquer au choléra. Il fallait ainsi veiller à toujours bien s'emmitoufler les pieds et le dos et à éviter de consommer de l'eau trop froide. L'idéal était même d'ajouter une gorgée de genièvre ou d'eau-de-vie à l'eau. Le Conseil soulignait l'importance extrême de ne pas avoir peur de la maladie car l'angoisse

[123] CSHP, *Rapports*, 27/05/1880, 13-17.
[124] Velle, *De nieuwe biechtvaders*, 55 ; Kuborn, *Aperçu historique*, 29-30.
[125] CSHP, *Rapports*, 390-397.
[126] Velle, « De overheid en de zorg voor de volksgezondheid », 26-27.
[127] Devos, « Ziekte : een harde realiteit », 125.

La peur du choléra était si grande que la population voulait enterrer les victimes au plus vite. Mais beaucoup craignaient que, dans cette précipitation, certains malades soient enterrés vivants. L'œuvre *De overhaaste begrafenis*, peinte par le Belge Wiertz en 1854, reflète cette angoisse.

augmentait la sensibilité au choléra. Le Conseil recommandait dès lors aussi de ne plus faire sonner le glas et de faire preuve de prudence pour les comptes rendus des décès publiés dans la presse. Il fallait à tout instant éviter de céder à la panique. Les élixirs contre le choléra et autres remèdes-miracles vendus par les apothicaires et les charlatans devaient être proscrits car ils créaient un faux sentiment de sécurité.

Certaines mesures produisaient des résultats, même si le Conseil n'appuyait pas toujours un avis judicieux sur un raisonnement correct. Le Conseil supérieur d'hygiène publique recommandait ainsi de prendre toutes les mesures d'hygiène pour traiter les selles des patients cholériques. Pour justifier cette recommandation, il partait du principe que les mauvaises odeurs qui se dégageaient des selles étaient à la base de la contamination.[128] Le choléra n'était naturellement pas transmis par des miasmes suspendus dans l'air, mais la recommandation produisit malgré tout ses effets grâce aux précautions prises. Le Conseil invitait également à ne pas toucher les vêtements des victimes du choléra et à freiner l'importation de loques venues de l'étranger. Il insistait aussi sur l'importance d'une bonne hygiène et de la désinfection des maisons, égouts, fosses d'aisances, rues, vêtements, cadavres, etc. Des comités sanitaires spécialement créés pour l'occasion visitaient les maisons, recherchant les malades et les logements malsains et informant la population sur les mesures préventives possibles.[129]

[128] CSHP, *Rapports*, 1/08/1866, 301.
[129] CSHP, *Rapports*, 1/08/1866, 297-305.

La loi de 1867 permit l'expropriation et la démolition des quartiers ouvriers insalubres. Personne ne tenait cependant compte de la nécessité de reloger les familles ainsi mises à la rue. Le problème du logement n'en devint que plus criant.

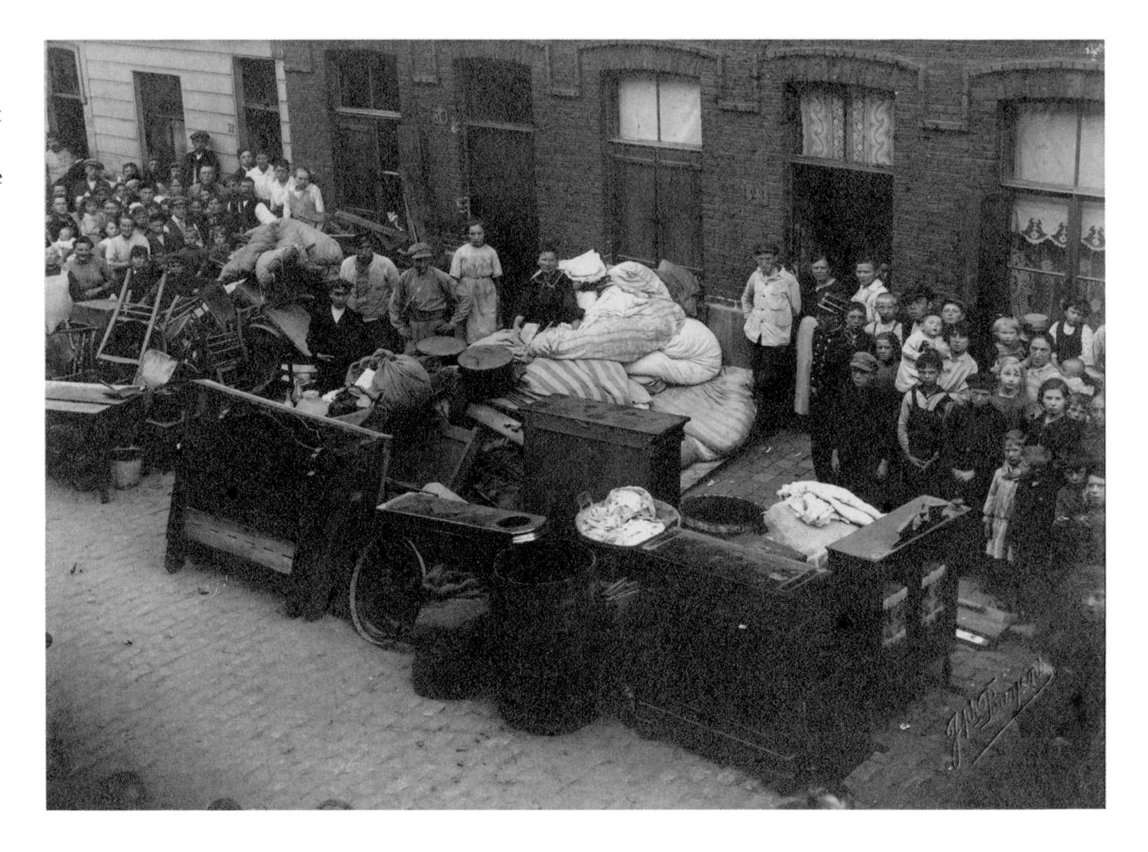

Une nouvelle mesure pour les assainissements : l'expropriation par zone

Tout était bon pour essayer de vaincre la maladie : combler des cours d'eau, rechauler des maisons ouvrières ou les fumiger au chlore. Les administrations municipales faisaient nettoyer les fosses d'aisances au sulfate de fer. Les corps des victimes étaient enterrés le plus vite possible pour éviter toute propagation de la maladie. Les bureaux de bienfaisance approvisionnaient la population déshéritée en médicaments, nourriture, vêtements propres et articles de literie. Mais de nouvelles épidémies éclataient sans cesse. Les médecins constataient que la maladie réapparaissait aussi dans les maisons désinfectées. Cependant, il était manifeste que les victimes étaient beaucoup moins nombreuses dans les quartiers riches. Peu à peu, on se rendit compte qu'il existait un rapport évident entre le nombre de morts et le niveau d'hygiène dans un secteur. Les interventions devaient être plus radicales.[130] Le Conseil supérieur d'hygiène publique voulait lui aussi des mesures plus drastiques. Le Conseil rappela au ministre l'existence des cours intérieures et de la crasse de leurs ruelles et maisonnettes qui représentaient un grand danger pour la santé publique. Il fallait assainir d'urgence.[131]

Les assainissements étaient depuis longtemps un thème récurrent dans la politique sanitaire du pays. C'était en outre l'un des motifs qui avaient conduit à la création du Conseil supérieur d'hygiène publique en 1849. Cette fois, le Conseil appela à des assainissements très approfondis. Il y avait lieu d'interdire tout simplement l'occupation des maisons insalubres ou trop petites. Mieux encore, les travaux routiers requis pour améliorer la santé publique exigeaient l'expropriation et la démolition de zones résidentielles entières. L'*expropriation par zone* était une idée novatrice. Jusqu'à cette époque, les expropriations se limitaient en effet à des habitations individuelles. Mais la mesure

[130] Roose, *De kranten van Gent*, 6.
[131] CSHP, *Rapports*, 31/10/1866, 329.

Un millier d'habitations ouvrières furent expropriées et démolies pour construire à prix d'or le palais de justice de Bruxelles.

n'était pas suffisante. Les communes devaient pouvoir acheter des zones entières pour assainir et revaloriser un quartier. Et seule une loi pouvait apporter la solution.[132]

L'idée de l'expropriation par zone ne tombait pas du ciel. Le Conseil avait trouvé sa source d'inspiration en France. Le Baron Georges Haussmann (1809-1891), préfet du département de la Seine, y était devenu célèbre pour sa réforme radicale du plan d'aménagement de la ville de Paris. Les quartiers insalubres et les ruelles sinueuses y avaient laissé place à de larges boulevards et à leurs majestueuses maisons de maître. Des pâtés de maisons entiers avaient été démolis pour en arriver là. Les grands boulevards présentaient encore un autre avantage de taille. Les révoltes populaires pouvaient facilement y être maîtrisées car ces larges rues, accessibles aux canons, permettaient une arrivée massive et rapide des troupes en ville.[133]

Les propositions du Conseil supérieur d'hygiène publique furent mises en pratique. La nouvelle loi sur l'expropriation par zone entra en vigueur le 17 novembre 1867, rendant possibles l'expropriation, la démolition et l'assainissement de zones entières. Le tout sans difficulté et sans grandes dépenses. La plus-value des terrains libérés revenait dans les caisses des communes.[134] La nouvelle loi marqua la fin des cours intérieures malsaines dans les noyaux urbains. La fracture entre pauvres et riches se manifestait dans toutes les facettes de la vie quotidienne. Les bourgeois se retranchaient derrière l'excuse du réflexe humanitaire. Ils prétendaient se préoccuper des conséquences découlant des piteuses conditions de vie des ouvriers. Mais en réalité, ils faisaient tout ce qu'ils pouvaient pour se protéger des foyers de maladies qui menaçaient leur propre

[132] CSHP, *Rapports*, 31/10/1866, 328-336.
[133] Roose, *De kranten van Gent*, 8.
[134] *Pandectes Belges*, XDCL, col. 536.

Le voûtement de la Senne, entrepris en 1869, faisait partie d'un vaste plan d'assainissement qui devait débarrasser Bruxelles de ses maisons ouvrières insalubres et de ses cours d'eau nauséabonds.

vie. Qui plus est, les nouvelles infrastructures permettraient de tuer toute protestation ouvrière dans l'œuf.[135] Sans oublier que la nouvelle loi donnait aux communes toute latitude pour réaliser des projets grandioses. Dans le quartier des Marolles, à Bruxelles, un millier d'habitations ouvrières furent expropriées pour faire place au Palais de Justice, construit entre 1866 et 1883. À Gand, la cour intérieure mal famée connue sous le nom de Batavia fut entièrement démolie en 1881-1882 pour accueillir l'*Instituut der Wetenschappen van de Rijksuniversiteit.* Encore plus ambitieux, le plan Zollikofer-De Vigne (1880-1888) – fruit de l'architecte Edmond De Vigne et de l'ingénieur Edouard Zollikofer – visait à assainir les quartiers ouvriers situés aux alentours du Nederschelde et à assurer une liaison directe entre le centre de Gand et la Gare du Midi.[136]

Le Conseil supérieur d'hygiène publique avait toutefois omis un élément important. Où les familles ouvrières expropriées allaient-elles trouver refuge ? Le gouvernement n'avait pas prévu d'alternative aux bidonvilles démolis. Des milliers d'ouvriers se retrouvèrent à la rue, contraints de migrer vers d'autres quartiers populaires ou casernements surpeuplés. Ils transformèrent même des couvents désertés. À Gand, par exemple, l'ancien couvent dominicain connu sous le nom de *Het Pand* fut divisé en pas moins de 200 studios une-pièce. Le couvent autrefois si solennel n'était plus qu'un campement délabré.[137] De véritables ghettos se formèrent ainsi, où les conditions de vie étaient encore plus pénibles qu'avant. La demande de logements bon marché dépassant l'offre, les loyers firent en outre un bond. Tout ceci mena au phénomène des nomades des assainissements : des ouvriers chassés d'une cour intérieure à l'autre, qui finissaient par être refoulés dans les faubourgs.[138] Il semble inconcevable que ces problèmes n'aient pas été suffisamment évalués à l'avance. En 1857, le Conseil supérieur d'hygiène publique avait déjà remarqué que les ouvriers éprouvaient des difficultés à retrouver un toit après les

[135] Dhont, *Opgroeien in een beluik*, 85-86.
[136] Decavele, J., *Gentse torens achter rook van schoorstenen*, 13-16.
[137] Stichting Jan Palfeyn, *Gids, Het pand*, 40.
[138] Roose, *De kranten van Gent*, 3 ;
Lis, « Proletarisch wonen in West-Europese steden », 26-27.

travaux d'assainissement. À Bruxelles, les petites habitations ouvrières avaient fait place à des maisons plus grandes, et donc plus chères. Il y avait de moins en moins de place pour les bas salaires, tandis que les loyers ne cessaient de grimper. Le Conseil aurait d'autant plus dû prévoir les problèmes qu'il les avait déjà constatés antérieurement.[139]

Pour comble de malheur, la mesure n'atteint pas son objectif. Le choléra n'était pas vaincu. En 1883-1884, le Conseil supérieur d'hygiène publique élabora une nouvelle série de mesures pour lutter contre une nouvelle épidémie de choléra.[140] Inutile de dire que les résultats de la politique d'assainissement étaient insignifiants, voire nuls.

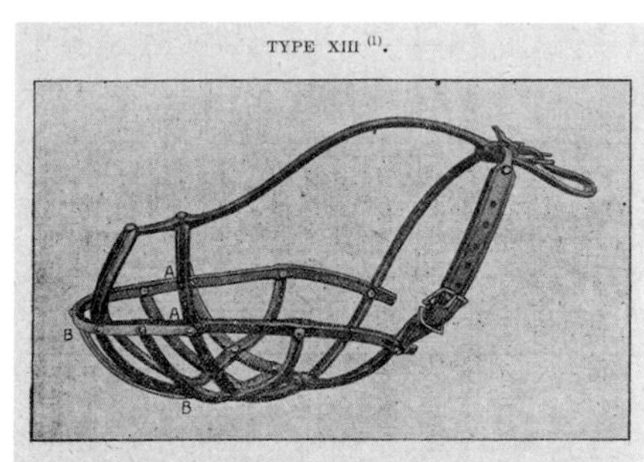

Utilisé dans la lutte contre la rage, ce prototype de muselière empêchait le chien de mordre.

Mesures contre la rage

La rage était déjà relativement rare chez l'homme dans les années 1860. Mais étant donné la terrible lutte contre la mort que tout patient contaminé devait endurer, il semblait normal que la prophylaxie de la maladie bénéficie de l'attention du Conseil supérieur d'hygiène publique. En 1868, suite au recensement de plusieurs cas dans le pays, le Conseil établit une série de règles détaillées pour la prévention de la rage. Pour ce faire, il fit appel à deux experts issus d'une école de médecine vétérinaire. Dorénavant, les chiens devaient porter un collier permettant de les identifier à tout moment. Les chiens errants furent interdits. Les communes devaient organiser des recensements et établir un relevé précis de la population canine. Une taxe sur les chiens devait faire réfléchir les (futurs) propriétaires. L'animal était abattu s'il y avait la moindre suspicion qu'il se soit fait mordre par un animal infecté. Le Conseil diffusait des publications vulgarisatrices dans le but d'accroître la connaissance générale des caractéristiques précises de la maladie et d'exposer les mesures de prévention indiquées.[141]

[139] CSHP, *Rapports*, 1857, 90-91.
[140] CSHP, *Rapports*, 6/08/1883, 334-346, 3 et 16/07/1884, 449- 450.
[141] CSHP, *Rapports*, 29/07/1868, 115-127.

5. L'amorce d'une nouvelle politique centralisée (1873-1884)

5.1. En route pour les réformes

Le 30 janvier 1873, le docteur Eugène Janssens[142] demanda au ministre de l'Intérieur de commander un *Code d'hygiène publique* auprès du Conseil supérieur d'hygiène publique. Il était d'avis que les règlements communaux montraient de trop nombreuses lacunes pour améliorer efficacement le niveau d'hygiène et prendre des mesures préventives efficaces contre les épidémies. Il était donc urgent d'élaborer un règlement central qui éliminerait les malentendus, comblerait les lacunes existantes et simplifierait l'administration. Il imaginait un guide pratique dans lequel les communes pourraient rapidement voir quels règlements et instructions s'appliquaient en matière d'hygiène et de santé publique. Les communes devaient être contraintes de suivre les instructions du règlement.

De par sa mission et sa longue expérience, le Conseil supérieur d'hygiène publique s'estimait tout indiqué pour mener cette tâche à bien. Il pouvait en outre s'aider des rapports qu'il avait rédigés au fil des années. Ces rapports constituaient une bonne base pour l'ouvrage de référence en question. Les règlements existants sur la prostitution, les hôpitaux et les hospices, les voies communales et les écoles, les égouts, les fosses d'aisances, les établissements dangereux, insalubres ou incommodes, les cimetières, les épidémies, etc. pouvaient servir de point de départ. Il existait un besoin réel d'uniformiser la réglementation et d'améliorer la communication, comme en témoignaient les demandes répétées des commissions médicales provinciales et des comités de salubrité publique d'être mieux informés des rapports émis par le Conseil supérieur d'hygiène publique.[143]

Pour une plus grande centralisation de la politique

Dès 1874, le Conseil supérieur d'hygiène publique réclama en outre une centralisation de la politique de santé publique. Dans un rapport adressé au ministre de l'Intérieur Delcour, le Conseil soulignait que la santé publique n'était pas uniquement une question d'intérêt communal. Selon le Conseil, le gouvernement devait pouvoir prendre des mesures plus énergiques dans le domaine de la santé publique. Une organisation hiérarchique solide et bien pensée de l'hygiène publique était essentielle. Le Conseil supérieur d'hygiène publique se présenta comme étant le meilleur candidat pour la préparation de cette réorganisation.

Le Conseil déplorait principalement le mauvais suivi de ses avis. Il était urgent de multiplier les inspections afin de contrôler le respect de la législation. Le Conseil voulait être mieux informé de la situation générale du pays en termes d'hygiène.[144] Mais le gouvernement ne donna pas immédiatement suite à l'avis du Conseil supérieur d'hygiène publique. Les profondes réformes durent attendre 1879.

[142] Eugène Janssens était l'inspecteur principal des services sanitaires bruxellois et s'occupait essentiellement d'hygiène scolaire en sa qualité de membre du Conseil supérieur d'hygiène publique.
[143] CSHP, *Rapports*, 26/06/1873, 554-558 et 29/04/1875, 171.
[144] CSHP, *Rapports*, 30/04/1874, 45-46.

Jean-Joseph Crocq

Membre très estimé du Conseil supérieur d'hygiène publique pendant près de 20 ans (1879-1898), Jean-Joseph Crocq suscitait l'admiration de tous pour son intelligence et sa force de travail. En plus de ses activités de professeur de médecine à Bruxelles, il siégeait encore dans de nombreuses autres commissions médicales. En 1883, il fut nommé président de l'Académie Royale de Médecine. Sénateur libéral (1877-1888 et 1892-1894), il milita notamment pour la réorganisation de l'administration de la santé, pour la suppression du travail des femmes et des enfants dans les mines, pour l'introduction de l'incinération facultative des cadavres humains et pour la répression de l'alcoolisme.[1]

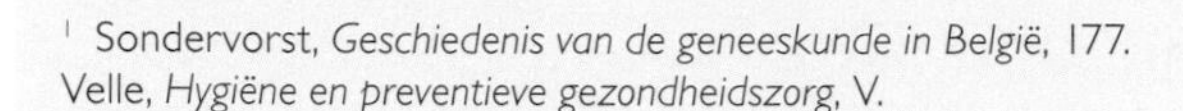

[1] Sondervorst, *Geschiedenis van de geneeskunde in België*, 177.
Velle, *Hygiëne en preventieve gezondheidszorg*, V.

5.2. La réorganisation des commissions médicales (1879-1880)

Le Dr Jean-Joseph Crocq (1824-1898), sénateur et membre du Conseil supérieur d'hygiène publique, fit progresser les choses en mai 1879. Son discours au Sénat fit telle impression qu'il fut repris intégralement dans le Moniteur Belge et dans les principales revues médicales. Le Dr Crocq ne faisait pas grand cas de la politique de santé telle qu'elle était menée. Il était satisfait du travail du Conseil supérieur d'hygiène publique, mais prônait une réorganisation urgente de l'administration au niveau provincial et local. Crocq balaya du revers de la main le contre-argument du coût de cette réorganisation.[145] S'il y avait de l'argent pour de grands projets de construction – le Palais de Justice bruxellois était en chantier – il devait aussi être possible de dégager des moyens pour les besoins élémentaires.

Il relativisa les frais engendrés en insistant sur les avantages financiers à long terme. Pour appuyer son argumentation, Crocq fit référence à l'hygiéniste Edwin Chadwick (1800-1890), qui avait scientifiquement prouvé qu'une bonne hygiène pouvait allonger considérablement la vie d'un homme. La réduction des épidémies ferait baisser le taux de mortalité. Ce qui s'accompagnerait également d'avantages sur le plan économique. Si chaque individu représentait un capital de 5 000 francs, comme le pensait Crocq, les victimes flamandes de la variole, par exemple, représentaient déjà à elles seules une somme importante.

Le plaidoyer de Crocq eut l'effet escompté. Même le ministre de l'Intérieur, le libéral Gustave Rolin-Jacquemyns (1835-1902), n'était pas particulièrement ravi de l'organisation de l'administration de la santé de l'époque. Le centre de gravité des compétences se situant principalement au niveau des communes, la politique sanitaire manquait selon lui de vision, d'unité et de solidarité. Le Conseil supérieur d'hygiène publique, les commissions médicales et les comités de salubrité ne rassemblaient pas suffisamment leurs forces, ce qui se traduisait par un mauvais suivi de leurs avis.[146] Quelques mois à peine après l'allocution de Crocq, Rolin-Jacquemyns demanda au Conseil supérieur d'hygiène publique de préparer la réorganisation de l'administration belge de la santé.

[145] *Le Scalpel*, 27/04/1879, n° 43.
[146] *Moniteur belge*, 10/03/1880.

Le nouvel A.R. entra en vigueur le 1er juillet 1880, le ministre Rolin-Jacquemyns ayant auparavant reçu les avis du Conseil supérieur d'hygiène publique et de l'Académie de Médecine. L'organisation de l'administration fut améliorée grâce à un système hiérarchique rigide. Le but était de favoriser le transfert d'informations locales jusqu'au Conseil supérieur d'hygiène publique. Des correspondants et des commissions médicales locales rendaient compte de la situation sanitaire au niveau communal. Ces informations étaient transmises aux commissions médicales provinciales, qui les intégraient sous la forme de rapports. Ces rapports étaient ensuite remis au Conseil supérieur d'hygiène publique, qui les traitait et les compilait dans un rapport final complet. Enfin, ce rapport était confié au ministre de l'Intérieur, accompagné de toutes les recommandations et explications nécessaires.

Une nouvelle mission pour les commissions médicales

Les commissions médicales locales et provinciales, fondées le 31 mai 1818, voyaient donc leurs attributions redessinées. Le plus important était d'adapter la législation pour le niveau provincial. Celle-ci comportait de nombreuses lacunes, un grand nombre d'articles avaient été abolis et de nouveaux A.R. avaient été publiés. Il était donc temps d'y mettre un peu d'ordre et de traduire concrètement la mission des commissions médicales provinciales dans une seule loi.

Désormais, une commission médicale provinciale devait compter entre neuf et onze membres. Parmi ceux-ci, cinq au moins devaient être docteurs en médecine, deux devaient être pharmaciens et un, vétérinaire. Les membres étaient désignés par le Roi pour une durée de six ans, sur la base d'une double liste de candidats : une liste établie par la commission elle-même, l'autre dressée par la Députation permanente de la province. Le président et le secrétaire devaient être nommés par A.R. Il y avait également lieu d'impliquer les commissaires d'arrondissement dans les réunions des commissions médicales provinciales en raison de leur contact étroit avec la problématique sanitaire dans les villages. De par cette même proximité, les commissaires avaient également le droit d'inscrire des problèmes à l'ordre du jour.

Les commissions médicales locales, composées d'un minimum de cinq membres, furent organisées dans les communes comptant au moins trois médecins, ou deux médecins et un pharmacien. D'autres membres, qui n'étaient ni docteurs ni pharmaciens, mais que la Députation permanente de la province jugeait compétents, pouvaient également faire partie du groupe. La commission locale était chargée de contrôler tout ce qui avait trait à l'hygiène publique. En cas de problème, elle devait en informer l'administration communale. Si une maladie contagieuse était observée, elle devait en avertir la commission médicale provinciale le plus rapidement possible et conseiller son président quant aux mesures à prendre.

Dans les communes ne recensant pas suffisamment de médecins ou de pharmaciens, un « correspondant » endossait le rôle de la commission médicale locale. Le correspondant devait initialement être médecin, mais cela s'avéra intenable car certaines contrées rurales ne comptaient que très peu de docteurs. Dans la province de Luxembourg, par exemple, 39 médecins devaient couvrir pas moins de 203 communes rurales en 1881. Dès lors, toute personne jugée suffisamment compétente par la Députation permanente de la province pouvait occuper la fonction de correspondant.[147] Tous les six mois,

[147] CSHP, *Rapports*, 30/11/1882, 218.

les correspondants et les commissions médicales locales devaient rédiger un rapport à l'attention de la commission médicale provinciale. Ce travail était supposé alléger la tâche de cette dernière. Les choses s'accélérèrent. Le gouvernement décréta que toutes les commissions médicales provinciales devaient être intégralement renouvelées dans les deux mois suivant la publication de l'A.R.

Le contrôle sur les professions médicales

La composition des commissions médicales provinciales n'était pas le seul changement apporté. Leurs tâches en matière d'hygiène et de santé publique furent également étendues. Elles devaient non seulement s'assurer du respect de la réglementation relative à la santé publique, mais aussi exercer un meilleur contrôle sur les professions médicales. Ces attributions n'avaient rien de neuf en soi, mais il y avait du pain sur la planche en ce qui concerne tant la formation que le contrôle de l'exercice des professions. Certains dénonçaient par exemple un contrôle insuffisant des pharmaciens par les anciennes commissions médicales provinciales. Il arrivait ainsi qu'une veuve sans formation spécifique continue à exploiter l'officine de son défunt mari, la commission médicale provinciale fermant les yeux sur cette succession douteuse. Les plaintes contre les charlatans étaient elles aussi très nombreuses.

Les commissions médicales provinciales avaient pour mission de désigner trois membres spécialisés, chargés d'évaluer la formation des candidats-pharmaciens et des candidates-sages-femmes. Si nécessaire, des spécialistes externes à la commission pouvaient également être entendus. Les candidats-pharmaciens devaient suivre un stage de deux ans. La commission décernait les attestations de stage, ce qui lui permettait de vérifier que le stage avait effectivement été suivi.

La délivrance de médicaments par les pharmaciens, droguistes, vétérinaires et médecins faisait également l'objet d'un contrôle. Les médecins étaient en effet autorisés à distribuer les médicaments en l'absence d'un pharmacien ou d'un droguiste dans les environs, ce contre quoi les pharmaciens protestaient vigoureusement, comme il se doit. À leur tour, les médecins se plaignaient en constatant que les pharmaciens vendaient des médicaments sans prescription. Lorsqu'elle constatait une irrégularité, la commission rédigeait un rapport qu'elle envoyait immédiatement au ministre.

Enfin, le Comité permanent de la commission médicale provinciale fut également supprimé. Autrefois, ce comité se réunissait si une affaire urgente devait être tranchée ou s'il n'était pas nécessaire de convoquer la commission dans son ensemble. En pratique, ce Comité permanent était devenu une solution de facilité, utilisée à outrance. Or, les comités permanents ne disposaient pas toujours des compétences requises pour formuler un avis sur certains sujets.[148]

5.3. Les rapports annuels du Conseil supérieur d'hygiène publique

La presse médicale, les médecins et les hommes politiques... tous étaient satisfaits des réformes et ne tarissaient pas d'éloges sur le ministre de l'Intérieur Rolin-Jacquemyns. Les critiques ne se firent pourtant pas attendre. *Le Scalpel* craignait le copinage dans les désignations des membres des commissions, une crainte partagée par certains politiciens catholiques.[149] L'inimitié entre libéraux et catholiques avait atteint son paroxysme

[148] CSHP, *Rapports*, 19/12/1879, 362-385; *Moniteur Belge*, 10/03/1881.
[149] *Le Scalpel*, 8/08/1880.

avec la guerre scolaire (1878-1884). La querelle idéologique se répéta également dans les critiques formulées sur la réorganisation de la politique de santé. Les catholiques redoutaient en effet que les Députations permanentes tiennent beaucoup trop compte de la couleur politique des membres lors de la composition des commissions. Selon eux, les gouverneurs mettraient tout en œuvre pour intégrer un maximum de médecins libéraux dans les commissions. Cette inquiétude était alimentée par l'exemple du Dr Laminne, un catholique de Hasselt, remercié après 25 ans de bons et loyaux services au sein de la commission médicale provinciale du Limbourg. Le système des doubles listes déchaînait les passions au Parlement. Mais Rolin-Jacquemyns continua à défendre le système, insistant sur le fait que les personnes les plus compétentes étaient élues. La meilleure preuve était selon lui que la majorité des anciens membres faisaient également partie des nouvelles commissions. Sans oublier qu'il y avait autant de libéraux que de catholiques parmi les membres qui n'étaient pas reconduits. La plupart du temps, leur exclusion était due à leur incapacité physique à gérer leur nouvelle mission.[150]

Un canevas général pour les rapports

Rolin-Jacquemyns avait encore d'autres ambitions. Sur les recommandations du Conseil supérieur d'hygiène publique, il fit développer un nouveau canevas général pour les rapports des commissions médicales provinciales. La rédaction du rapport annuel devint l'une des principales nouvelles missions de la commission médicale provinciale. Le Conseil supérieur d'hygiène publique espérait que ce rapport lui permettrait d'obtenir des renseignements beaucoup plus précis sur la situation sanitaire du pays, et d'ainsi réagir plus promptement. Les problèmes seraient identifiés et gérés plus facilement et plus rapidement. Ces informations pouvaient en outre être utilisées pour établir des statistiques ou une topographie médicale de la Belgique, un simple coup d'œil suffisant alors pour connaître les régions où les maladies contagieuses avaient sévi au cours de l'année écoulée. L'expérience du passé avait montré que l'efficacité des commissions locales était très variable. Le canevas général auquel les rapports devaient se conformer devait apporter la solution à ce problème. En effet, le questionnaire détaillé permettait aux commissions médicales locales et aux correspondants de connaître avec précision les points au sujet desquels le gouvernement souhaitait être informé.[151]

Le Conseil supérieur d'hygiène publique allait très loin dans sa soif d'information, au point de déclencher une salve de protestations du côté de certaines commissions médicales provinciales. Si celles-ci comprenaient l'utilité des rapports, elles craignaient que leur rédaction prenne trop de temps. Le Conseil supérieur d'hygiène publique n'en tint pas compte et apaisa les commissions en leur promettant que la charge de travail serait tout à fait supportable dès l'instant où les commissions médicales locales et les correspondants seraient pleinement opérationnels.[152]

Un simple regard sur le canevas général conçu pour les rapports de la commission médicale suffit à comprendre les réserves émises par les commissions à la lecture de toutes les questions du Conseil supérieur d'hygiène publique. Un rapport digne de ce nom se composait d'un volet administratif et d'un volet scientifique. Pour la partie administrative, le Conseil demandait des données statistiques concernant le fonctionnement des commissions locales et provinciales, le nombre de décès et le personnel médical (sages-femmes, dentistes, médecins, droguistes et pharmaciens). Il posait des

[150] *Annales parlementaires*, Chambre des Représentants, séance du 15/02/1881, 507.
[151] CSHP, *Rapports*, 1883, 390-397.
[152] CSHP, *Rapports*, 29/12/1883, 414-424.

questions sur les examens auxquels le personnel médical était soumis, le régime scolaire et la composition du jury chargé de décerner les diplômes aux membres du personnel médical. Les commissions devaient en outre faire un compte rendu sur les médecins et vétérinaires autorisés à prescrire des médicaments, l'inspection des droguistes, le stage des pharmaciens et les violations des règlements médicaux.

Dans la partie scientifique, les commissions médicales provinciales devaient décrire en détail les sujets abordés durant les réunions, les avis formulés et le déroulement des votes. La commission devait fournir des informations sur le nombre de vaccinations, l'organisation du service de vaccination et les vaccinations de rappel dans les écoles. Le Conseil supérieur d'hygiène publique demandait encore une foule de renseignements sur les épidémies : les maladies contagieuses survenues dans la province et les mesures de précaution prises par les commissions sanitaires locales et provinciales. Le Conseil voulait également tout savoir sur l'état des routes et des cours d'eau, sur la qualité et la provenance de l'eau potable, ainsi que sur les assainissements des habitations. Enfin, le Conseil demandait des données statistiques en matière de mortalité et de natalité, d'abus d'alcool et de maladies vénériennes, et les commissions devaient faire rapport sur les établissements dangereux, insalubres ou incommodes, la situation sanitaire des ouvriers sur leur lieu de travail, l'état des cimetières, des morgues, des hôpitaux, des orphelinats et des crèches, l'hygiène scolaire, l'hygiène alimentaire (en accordant une attention particulière à la fraude) et la situation sanitaire à la campagne. Bref, le Conseil voulait disposer d'une montagne de nouvelles informations.[153]

Le Conseil supérieur d'hygiène publique traitait toutes ces informations dans un volumineux rapport annuel destiné au ministre de l'Intérieur et publié chaque année. Il fut évident, dès le tout premier rapport, que le Conseil pouvait détecter les problèmes plus facilement, et ainsi exercer une influence plus active sur la politique.

5.4. La professionnalisation des professions médicales

La première conclusion tirée des (nouvelles moutures des) rapports des commissions médicales provinciales était la nécessité d'organiser une formation digne de ce nom pour les droguistes, les pharmaciens et les sages-femmes.

Faiseuses d'anges

L'image des sages-femmes avait été sérieusement écornée au cours du 19e siècle. Alors qu'ils les estimaient autrefois pour leurs connaissances professionnelles, les médecins déploraient aujourd'hui leur ignorance, leurs interventions inutiles (notamment avec forceps), un dépassement de leurs compétences et un manque effroyable d'hygiène. L'image de la sage-femme émancipée, indépendante et hautement qualifiée avait fait place à celle d'une femme négligée, qui n'aidait pas seulement à mettre des enfants au monde, mais qui avait aussi souvent la réputation de « faiseuse d'anges ».

La disparition progressive de la profession de sage-femme était principalement due aux progrès de la science et à la disponibilité accrue des médecins. Avec leurs connaissances scientifiques, ces derniers gagnaient progressivement la confiance de la population.[154] Sachant pourtant qu'ils avaient besoin de sages-femmes qualifiées, bon nombre de médecins considéraient l'obstétrique comme une branche de la médecine,

[153] CSHP, *Rapports*, 30/11/1882, 213-247.
[154] Defoort en Thiery, « De vroedvrouwen », 215-218.

Comme l'illustre clairement cette gravure, la bonne réputation dont jouissait jadis la sage-femme avait totalement disparu au milieu du 19e siècle. De « femme sage », elle était devenue une « faiseuse d'anges » à la tenue négligée.

et donc comme l'apanage des seuls médecins masculins. Ils allaient d'ailleurs jusqu'à jeter le discrédit sur la fonction même de sage-femme. Les sages-femmes n'étaient pas autorisées à utiliser les forceps ou d'autres instruments, elles ne pouvaient pas vacciner et elles devaient demander l'aide d'un médecin en cas d'accouchement difficile.[155] Le mouvement féministe naissant ne leur vouait pas davantage de sympathie. Il faut dire que la sage-femme incarnait tous les aspects exécrés par les féministes. Pour ces dernières, les femmes ne devaient plus se contenter d'être les assistantes des médecins, mais devenir elles-mêmes médecins.[156]

Selon le Conseil supérieur d'hygiène publique, il était urgent d'organiser un enseignement professionnel pour les sages-femmes. Dès son tout premier rapport annuel, il demanda d'ailleurs au gouvernement de créer des écoles pour sages-femmes. Les commissions médicales provinciales étaient par ailleurs demandeuses d'un même règlement d'examen pour toutes. En effet, certaines sages-femmes écumaient les commissions dans l'espoir d'en trouver une qui serait moins stricte et lui octroierait le diplôme de sage-femme.

[155] Velle, *De nieuwe biechtvaders*, 167.
[156] Defoort en Thiery, « De vroedvrouwen », 217-218.

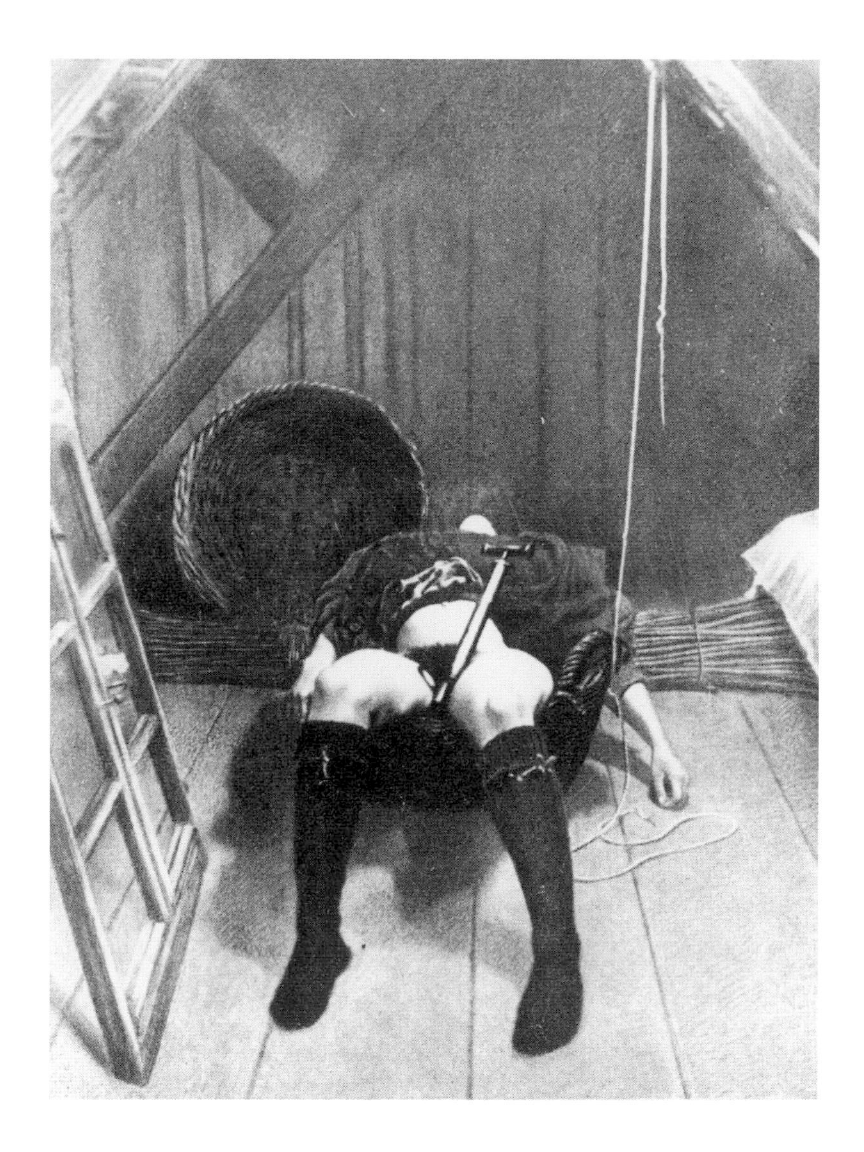

Cette illustration montre les conséquences atroces d'une tentative d'avortement dans des conditions non hygiéniques. Selon le corps médical, ces tentatives étaient l'œuvre de sages-femmes totalement ignorantes.

Pénurie de sages-femmes

Pour couronner le tout, la commission médicale provinciale d'Anvers souligna le manque de sages-femmes dans les communes rurales. Mais leur nombre décroissant n'était pas un phénomène isolé. La plupart se rendaient dans les villes et les grands centres démographiques pour y combiner leur profession avec un deuxième métier.[157] Il convient de signaler que les sages-femmes étaient très mal payées. Paul Defoort et Michel Thiery citent l'exemple de sages-femmes dont le revenu annuel atteignait entre 65 et 70 francs en 1910. Sachant qu'un kilo de beurre coûtait 3 francs, il était difficile d'en faire son activité principale.[158] Mais le corps médical ne voyait pas d'un bon œil l'arrivée des sages-femmes dans les villes, où elles venaient menacer leur position sur le marché.[159]

La commission anversoise voulait résoudre le problème en obligeant les communes et bureaux de bienfaisance à prévoir un budget sur la base du nombre de naissances dans la région. Ce budget permettrait de rémunérer les sages-femmes qui assistaient les femmes pauvres durant un accouchement. C'était la seule manière d'empêcher des femmes incompétentes et inexpérimentées de pratiquer des accouchements dangereux

[157] CSHP, *Rapports*, 30/11/1882, 215-216.
[158] Defoort en Thiery, « De vroedvrouwen », 218.
[159] Velle, *De nieuwe biechtvaders*, 168.

Le tabou de la femme médecin

Isala Van Diest fut la première femme belge à ouvrir un cabinet médical, à Bruxelles plus précisément, comme l'A.R. du 24 novembre 1884 l'y autorisait. Durant les travaux préliminaires à cet A.R., le ministre de l'Intérieur Rolin-Jacquemyns demanda au Conseil supérieur d'hygiène publique s'il était opportun de mentionner explicitement dans la loi que les femmes étaient autorisées à étudier la médecine. Mais le Conseil estima que la médecine était un « métier d'homme ». Même si les femmes étaient capables de résister à la difficulté des études, leur faible constitution et leur sensibilité les empêcheraient d'endurer la pénibilité de la profession de médecin.[1] En outre, une femme médecin ne pouvait s'occuper des visites à domicile et se plonger dans la littérature médicale sans mettre en danger sa mission « naturelle » de mère, d'épouse et de femme au foyer. En d'autres termes, une femme médecin était obligée de renoncer au mariage et à la maternité, ce qui était contre nature. Les filles furent certes admises dans la plupart des universités belges à partir de 1880, mais le Conseil n'encouragea nullement cette évolution. Il recommanda même de ne pas mentionner explicitement dans la loi que les études de médecine étaient ouvertes aux femmes. *« Ou bien [cette mention] n'a pas de but, et alors pourquoi la proposer? »*[2] L'A.R. du 24 novembre 1884 fut publié discrètement au Moniteur, ne mentionnant délibérément pas la possibilité offerte aux femmes de suivre la formation de médecin. Au contraire, l'A.R. insista sur le fait que Van Diest avait obtenu son diplôme à l'université de Berne. Son agrément pouvait en outre lui être retiré à tout moment.[3] Il fallut attendre le 10 avril 1890 pour qu'un nouvel A.R. stipulât explicitement que les femmes avaient accès à tous les grades académiques et aux professions de médecin et de pharmacien. Clémence Everart fut, en 1893, la première femme médecin diplômée d'une université belge.[4]

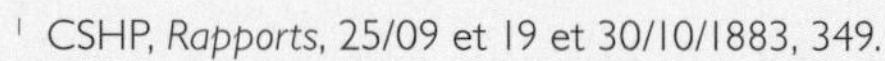

[1] CSHP, *Rapports*, 25/09 et 19 et 30/10/1883, 349.
[2] *Ibidem*, 351.
[3] *Moniteur belge*, 27 novembre 1884.
[4] Hansen, « De vrouwelijke artsen », 225-227.

En 1873, Maria Theresia Somers passa l'examen d'obstétrique devant la commission médicale provinciale d'Anvers. Dix ans plus tard, des écoles de sages-femmes professionnelles ouvraient enfin leurs portes en Belgique en vue de revaloriser le métier.

et illégaux. Le Conseil supérieur d'hygiène publique alla encore plus loin dans son avis. Selon lui, le gouvernement obtiendrait un résultat encore meilleur si les commissions octroyaient des bourses aux étudiantes sages-femmes prêtes à s'engager à s'établir dans une région connaissant une pénurie de sages-femmes.[160] Nous savons que la province d'Anvers, parmi d'autres, attribuait des subsides aux sages-femmes, mais nous n'avons pas retrouvé la moindre trace de cette réglementation dans la loi.

La création d'écoles d'obstétrique

En 1883, le Conseil fit une nouvelle fois part de son mécontentement face au manque d'uniformité dans les examens de sage-femme. Les sages-femmes devaient par exemple repasser des examens lorsqu'elles emménageaient dans une autre province. Cette fois, le gouvernement suivit le Conseil et accepta de créer des écoles pour sages-femmes.

En réponse à un avis détaillé recueilli par le gouvernement auprès du Conseil supérieur d'hygiène publique, deux A.R. du 30 décembre 1884 organisèrent la création

[160] CSHP, *Rapports*, 30/11/1882, 216.

En adjoignant une épreuve pratique à l'examen de pharmacien, le Conseil supérieur d'hygiène publique espérait mettre un terme aux violations à l'obligation de stage du pharmacien. Sur cette photo, la pharmacie de l'hôpital du Stuyvenberg.

d'écoles pour sages-femmes et d'examens uniformes. Les femmes âgées de 18 à 30 ans pouvaient s'inscrire dans l'une de ces écoles à condition d'avoir réussi l'examen d'entrée par lequel elles démontraient savoir lire et écrire et avoir des notions d'arithmétique. Après cela, elles suivaient deux années de cours théoriques et pratiques dans une école d'obstétrique liée à une maternité ou possédant sa propre clinique. Les cours d'anatomie, de physiologie, d'hygiène et d'obstétrique étaient prodigués par des médecins. Au bout de deux ans, les élèves devaient passer un examen devant le jury de la commission médicale provinciale. Pouvaient également se présenter à l'examen, les femmes qui avaient acquis deux années d'expérience pratique auprès d'un médecin ou d'une sage-femme en exercice depuis au moins cinq ans. Pour ce faire, elles devaient avoir pratiqué au moins quinze accouchements sous l'égide du médecin ou de la sage-femme en question. Une fois les épreuves écrites et pratiques réussies, la sage-femme avait son diplôme en poche.

Examens pour dentistes et pharmaciens

L'A.R. du 30 décembre 1884 instaurait aussi un programme d'examen uniforme similaire pour les dentistes, droguistes et pharmaciens, même si le Conseil supérieur d'hygiène publique considérait plutôt les droguistes comme des commerçants améliorés. Le but était ici identique : qu'ils puissent tous être évalués de la même manière par la commission médicale provinciale. Les droguistes et les pharmaciens devaient obligatoirement faire un stage de deux ans avant d'être admis à passer l'examen. La commission médicale provinciale était chargée de vérifier que les droguistes et pharmaciens s'acquittaient effectivement de ce stage.

L'examen de dentiste portait sur les principes de base de l'anatomie, de la physiologie et de la pathologie de la cavité buccale, sur le diagnostic et le traitement des maladies bucco-dentaires et sur les prothèses dentaires. Le candidat devait avant tout passer un examen écrit, puis faire la preuve de ses compétences pratiques en traitant un patient ou un cadavre. De leur côté, les pharmaciens devaient prouver leurs connaissances théoriques à l'occasion d'un examen écrit, puis préparer quatre médicaments dans le cadre d'un test pratique. L'épreuve pratique avait été instaurée à la demande du Conseil supérieur d'hygiène publique suite aux nombreuses plaintes reçues quant au manque de connaissances pratiques des jeunes pharmaciens. Il est à noter que les violations à l'obligation de stage étaient nombreuses. Le Conseil espérait y mettre un terme en retardant l'octroi du certificat de compétence jusqu'à la réussite de l'examen pratique.[161]

[161] CSHP, *Rapports*, 25/09 et 19 et 30/10/1883, 348-356.

6. Vers un rôle plus important du Conseil supérieur d'hygiène publique (1884)

Durant les premières décennies qui suivirent 1849, le poids du Conseil Supérieur d'Hygiène Publique en matière d'hygiène publique ne fut pas toujours aussi grand. Aussi ambitieux fût-il lorsqu'il s'attela à sa tâche en 1849, il tomba rapidement dans la routine après l'effervescence des premières années. Le Conseil n'abordait de nouveaux thèmes que très sporadiquement. Il se préoccupait essentiellement des hôpitaux, des cimetières et des établissements dangereux, insalubres ou incommodes. La santé publique ne faisait toujours pas partie des vraies priorités des décideurs politiques. Mais le Conseil s'attela de plus en plus à de nouveaux thèmes liés à la santé et à l'hygiène publiques à partir de la fin des années 1860, et surtout à partir des années 1870.

Un vent nouveau souffla également en 1877 sur le Conseil supérieur d'hygiène publique lorsque, après un quart de siècle passé à la tête du Conseil, le baron Charles Liedts céda le flambeau à François Dubois-Thorn, gouverneur du Brabant. Tandis que Liedts se retirait de la vie publique, le Conseil se jeta corps et âme dans les réformes de la politique de santé. Le Conseil prit plus d'initiatives (comme l'avis progressiste en matière de crémation, l'amélioration de la formation pour les professions médicales, l'exigence d'une législation simplifiée en matière de santé, l'institut de vaccination et l'expropriation par zone) et osa davantage s'opposer au gouvernement. Il n'hésita par exemple pas à lui taper sur les doigts lorsqu'il ne suivit pas à la lettre quelques mesures de prévention préconisées par le Conseil supérieur d'hygiène publique à l'approche de l'épidémie de choléra de 1884. Le jour même, le ministre envoyait une circulaire enjoignant les provinces à suivre les avis du Conseil supérieur d'hygiène publique.[162] Le Conseil prenait de l'assurance.

Le rôle de premier plan attribué au Conseil supérieur d'hygiène publique dans le cadre de la nouvelle politique de santé était des plus prometteurs. Au travers des rapports qu'il envoyait au ministre de l'Intérieur sur le travail des commissions médicales provinciales, le Conseil supérieur d'hygiène publique se révéla dans son rôle d'organe public capable de mettre le doigt sur la plaie.

Le nouvel élan du Conseil supérieur d'hygiène publique se traduisit également dans une nouvelle base légale. L'organisation du Conseil fit l'objet d'un nouvel A.R. daté du 30 décembre 1884.[163] Suite aux réformes de la politique de santé, il était en effet indispensable de mieux définir les compétences et les missions du Conseil supérieur d'hygiène publique. Dorénavant, le Conseil devait étudier tout ce qui pouvait contribuer à l'amélioration de l'hygiène publique. Il était chargé d'analyser et de traiter les rapports annuels des commissions médicales provinciales. Il devait en outre conseiller le ministre compétent pour tout ce qui concernait la politique sanitaire, la prévention des maladies, les mesures d'assainissement, les projets de construction pour hôpitaux et hospices, les établissements dangereux, insalubres ou incommodes, les questions liées aux habitations ouvrières, les cimetières, les égouts, l'eau potable, l'assainissement de la voie publique et des cours d'eau, etc.

[162] *Pasinomie*, 9 novembre 1884 ; CSHP, *Rapports*, 18/11/1884, 479-483 ; *Pasinomie*, 18 novembre 1884.

[163] *Moniteur Belge*, 6/01/1885.

L'A.R. fixait le nombre de membres du Conseil à 18. L'inspecteur général des routes locales et des cours d'eau, l'inspecteur et le directeur général du service sanitaire et l'inspecteur des établissements dangereux, insalubres ou incommodes faisaient d'office partie du Conseil supérieur d'hygiène publique. Les autres membres, dont au moins cinq médecins, un pharmacien, un vétérinaire et un architecte, étaient nommés par le Roi. Les anciens membres pouvaient être élus membres honoraires. Le ministre compétent pour l'Intérieur et l'Enseignement devait approuver le règlement d'ordre intérieur du Conseil.[164] Un A.R. antérieur, datant du 14 avril 1883, perpétuait l'habitude d'élire annuellement un vice-président parmi les membres du Conseil supérieur d'hygiène publique, ralentissant forcément le fonctionnement de l'organisme.

Le Conseil supérieur d'hygiène publique était enfin prêt, y compris sur le plan légal, à affronter de nouveaux défis. Et ceux-ci ne manqueraient pas. Fin 1884, le Conseil supérieur d'hygiène publique allait au devant d'années remplies d'agitation, de bouleversements sociaux et de découvertes médicales.

[164] Le règlement du Conseil a malheureusement disparu. Voir aussi Kuborn, *Aperçu historique*, 189.

DEUXIÈME PARTIE

La problématique sociale et les découvertes scientifiques (1885-1913)

1. Les problèmes des ouvriers sur le devant de la scène

Les décennies qui précèdent et qui suivent 1900 constituent à bien des égards une période charnière et un tournant important dans l'histoire contemporaine. Elles virent s'opérer une importante transformation politique. L'élargissement du droit de vote entraîna une représentation politique de couches de plus en plus larges de la société. En dépit de la deuxième révolution industrielle, les conditions de vie et de travail des ouvriers demeuraient très précaires. Un changement fut lentement amorcé sous la pression du mouvement ouvrier. Ce processus d'émancipation se trouvait également au centre des activités du Conseil supérieur d'hygiène publique. Par ailleurs, les découvertes scientifiques engrangées dans le domaine de la médecine initièrent une toute nouvelle approche des soins de santé.

1.1. Les grèves sauvages de 1886

À partir des années 1873-1874, une grave et longue dépression se profila dans l'économie capitaliste. Divers pays européens menèrent une politique protectionniste. La fermeture des marchés traditionnels plongea l'industrie belge dans de sérieux problèmes.[1] Les baisses de prix se traduisirent par des salaires (encore) plus bas et des licenciements massifs. La crise économique atteint son apogée en 1886. L'exploitation minière wallonne, en particulier, fut touchée de plein fouet. La moitié des mines wallonnes étaient d'ailleurs déficitaires. Étant donné la pénurie de travail, les familles ouvrières ne parvenaient plus à garder la tête hors de l'eau. Les femmes étaient réduites à la mendicité dans toutes les régions minières.[2] La commémoration du 15e anniversaire de la Commune de Paris, en 1886, donna lieu à une explosion collective de colère aveugle et de violence parmi les ouvriers wallons.[3]

Tout commença à Liège, lorsque les gueules noires partirent en grève sauvage le 18 mars 1886. L'armée tenta de maîtriser les mécontents d'une main de fer. Mais la vague de grèves s'étendit rapidement à Charleroi, qui reprit le flambeau le 25 mars. Les grèves virèrent à l'insurrection violente. Armés de bâtons et de pioches, les ouvriers prirent le chemin des usines et des domiciles des industriels. Les vitres volèrent en éclats, les clôtures furent renversées et des pillages eurent lieu ici et là. Furieux, les ouvriers saccagèrent et incendièrent notamment la verrerie et le château de Baudoux, un riche industriel. Chandeliers, meubles et literies furent jetés par les fenêtres et emportés par des voleurs. La foule but le champagne des caves du château et dansa, dans les habits de madame Baudoux, autour d'un grand feu de joie.

La panique s'empara de la bourgeoisie. Le gouvernement décida d'employer les grands moyens. D'importantes forces militaires furent rassemblées autour de Charleroi pour mater la révolte. Les interventions de l'armée firent des dizaines de morts et des centaines de blessés. Une lourde répression s'ensuivit : nombre d'ouvriers furent condamnés et leurs meneurs, poursuivis. C'est à ce jour la vague de grèves la plus

[1] Witte, *Politieke geschiedenis van België*, 105 et suiv.
[2] Verhaeghe, « De ordehandhaving bij de sociale onlusten in maart-april 1886 in Luik en Henegouwen », 699-700.
[3] La Commune désigne une révolte populaire, née à Paris en mars 1871, qui installa un gouvernement révolutionnaire au pouvoir. La révolte fut étouffée dans le sang au mois de mai.

La faim et le chômage sont à l'origine de grèves en Wallonie en 1886.

violente et la plus suivie que la Wallonie ait jamais connu. L'étendue de la révolte et le sentiment de désespoir et de haine profondément ancré dans la classe ouvrière produisirent une forte impression sur la bourgeoisie. Les hommes politiques ressentirent eux aussi l'onde de choc. Ils ouvrirent enfin les yeux sur la souffrance des ouvriers. Plus possible désormais de nier le problème.[4] Sous la pression des événements révolutionnaires, le gouvernement Beernaert décida de mettre le « problème ouvrier » à l'étude. Une commission parlementaire du travail fut mise en place et accoucha des premières lois sociales.

[4] Deneckere, *Sire, het volk mort*, 656-658.

La verrerie et le château du riche industriel Baudoux furent réduite en cendres lors des graves révoltes ouvrières de 1886.

1.2. Logement des ouvriers : avis et législation

Les événements de 1886 firent également forte impression sur les membres du Conseil supérieur d'hygiène publique. Prenant conscience de la priorité à accorder aux problèmes des ouvriers, le Conseil commença par se concentrer sur la problématique du logement. Le domaine n'était pas neuf pour le Conseil. Depuis sa création, en 1849, le thème avait déjà été abordé à plusieurs reprises. Dans sa lutte contre les épidémies en particulier, le Conseil avait formulé différents avis sur le plan des assainissements.[5] Désormais, l'aspect social revêtait pour la première fois toute son importance : le Conseil espérait contribuer à la paix sociale en améliorant l'habitat des ouvriers.[6]

1.2.1. Une étude à grande échelle (1886-1887)

Collecte d'informations

En avril 1886, Émile de Beco – directeur général du Département de la santé et membre de droit du Conseil – rédigea un rapport dans lequel il plaidait pour une étude à grande échelle portant sur les conditions d'habitation des pauvres et des ouvriers. Selon lui, le Conseil était l'organe tout indiqué pour mener cette étude. À ses yeux, la problématique du logement était inextricablement liée à l'hygiène. Pour mener cette tâche à bien, le Conseil devait se faire aider par des experts externes. Les autres membres du Conseil supérieur d'hygiène publique approuvèrent le rapport de De Beco à l'unanimité et reconnurent l'importance et l'urgence de la motion.[7] Le ministre de l'Intérieur et de l'Instruction publique, Joseph Thonissen, partageait lui aussi cet avis, estimant que l'étude de l'habitat des ouvriers s'inscrivait parfaitement dans le cadre des missions du Conseil. Il promit de dégager les fonds nécessaires si le budget du Conseil devait être

[5] Cf. les congrès d'hygiène (1851-1852), les plans d'assainissement du gouvernement Rogier (1849-1852) et l'expropriation par zone (1867).

[6] Studiecentrum voor volkswoningbouw, *De tuinwijkgedachte*, 245.

[7] CSHP, *Habitations ouvrières*, 27/04/1886, 1-6.

Émile de Beco fut l'initiateur d'une enquête à grande échelle sur l'habitat des ouvriers.

dépassé pour les besoins de cette enquête. Le Conseil pouvait aussi faire appel au personnel de son département. Le 30 avril 1886, un mois à peine après la fin des grèves, une commission spéciale fut installée au sein du Conseil, ses sept membres étant chargés d'élaborer le programme d'étude.[8]

Le Conseil supérieur d'hygiène publique souhaitait étudier quatre thèmes : la législation, les prototypes de maisons et les normes d'hygiène, l'état actuel des habitations ouvrières et les sociétés qui construisaient et vendaient des habitations ouvrières. Quatre commissions distinctes préparèrent, pour chaque thème analysé, des questionnaires qui seraient soumis aux commissions médicales provinciales et aux comités de salubrité publique. Ce faisant, le Conseil tentait non seulement de se forger une image de la situation générale, mais aussi de déceler les lacunes dans la législation. Il voulait une réponse à d'innombrables questions. Quelle politique les communes menaient-elles en matière de logement ? Comment les communes géraient-elles les expropriations par zone et quels en avaient été les résultats ? Le pouvoir central pouvait-il contraindre une commune à libérer du terrain pour de nouvelles habitations ouvrières lors d'une expropriation par zone ? De quelle façon la commune pouvait-elle réguler au mieux l'intervention des institutions caritatives ? Plusieurs communes pouvaient-elles faire fusionner leurs bureaux de bienfaisance ? Quelles étaient les réalisations des sociétés anonymes et des coopératives et comment pouvait-on les encourager davantage ?

Le Conseil supérieur d'hygiène publique se montrait très favorable à l'égard des sociétés anonymes qui construisaient des habitations ouvrières. Les particuliers comme les entreprises pouvaient y investir sans prendre trop de risques financiers. En 1888, la Belgique recensait sept sociétés de ce type qui, toutes se plaignaient des restrictions légales auxquelles elles étaient soumises. Au lieu de proposer lui-même une solution, le Conseil en remit l'initiative aux sociétés anonymes, chargées d'élaborer un projet pilote qui ne se heurterait pas aux prescriptions légales tout en servant les intérêts des ouvriers et des investisseurs. Le Conseil espérait pouvoir y puiser des propositions suffisamment concrètes pour modifier la législation.[9] La loi du 9 août 1889 (cf. infra) permit à la Caisse générale d'épargne et de retraite (CGER) d'accorder aux S.A. des prêts à taux extrêmement bas. Cette initiative améliora considérablement leur position financière.

La Commission parlementaire du travail mise sur pied à peu près au même moment rassembla des informations sur la même problématique. Cette commission envoya elle aussi des questionnaires relatifs à l'état des habitations ouvrières et organisa des séances d'audition sur les initiatives d'entrepreneurs et de sociétés anonymes. Selon le ministre Thonissen, le Conseil supérieur d'hygiène publique et la Commission du travail ne devaient toutefois pas marcher sur leurs plates-bandes respectives. Et bien qu'il n'y eût aucun échange avec le Conseil supérieur d'hygiène publique, les deux organismes parvinrent aux mêmes conclusions.[10]

Les résultats : des situations navrantes

Nombre de commissions médicales provinciales et de comités de salubrité publique ne réagirent pas (ou insuffisamment) à la demande du Conseil. La Flandre orientale se distingua particulièrement par le peu de résultats envoyés : le Conseil ne reçut que 27 réactions sur 63 demandes. Pour les 297 autres commissions et comités, le Conseil ne reçu que 131 questionnaires dûment complétés. Bien que partielles, ces réponses

[8] *Ibidem*, lettre du 30 avril 1886, 7-8.
[9] CSHP, *Habitations ouvrières*, 1887-1888, 9-33 ; Steensels, *Proletarisch wonen*, 20-21.
[10] Steensels, *Proletarisch wonen*, 18-19.

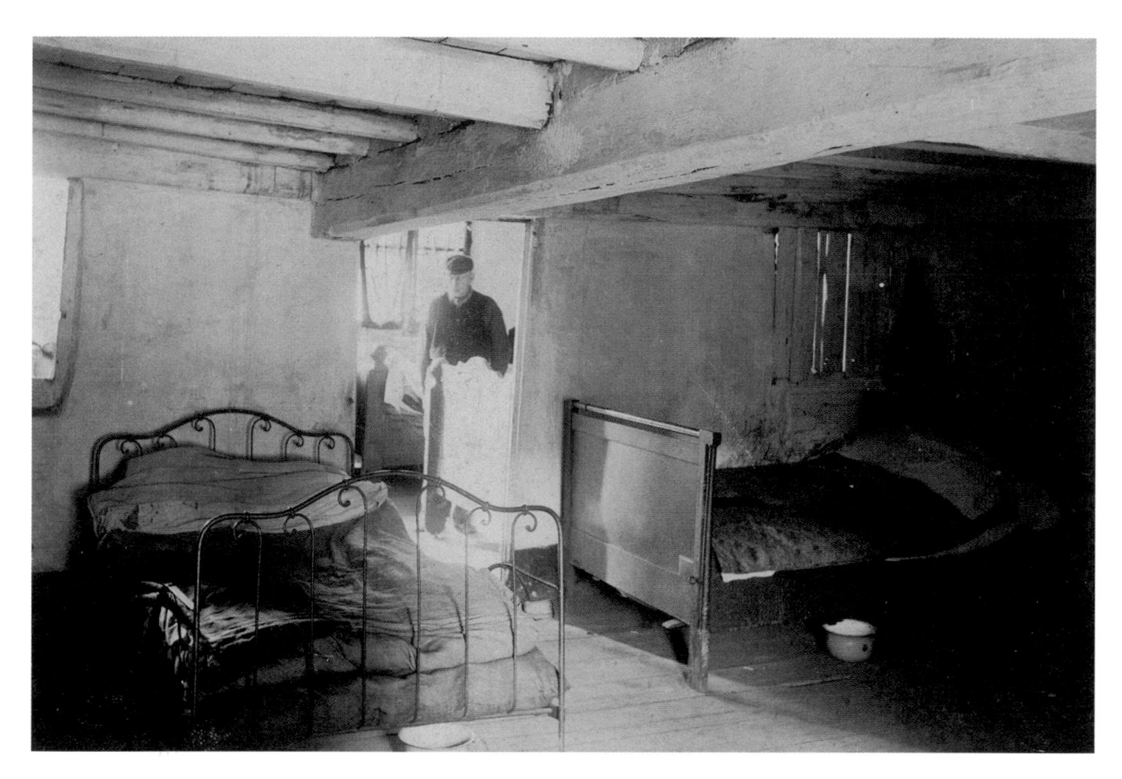

Ce casernement de la région gantoise était le dernier refuge pour tous ceux qui n'avaient même pas les moyens de louer une petite maison dans une cour intérieure. Privés d'hygiène et de toute forme d'intimité, les résidents y vivaient dans des conditions effroyables.

suffirent toutefois pour que le Conseil formule, en mars 1888, une conclusion étourdissante : la situation du logement ouvrier en Belgique était catastrophique. Des milliers d'habitations étaient insalubres, à tel point qu'une partie d'entre elles n'entrait même plus en ligne de compte pour un assainissement. Il n'était pas rare que les rapports détaillent les scènes souvent écœurantes rencontrées par les membres des commissions et comités pendant leurs démarches.[11]

C'était notamment le cas à Hemiksem. Au rez-de-chaussée des minuscules maisons se trouvaient une petite chambre à coucher et une pièce faisant office à la fois de cuisine, d'atelier et d'espace de détente. Au grenier dormaient souvent 8 à 10 enfants, garçons et filles confondus. Il n'était pas rare que la cave soit sous-louée. Les maisons possédaient une cour commune avec toilettes, qui étaient si proches des habitations que la porte devait constamment demeurer fermée à cause de la puanteur. Les ordures traînaient partout. La tuberculose et la scrofule[12] faisaient de nombreuses victimes parmi les habitants. Plusieurs logements auraient dû en fait être déclarés inhabitables, mais l'administration communale y renonçait par crainte des plaintes des propriétaires. Un autre exemple provenait des situations honteuses rencontrées à Malines. Les membres de la commission y restèrent abasourdis en découvrant les deux-pièces crasseux des rues pauvres. Les parents dormaient dans le même lit que leur marmaille, dans une petite chambre lugubre. L'autre pièce, qui servait notamment de cuisine, était aussi utilisée pour élever des lapins et des chèvres. Les corps des parents décédés restaient à la maison jusqu'au jour de l'enterrement. Les épidémies étaient encore fréquentes.[13]

Les membres des commissions et comités s'accordèrent sur un point : il fallait une meilleure législation en matière d'habitations ouvrières, et il y avait urgence. Tous les rapports envoyés comportaient des plaintes relatives aux quartiers ouvriers sales et pestilentiels, ainsi qu'au refus des administrations communales de prendre des

Souvent, les sanitaires des habitations ouvrières se limitaient à quelques « commodités » dans la cour intérieure, que se partageaient plusieurs familles.

[11] CSHP, *Rapports*, 24/04/1888, 187-188.
[12] La scrofule est une inflammation des ganglions lymphatiques, qui s'étend à la peau ; les enfants affaiblis y étaient particulièrement sensibles.
[13] CSHP, *Rapports*, 28/02 et 2/03/1888, 20-21 et 24.

mesures. Nombre de commissions et de comités soulignaient en outre que les communes ne savaient souvent pas à quoi devait ressembler, en termes d'hygiène, l'habitation ouvrière idéale.

Nouvelles prescriptions relatives à la construction (1887)

Le Conseil supérieur d'hygiène publique décida dès lors de concevoir un nouveau programme, prévoyant des prescriptions détaillées pour la construction d'habitations ouvrières. Cette tâche plaça le Conseil face à un dilemme. Les maisons devaient non seulement répondre aux critères d'hygiène, mais elles devaient surtout être bon marché. Or, financièrement parlant, il n'était pas possible de construire une « maison unifamiliale idéale pour chaque ménage » étant donné le prix élevé des terrains dans les villes notamment. Les loyers élevés des habitations individuelles constituaient, eux aussi, un obstacle infranchissable pour la plupart des familles ouvrières. C'est pourquoi le Conseil soutint à contrecœur l'option consistant à construire aussi des maisons plurifamiliales dans les villes. D'autres concessions étaient également inévitables au vu du coût élevé d'une maison. Il était impossible de construire une habitation ouvrière bon marché suffisamment spacieuse et offrant tous les équipements sanitaires modernes. Les normes de construction furent dès lors revues à la baisse, si bien que seuls les besoins les plus élémentaires étaient rencontrés.

Mais les petites maisons et les quartiers surpeuplés des villes continuaient à soulever des questions critiques au sein du Conseil. Celui-ci estimait que de telles conditions de logement constituaient une menace pour la moralité et la santé générale des ouvriers. Le Conseil proposa donc une alternative : la promotion de la construction de vastes habitations ouvrières à la campagne. Les terrains y coûtaient moins cher et les ouvriers pouvaient y jouir de l'air frais et du calme après leurs longues et harassantes journées de travail. Pour rendre la vie à la campagne attrayante, il convenait de baisser les prix des transports publics vers les villes et les centres industriels. On ignore aujourd'hui si cette idée reçut un quelconque écho sur le terrain.

Le Conseil supérieur d'hygiène publique publia les prescriptions en matière de construction auxquelles une « habitation ouvrière convenable » devait se conformer en 1887. Les conditions étant différentes entre une habitation rurale et un logement en ville, le Conseil élabora deux programmes différents. Compte tenu de l'attitude laxiste souvent adoptée par de nombreuses administrations communales, le Conseil tint à ce que la plupart des règles liées à la construction et à l'entretien des maisons ouvrières soient contraignantes. C'était une façon pour le pouvoir central d'avoir plus de prise sur la politique des communes en matière de logement. Les maîtres d'ouvrage furent donc contraints de construire des habitations répondant à quelques règles générales d'hygiène. Les maisons devaient être érigées dans un environnement sain et dotées d'une cour ou d'un petit jardin. À défaut de système de distribution d'eau potable, les habitations devaient se trouver à proximité d'une pompe en fournissant suffisamment. En milieu rural, deux familles au maximum pouvaient se partager une maison, mais la préférence était donnée au principe d'une maison par ménage. En ville, une maison pouvait être partagée par huit familles au maximum, à condition que seuls le hall d'entrée et l'escalier soient communs. Chaque maison devait disposer d'au moins un W.-C. Dans les habitations communes, le Conseil recommandait un W.-C. par ménage. La fosse d'aisances devait se

Lorsqu'il rédigea les normes de construction des habitations ouvrières, en 1887, le Conseil savait pertinemment qu'il était financièrement impossible de construire des habitations conformes, en termes d'espace, aux besoins des familles nombreuses.

trouver le plus loin possible de la maison. Pour le reste, les constructeurs jouissaient d'une entière liberté. Le Conseil ne se prononçait pas sur la taille souhaitée d'une maison, mais insistait sur l'importance d'une bonne ventilation. Le gouvernement espérait encourager la population à entretenir leurs habitations en organisant des prix récompensant l'ordre et la propreté. Un service spécial d'inspection devait contrôler régulièrement les habitations ouvrières. En cas d'expropriation, la commune devait fournir un autre logement. Les communes qui manquaient d'argent bénéficiaient de l'aide du pouvoir central pour assainir les habitations.[14] Toutefois, le gouvernement ne conféra pas un caractère contraignant au règlement d'hygiène. L'état des habitations continua donc de dépendre du bon vouloir des maîtres d'ouvrage et des autorités locales.

Pour le Conseil, il était extrêmement important de voir le plus grand nombre possible d'ouvriers devenir propriétaires de leur logement. Le raisonnement était simple : un propriétaire prenait davantage soin de son bien. Cette plus grande implication n'avait pas seulement des conséquences positives pour la santé des résidents. Elle inciterait aussi les ouvriers à rester plus souvent à la maison, avec leur femme et leurs enfants, au lieu d'aller dépenser leur argent dans les bistrots et autres établissements peu recommandables. Le Conseil était d'avis que la meilleure façon de stimuler l'accès à la propriété était d'offrir aux ouvriers des avantages fiscaux à l'achat d'un logement. Les sociétés anonymes et coopératives qui construisaient des habitations ouvrières bon marché devaient être impliquées dans ce processus.[15]

1.2.2. La loi de 1889 sur les habitations ouvrières

Le gouvernement était favorable à l'idée de l'accès à la propriété. La Commission du travail et le Conseil supérieur d'hygiène publique lui avaient d'ailleurs remis des avis identiques. La loi sur les habitations ouvrières et institutions de comités de patronage

[14] CSHP, *Habitations ouvrières*, 64.
[15] Steensels, *Proletarisch wonen*, 22 ; CSHP, *Rapports*, 24/04/1888,187-188.

du 9 août 1889 tendait à couvrir tous les aspects du logement ouvrier et, à cette fin, développait toute une série de dispositions administratives et fiscales. Les idées du Conseil supérieur d'hygiène publique furent suivies en grande partie. Grosso modo, la loi s'articulait autour de trois volets. Tout d'abord, elle marquait la création de Comités de patronage des habitations ouvrières. Ces comités devaient s'occuper, au niveau de l'arrondissement, de tout ce qui avait trait aux habitations ouvrières. Ensuite, le gouvernement instaurait l'octroi d'avantages fiscaux aux ouvriers qui souhaitaient acquérir un logement. Enfin, la troisième grande innovation concernait la possibilité, offerte à la caisse générale d'épargne et de retraite d'octroyer des prêts hypothécaires pour la construction d'habitations ouvrières.

Les comités de patronage

Chaque arrondissement devait créer au moins un comité de patronage des habitations ouvrières, composé de 5 à 18 membres. Ces membres étaient désignés en partie par la Députation permanente et en partie par le gouvernement. Les comités étaient chargés de promouvoir la construction, la location et la vente de maisons ouvrières saines. Ils devaient étudier tout ce qui touchait à l'hygiène des maisons ouvrières et des quartiers ouvriers et faisaient la propagande de l'épargne, des assurances-vie, des sociétés de crédit et des mutualités. Outre ces compétences relativement générales, les comités de patronage avaient également pour mission d'organiser des prix récompensant l'ordre et la propreté et de vérifier que les administrations communales remplissaient correctement leurs devoirs en matière d'habitations ouvrières. Cette dernière tâche était particulièrement difficile. En effet, les comités de patronage ne détenaient aucun pouvoir de sanction. Lors d'une expropriation par zone, le comité de patronage avait certes le droit de conseiller le gouvernement quant aux conditions de revente des terrains. Mais ici

Le certificat d'ouvrier : la clé d'un *home sweet home*

Les certificats d'ouvrier témoignent à la fois de la volonté des ouvriers d'acquérir leur propre maison et de leurs moyens financiers pour y parvenir effectivement. Entre 1892 et 1900, les 54 comités de patronage délivrèrent un total de 60 064 certificats. Les disparités étaient toutefois importantes. Le nombre de certificats connut une forte hausse à partir de 1897 ; trois cinquièmes de tous les certificats furent octroyés entre 1897 et 1900. En neuf ans, les provinces de Namur, Hainaut et Liège représentèrent plus de 75 % des certificats délivrés tandis que les provinces d'Anvers, de Flandre occidentale et de Flandre orientale n'en attribuèrent que 10 % à elles trois. En 1893, le Conseil supérieur d'hygiène publique constatait déjà que cette inégalité était principalement due au fait que les ouvriers des régions industrielles wallonnes gagnaient mieux leur vie. En Flandre, l'agriculture prédominait encore, même si les revenus couvraient à peine les besoins élémentaires d'un ménage.[1] Par ailleurs, les efforts plus ou moins soutenus que déployaient les comités de patronage pour diffuser les informations relatives aux avantages fiscaux n'étaient pas sans influence, selon le Conseil.[2]

[1] CSHP, *Rapports*, 1893-1894, 196 ; Steensels, *Proletarisch wonen*, 25-30.
[2] Ministère de l'agriculture, CSHP, *Rapports*, dl XII, 107.

aussi, la loi parlait expressément d'un avis. Les comités de patronage ne possédaient qu'un seul moyen de pression digne de ce nom : ils attribuaient les certificats d'ouvrier dont les ouvriers avaient besoin pour pouvoir bénéficier d'exonérations fiscales à l'achat d'une habitation.

Les avantages fiscaux

Le gouvernement instaura aussi les avantages fiscaux demandés par le Conseil supérieur d'hygiène publique. Les sociétés anonymes ou les coopératives étaient dispensées des droits de timbre et des frais d'enregistrement. Les propriétaires d'habitations ouvrières ne devaient plus payer les trois premières tranches de l'impôt des personnes physiques. Les frais d'enregistrement liés aux actes d'achat furent réduits de moitié environ, et l'impôt sur les crédits hypothécaires fut revu à la baisse pour les sociétés et pour les ouvriers à même de produire un certificat d'ouvrier émis par le comité de patronage. En d'autres termes, le certificat d'ouvrier constituait le cœur de tout le système des taux favorables, mais aussi sa plus grande faiblesse. En effet, la validité des certificats était souvent contestée par le fisc et de ce fait l'ouvrier risquait de perdre tous ses droits d'un seul coup. Qu'entendait-on au fait par « ouvrier » ? Au début, les frontières étaient très strictes. Les petits employés et les fonctionnaires de l'État de catégorie inférieure n'entraient pas en ligne de compte. Il faut savoir que le salaire ne jouait aucun rôle dans l'octroi du titre. Certains ouvriers gagnaient même plus que les fonctionnaires les moins payés, comme les facteurs et les gardes forestiers. Les ouvriers étaient ceux qui exécutaient un travail manuel pour le compte d'un tiers et qui recevaient pour cela un salaire journalier. En effet, l'ouvrier n'était pas payé s'il était malade, tandis que le fonctionnaire – quel que soit son grade – continuait à percevoir son salaire mensuel.[16]

Emprunts facilités pour la construction

Le ministre des Finances Frère-Orban avait fondé la Caisse générale d'épargne et de retraite en 1865. Son principal objectif était d'encourager les petites gens à épargner. La loi de 1889 offrait à la CGER la possibilité d'octroyer des prêts hypothécaires pour la construction d'habitations ouvrières. Le prêt d'argent aux ouvriers n'était toutefois autorisé que par le biais d'intermédiaires solvables. D'une part, il était impossible à la CGER de percevoir les versements hebdomadaires ou mensuels des ouvriers dans tout le pays, et d'autre part le gouvernement souhaitait éviter que les ouvriers soient à la fois épargnants et emprunteurs. Les sociétés de crédit et les sociétés de construction pouvaient faire office d'intermédiaires. La CGER accordait diverses avances à ces sociétés, au fur et à mesure. La caisse d'épargne proposait les prêts à un taux réduit de 2,5 %, à condition que les sociétés s'engagent à ne pas posséder elles-mêmes de maisons. Cependant, les sociétés ne pouvaient pas consentir d'emprunt aux ouvriers incapables d'avancer au moins 1/10e de la valeur de leur maison. Sur avis du comité de patronage, la CGER pouvait prêter de l'argent pour la construction ou l'achat d'une maison ouvrière. Cet avis n'avait toutefois pas de caractère contraignant. Les prêts pouvaient être liés à une sorte d'assurance-vie. Si l'emprunteur venait à décéder avant le paiement du solde de la maison, celle-ci devenait malgré tout la propriété de ses proches parents et ce, sans délai.

Tout le monde n'était pas autorisé à emprunter à la CGER. Pour l'achat d'une maison ouvrière, la caisse ne prêtait qu'aux ouvriers et aux petits employés, le plus souvent par

[16] Steensels, « De tussenkomst van de overheid in de arbeidershuisvesting », 31-36.

l'intermédiaire d'une société. Pour la construction d'une maison ouvrière, elle prêtait aussi à d'autres personnes. Le taux d'intérêt que les sociétés pouvaient appliquer sur l'argent qu'elles prêtaient aux ouvriers n'était pas fixé. Mais la CGER leur conseillait de demander 4 % d'intérêt. La caisse d'épargne partait du principe que 1 à 1,5 % de bénéfice permettrait aux sociétés de se constituer une réserve, grâce à laquelle elles pourraient après quelques années poursuivre leurs transactions sans le soutien de la caisse d'épargne.

Des débuts hésitants

Bien que la loi du 9 août 1889 ne le mentionne pas, le gouvernement obligeait les comités de patronage des habitations ouvrières à remettre un rapport annuel au Conseil supérieur d'hygiène publique. À son tour, le Conseil faisait un résumé des comptes rendus et publiait chaque année un rapport détaillé, assorti de ses propres conclusions.

La plupart des comités connurent des débuts lents et chaotiques. Le premier exercice, 1890, enregistra la création de 54 comités, dont certains n'entamèrent pas leurs activités avant septembre, soit plus d'un an après l'entrée en vigueur de la loi. La majorité des comités consacrèrent leurs premières réunions à l'organisation de leur bureau et à l'élaboration du règlement d'ordre intérieur et du budget. Mais très vite, il apparut que les problèmes dépassaient largement les traditionnelles maladies de jeunesse. De nombreux comités de patronage se plaignaient du manque chronique d'argent et des attributions trop vastes.[17] De son côté, le Conseil supérieur d'hygiène publique déplorait le manque d'uniformité dans les rapports. Les comptes rendus reflétaient à eux seuls les grandes disparités entre les différents comités. Bon nombre de comités faisaient de leur mieux pour s'acquitter correctement de leurs tâches et rédigeaient des rapports détaillés sur les problèmes rencontrés dans leur arrondissement. Ce travail débouchait naturellement sur des informations utiles, qui permettaient à certains comités d'apporter une réelle amélioration en termes d'hygiène dans les habitations ouvrières. Mais d'autres étaient bien moins préoccupés par les conditions d'habitat des ouvriers et envoyaient au Conseil des rapports incomplets – quand ils en envoyaient.

Le Conseil supérieur d'hygiène publique tenta de remédier au problème en établissant un programme prévoyant un questionnaire fixe pour les comités de patronage. En effet, le Conseil avait obtenu un retour positif avec un schéma de ce type appliqué aux commissions médicales provinciales. De Bruyn, ministre de l'Agriculture, de l'Industrie et des Travaux publics, et qui détenait aussi la compétence de la Santé publique en 1894, publia le programme dans une circulaire datée du 3 octobre 1894. Le questionnaire portait essentiellement sur les habitations proprement dites. Les situations hygiéniquement intolérables recensées dans une rue ou un quartier devaient être signalées dans un rapport distinct. Le Conseil supérieur d'hygiène publique souhaitait rassembler des informations sur la composition du ménage (identification, nombre d'enfants, profession et salaire), sur l'habitation (nombre de pièces, état de propreté), et sur l'environnement direct de l'habitation (jardin, fosse d'aisances, fosse à purin, ...). En outre, le Conseil demandait aux comités d'encourager la création de sociétés de crédit et de construction et d'inciter les ouvriers à épargner au maximum. Il fallait apprendre aux ouvriers à pourvoir à leurs propres besoins. Ils devaient comprendre qu'il était possible d'éviter les maladies en entretenant leurs maisons. Cette prise de conscience réduisait leur risque

[17] CSHP, *Rapports*, 26/11/1891, 246-268.

de devoir faire à nouveau appel à l'aide des bureaux de bienfaisance. Le Conseil estimait qu'il fallait remplacer les membres des commissions qui ne remplissaient pas leurs tâches avec conviction.[18]

Pas d'action sans sanction!

Les années suivantes, les comités de patronage rencontrèrent davantage les attentes du Conseil. Leur fonctionnement restait cependant entravé par deux obstacles majeurs: le fisc et les communes. En effet, les services des impôts refusaient régulièrement les certificats d'ouvrier délivrés par les comités, qui donnaient droit à des exonérations fiscales lors de la construction d'une maison.[19] Aux yeux du Conseil supérieur d'hygiène publique, il était également injuste de voir certains ouvriers grassement payés recevoir un certificat tandis que les fonctionnaires moins bien rémunérés, par exemple, n'y avaient pas droit. Le Conseil recommanda dès lors d'élargir la notion d'« ouvrier » pour que les pêcheurs, les petits agriculteurs et les petits fonctionnaires puissent eux aussi bénéficier d'avantages fiscaux. Malheureusement, le gouvernement n'accéda pas immédiatement à cette demande. Et il fallut attendre le 11 février 1903 pour que le régime fiscal favorable soit étendu.[20]

Les communes formaient le deuxième, mais aussi le principal obstacle au bon fonctionnement des comités de patronage. Une nouvelle fois, le Conseil supérieur d'hygiène publique se heurtait à leur grande autonomie. Les communes pouvaient tout simplement passer outre les avis des comités de patronage, tantôt par manque de moyens, tantôt par simple manque de volonté. Les comités n'avaient à vrai dire aucune possibilité de sanction. C'est la raison pour laquelle le Conseil insistait fortement pour qu'une loi accorde aux comités de patronage la possibilité d'encourager les communes qui menaient une bonne politique de logement et de sanctionner les autres. C'était la seule façon d'éviter la démotivation parmi les comités de patronage. Leur mot d'ordre devint alors: « *Pas d'action sans sanction* ».[21]

En attendant, les comités de patronage étaient souvent réduits à l'impuissance. Un rapport de 1903 cite l'exemple de la situation de Liège, où les loyers étaient très élevés. La rue Neuf Pavé comptait quatre casernements surpeuplés. Les chambres étaient louées à 74 ménages, soit 373 personnes au total. Deux de ces casernements se trouvaient en très mauvais état. Les fenêtres cassées étaient colmatées à l'aide de papier, le sol était couvert de carton. 41 familles vivaient dans des deux-pièces; les autres n'avaient qu'une pièce pour vivre, cuisiner, se laver et dormir. Les casernements n'étaient pas raccordés au système de distribution d'eau potable. Trois casernements utilisaient la fontaine publique côté rue, tandis que le quatrième se contentait d'un puits jouxtant les toilettes. Un casernement comptait trois toilettes pour 100 personnes. Le comité de patronage fut horrifié par le manque total d'hygiène dans les casernements et recommanda à la commune de procéder à une expropriation par zone. Mais la commune n'accéda pas à cette requête, générant ainsi une nouvelle source de frustration pour le comité.[22]

Gand ne brillait pas non plus par ses améliorations. Entre 1899 et 1904, les comités de patronage et le service technique de la ville de Gand menèrent l'enquête sur l'état des cours intérieures. Si le nombre total de cours intérieures baissait – de 670 en 1899 à 613 en 1904 – le nombre de « cours intérieures améliorables et en mauvais état »[23] augmentait, contrairement au nombre des « cours intérieures en bon état ».[24] Aucune de nos sources n'indique que les comités de patronage acquirent le droit de sanctionner.

[18] CSHP, *Rapports*, 13/12/1894, 370-371.
[19] CSHP, *Rapports*, 1894, 196.
[20] CSHP, *Rapports*, 30/06/1898, 54-113; 29/11/1900, 140-141.
[21] CSHP, *Rapports*, 29/11/1900, 142.
[22] CSHP, *Rapports*, 10/12/1903, 400-401.
[23] Les critères exacts utilisés pour distinguer les deux types ne sont pas clairement établis.
[24] « Cours intérieures en bon état »: 61 % en 1899 contre 54 % en 1904; « cours intérieures améliorables »: 16 % en 1899 contre 22 % en 1904; « cours intérieures en mauvais état »: 21 % en 1899 contre 23 % en 1904. Balthazar, *Onderzoek naar de Gentse beluiken*, 13.

Les habitations exiguës obligeaient de nombreuses familles ouvrières à vivre, cuisiner et dormir dans la même pièce.

1.2.3. 1907 : Un nouveau règlement sur les constructions

En 1907, le Conseil rédigea un nouveau règlement relatif à la construction des habitations ouvrières en vue de remplacer les prescriptions de 1887. Les deux décennies précédentes avaient permis de cerner les conditions d'hygiène auxquelles une habitation de qualité devait répondre. De plus, l'ancien règlement ne faisait pas suffisamment la distinction entre les habitations rurales, urbaines et collectives. Les dispositions usuelles en termes de distribution d'eau, d'égouttage, d'équipements sanitaires, d'agencement intérieur du logement, etc. – bien sûr techniquement améliorées après vingt ans – furent complétées par une série de nouveaux thèmes.

Implantation et construction idéale

Pour la première fois, le Conseil supérieur d'hygiène publique se demanda s'il n'était pas préférable de construire les habitations ouvrières un peu partout dans la ville. Il s'agirait de favoriser le « mélange » des classes plutôt que de créer des « ghettos » d'ouvriers et de bourgeois. L'idée était pour le moins étonnante et témoignait de la présence de courants progressistes au sein du Conseil. Mais le projet s'avéra difficile à mettre en œuvre. Compte tenu du prix élevé des terrains, les habitations devaient être construites sur plusieurs étages, ce que le Conseil supérieur d'hygiène publique jugeait néfaste pour la ventilation et l'éclairage des étages inférieurs. La vieille crainte des miasmes – et en corollaire la manie de ventiler les logements à l'extrême – avait manifestement laissé des traces.

Le Conseil se rallia dès lors au projet de construire les habitations ouvrières en périphérie de la ville. Il présentait la campagne comme l'endroit idéal pour construire des

Les prix inférieurs des terrains à la campagne permettaient d'y maintenir les habitations ouvrières à un coût plus abordable. Du bon air, des petits jardins et des espaces de jeux en suffisance pour les enfants : la vie des familles ouvrières y était bien plus agréable.

nouveaux logements pour les ouvriers victimes d'expropriations. Le prix des terrains étant nettement inférieur juste en dehors de la ville, on pouvait y acquérir de plus grandes superficies qui pouvaient accueillir des allées plus larges, un espace de jeux pour les enfants et des maisons avec jardins. Le tram à prix réduit pendant les heures de navette devait améliorer l'accessibilité de ces lieux. Le Conseil voulait en outre mettre un terme à la construction de caves et de greniers dans les habitations ouvrières. En effet, les caves faisaient très souvent office de cuisine ou d'étable, une habitude que le Conseil voulait combattre. Son principal argument était qu'il existait de meilleurs moyens – qui plus est meilleur marché – pour protéger le rez-de-chaussée de l'humidité du sol. Même combat contre les greniers, que le Conseil n'estimait adaptés que pour le séchage du linge. Or, la plupart du temps, les enfants dormaient au grenier, une utilisation pourtant déconseillée étant donné l'absence totale de fenêtres. Quand la commune ouvrait un lavoir public, les greniers pouvaient être interdits.

Le Conseil supérieur d'hygiène publique était favorable à la construction d'habitations de taille modeste. L'expérience du passé avait en effet montré que les familles ouvrières sous-louaient les espaces inutilisés sans pour autant adapter leurs sanitaires. Par ailleurs, il n'était pas question que des ouvriers occupent une habitation bourgeoise. Bien que le Conseil autorisât les traditionnelles petites maisons campagnardes de plain-pied de Flandre occidentale et orientale, le prix des terrains l'incita malgré tout à opter pour des quatre-pièces à un étage, sans cave ni grenier. Dans ce type d'habitation, le rez-de-chaussée accueillait la chambre à coucher des parents et la cuisine. Tandis que deux chambres distinctes devaient être aménagées à l'étage : une pour les filles et une pour les garçons. En l'absence de lavoir public dans le quartier, il y avait également lieu d'ajouter une petite buanderie avec un poêle à charbon et une baignoire.

Logement collectif

Les familles qui ne pouvaient pas se payer ce type de maisonnette n'étaient pas oubliées par le Conseil, qui prévoyait aussi une forme de logement collectif que pouvaient se partager plusieurs ménages. Ce n'était évidemment pas l'habitat idéal. Mais le Conseil estimait préférable de formuler un avis sur le sujet plutôt que de laisser le champ libre aux communes. Outre les dispositions générales en matière de construction et d'agencement intérieur du logement, le Conseil limitait par exemple le nombre d'étages à quatre. Car les personnes âgées, les femmes enceintes et les malades devaient aussi pouvoir atteindre les étages. Par ailleurs, un bâtiment séparé devait être prévu pour laver le linge, afin d'éviter les problèmes d'humidité et d'odeur. Ce lavoir pouvait également être équipé de douches car ce type de casernement ne favorisait pas particulièrement l'hygiène corporelle. Enfin, le Conseil supérieur d'hygiène publique recommandait de prévoir des logements unipersonnels afin de mettre fin au problème des familles qui hébergeaient contre quelques deniers des ouvriers célibataires dans leurs maisons déjà bien trop petites. Les ouvriers se sentiraient bien plus à l'aise dans ces « maisons pour célibataires » que dans les abris de fortune que les usines aménageaient en habitations pour leur main-d'œuvre.[25]

Les années suivantes, si le Conseil supérieur d'hygiène publique se prononça en effet plus souvent sur les plans des maisons ouvrières que les communes souhaitaient bâtir, il continua néanmoins de prêcher pour une plus grande intervention de l'État de manière à stimuler un respect plus strict des règlements. Il serait certainement exagéré de dire que la loi de 1889 et les modifications apportées au règlement relatif aux habitations ouvrières de 1907 amenèrent des résultats immédiats et mesurables. Pour les comités de patronage des habitations ouvrières, la seule voie du succès passait par les certificats d'ouvrier. Ils se trouvaient freinés dans toutes leurs autres tâches par l'attitude souvent laxiste des administrations communales et par l'intérêt personnel des propriétaires des habitations. Les changements n'étaient donc pas spectaculaires pour les ouvriers. Ils vivaient toujours dans leurs petites maisons sales et surpeuplées et, en cas d'expropriation, ils pouvaient seulement espérer que la commune leur fournisse un logement de remplacement. Une chose avait toutefois changé. La bourgeoisie s'intéressait à la problématique du logement. Les congrès dédiés au problème devenaient plus nombreux.[26] Sans oublier que la négligence et la mauvaise volonté des communes étaient de plus en plus souvent sujettes à protestation. Petit à petit naquit un climat laissant plus de place à l'intervention de l'État.[27]

1.3. Les premières lois sociales

1.3.1. Vivre pour travailler

Jusqu'à la fin des années 1880, la Belgique ne connaissait aucune forme de législation du travail ou de protection sociale. Tout reposait sur un arrangement entre l'employeur et le travailleur. En pratique, l'excès de main-d'œuvre disponible donnait tous les droits au patron. Le règlement de l'usine, qui définissait les conditions de travail et de rémunération, était le fruit d'une décision unilatérale. Les ouvriers mécontents n'avaient qu'à partir. La sacro-sainte liberté libérale donnait lieu aux pires exploitations.

[25] CSHP, *Rapports*, 31/10/1907, 450-500.
[26] Des congrès (inter)nationaux sur les habitations ouvrières furent organisés à Bruxelles, notamment en 1895, 1898 et 1910.
[27] Steensels, *Proletarisch wonen*, 35.

Dans l'industrie, les ouvriers travaillaient en moyenne douze à treize heures par jour. Et dans certains secteurs, ils étaient sur le pont sept jours sur sept. Le travail des femmes et des enfants était généralisé. La métallurgie lourde embauchait les enfants à partir de douze à quatorze ans, tandis que l'industrie textile les acceptait dès l'âge de onze – et même parfois de neuf – ans. Les jeunes ouvriers étaient incroyablement bien représentés parmi la population ouvrière totale. Selon le secteur, 1/5 à 1/3 des ouvriers étaient âgés de douze à vingt-et-un ans. Les jeunes ouvriers étaient recherchés pour leur faible coût. Les parents envoyaient leurs enfants le plus tôt possible à l'usine pour compléter les revenus du ménage. Il n'y avait d'ailleurs aucune limite puisque la scolarité n'était pas obligatoire. Le cercle vicieux de l'illettrisme et de la pauvreté était ainsi bouclé.[28]

Le temps de travail des femmes et des enfants était généralement identique à celui des hommes. Même s'ils étaient le plus souvent actifs dans les industries plus légères, le travail était souvent exténuant, en fait tout simplement inhumain. Au milieu des années 1880, l'automatisation et la mécanisation n'en étaient encore qu'à leurs premiers balbutiements, la force physique restait essentielle. Le rugissement des machines, la puanteur et la poussière transformaient chaque journée de travail en enfer. Dans les filatures lainières, par exemple, un secteur qui occupait nombre de femmes et d'enfants, les ouvriers travaillaient dans un froid piquant en hiver et dans une chaleur insupportable en été à cause de la vapeur constamment soufflée à travers l'atelier pour maintenir la bonne humidité de l'air. La chaleur humide de la vapeur et la poussière étaient à l'origine de toutes sortes de maux. Beaucoup de travailleurs souffraient du « cancer aquatique ». Leurs mains étant quasi constamment plongées dans l'eau chaude et la boue, elles se crevassaient et finissaient par s'infecter. Les accidents n'avaient rien d'exceptionnel compte tenu des machines non sécurisées, des sols gras et irréguliers et des navettes susceptibles de sauter du métier à tout instant. Certains départements

[28] Denys, *Bijdrage tot de studie van de sociaal-economische toestand van de arbeiders rond 1886*, 184-185, 319-320.

Dans la filature de coton, ces cardeuses étaient baptisées « les diables » en raison des accidents épouvantables qu'elles occasionnaient.

étaient réputés pour leurs machines dangereuses et pour la nocivité du travail qui y était effectué. La cardeuse de la filature de coton – une machine qui étirait les fibres de coton et les disposait en parallèle – était ainsi baptisée « le diable » en raison des accidents épouvantables qu'elle occasionnait.

De temps libre, il n'en est était pratiquement pas question. Un grand nombre d'ouvriers travaillaient aussi le dimanche, au moins une partie de la journée. Les conséquences des longues journées de travail se faisaient également ressentir dans la vie de famille des ouvriers. L'image idéale au 19e siècle de la femme qui remplit parfaitement son rôle de mère et d'épouse en garantissant la chaleur du foyer et l'entretien irréprochable de la maison n'était qu'un rêve lointain pour l'ouvrière. Le soir, elle rentrait à la maison après une longue journée de travail, sale et couverte de poussière, et devait encore préparer le repas, laver les vêtements et s'occuper des enfants. Rien d'étonnant, dès lors, à ce que de nombreuses tâches ménagères soient négligées. Par la force des choses, les jeunes enfants étaient livrés à eux-mêmes ou confiés aux voisins, aux grands-parents ou à l'aîné de la fratrie. Les hommes cherchaient souvent un peu de détente au bistrot. L'alcoolisme était d'ailleurs considéré comme l'un des plus grands fléaux du dernier quart du 19e siècle.[29]

Lorsque la crise économique frappa de plus belle, vers 1880, le nombre de jeunes enfants embauchés dans l'industrie ne fit qu'accroître. Les salaires ayant été revus à la baisse, les familles ouvrières éprouvaient de plus en plus de difficultés à garder la tête hors de l'eau. Si bien que même les enfants de six à huit ans étaient, eux aussi, envoyés à l'usine.[30]

Les violentes échauffourées de 1886 ouvrirent les yeux des classes supérieures qui ne purent plus continuer à nier les problèmes du prolétariat ouvrier. Après la première guerre scolaire, le parti catholique avait conquis une majorité absolue au Parlement en 1884. Les consciences s'éveillèrent quant à la nécessité de mettre fin à la politique de

[29] De Wilde, *Witte boorden, blauwe kielen*, 170-173.
[30] Denys, *Bijdrage tot de studie van de sociaal-economische toestand van de arbeiders rond 1886*, 184-185, 319-320.

Cette illustration évoque « l'histoire de la bouteille ». Dans la misère, un chômeur alcoolique réduit ses propres enfants à la mendicité et dépense l'argent ainsi récolté en boissons. L'alcoolisme était considéré comme l'un des plus grands fléaux du dernier quart du 19e siècle.

laisser-faire qui caractérisait depuis des années l'attitude de l'État sous le couvert d'une économie libérale. Au début, le gouvernement Beernaert voyait pourtant les événements d'un mauvais œil. Il se rendait bien compte qu'il fallait faire quelque chose, mais hésitait à faire intervenir l'État dans les matières sociales. Au Parlement ne siégeaient en outre que des personnes – que ce soit du côté libéral ou catholique – ayant tout intérêt à maintenir le travail en dehors du champ de réglementation. Mais le Parti Ouvrier Belge, de plus en plus puissant, et l'aile démocrate-chrétienne du Parti Catholique contraignirent les catholiques conservateurs à faire des concessions. De plus en plus de voix s'élevèrent pour en appeler à l'instauration d'un droit de vote général. Le débat social s'accéléra. Et les premières lois sociales furent votées à partir de 1889.[31]

1.3.2. Hygiène et sécurité au travail (1886-1899)

En réaction aux grèves de 1886, deux A.R. furent publiés, le 27 décembre 1886 et le 31 mai 1887, modifiant l'exécution de la loi de 1863 sur les établissements dangereux, insalubres ou incommodes. Si, dorénavant, la sécurité des travailleurs se trouvait davantage au centre de l'attention, il n'était pas encore question de véritable politique de santé.[32] Le Conseil supérieur d'hygiène publique, qui n'avait pas été consulté durant les travaux préparatoires, y vit une occasion manquée. « *Le législateur belge aurait complètement négligé de veiller à ces intérêts primordiaux de la classe des travailleurs !* »[33], comme le formulait le Conseil. Avec les grèves encore toutes fraîches dans les mémoires, le Conseil supérieur d'hygiène publique ne comprenait pas comment il était possible que la législation en la matière comporte encore des lacunes. Selon le Conseil, les mesures rencontraient uniquement les souhaits des riverains des établissements dangereux, insalubres ou incommodes ; la protection des ouvriers qui y travaillaient était à peine évoquée.

[31] Witte Els, *Politieke geschiedenis van België*, 115. Deferme, « Geen woorden, maar daden », 138 en 163.
[32] La loi du 5 mai 1888 rappelait les A.R. de 1886 et 1887 régissant la sécurité des ouvriers et appelait à l'organisation d'un service d'inspection du travail.
[33] CSHP, *Rapports*, 30/08/1894, 309.

L'Office du travail

L'Office du travail fut fondé le 12 novembre 1894 afin de veiller à la bonne exécution de la législation du travail et de suggérer des améliorations possibles. L'Office contrôlait la santé des ouvriers et l'hygiène au travail et recueillait toutes sortes de données statistiques sur tout ce qui touchait au travail, notamment les grèves, les salaires et les accidents de travail. L'inspection du travail et l'inspection des établissements insalubres furent intégrées dans ce département dès la mise en place du premier ministère belge de l'Industrie et du Travail (25-29 mai 1895). Le 15 novembre 1895, le docteur D. Gilbert fut nommé à la tête de l'inspection médicale du travail, un service ressortissant également à l'Office du travail. Un service autonome d'inspection médicale du travail fut créé beaucoup plus tard par l'A.R. du 25 juin 1919. Suite à l'arrivée de ce nouvel organisme public, le Conseil supérieur d'hygiène publique cessa de s'occuper de l'hygiène des ouvriers et des établissements dangereux, insalubres ou incommodes. Ces thèmes disparurent définitivement du champ d'action du Conseil après la création de l'Office du travail.[1]

[1] Velle, «De centrale gezondheidsadministratie», 178-179.

Il fallut attendre le 31 mai 1894 pour que le sujet revienne à l'ordre du jour du Conseil supérieur d'hygiène publique. Concrètement, le thème fut abordé à l'occasion de la création imminente de l'Office de travail (14/11/1894). Léon De Bruyn, alors ministre de l'Agriculture, de l'Industrie et des Travaux publics, demanda au Conseil d'évaluer un premier projet de loi en matière d'hygiène sur le lieu de travail et d'édicter quelques prescriptions complémentaires visant à garantir l'hygiène dans les ateliers, ainsi que la sécurité et la santé des ouvriers dans les établissements dangereux, insalubres ou incommodes. Le règlement général devait servir de fil conducteur aux inspecteurs chargés de contrôler ces entreprises, mais aussi d'instrument de travail pour les dirigeants d'entreprise. Ce cahier de prescriptions les informerait parfaitement de ce que l'État attendait d'eux.

Le 30 août, le Conseil supérieur d'hygiène publique présenta son rapport. Les prescriptions traitaient d'une part de l'hygiène au travail, d'autre part de la prévention des accidents de travail. Le lieu de travail devait être suffisamment grand, le plus propre possible et facile à ventiler, sans toutefois poser de conditions irréalistes aux industriels. En ce sens, le Conseil relativisait le projet de loi déposé par le ministre De Bruyn en 1894, qui ambitionnait une hygiène parfaite dans les ateliers. Il était tout bonnement impossible de viser une hygiène irréprochable dans un bâtiment où le travail ne s'arrêtait jamais. En formulant des avis sur l'entretien des lieux de travail et les sanitaires, la ventilation, la consommation de nourriture, etc., le Conseil supérieur d'hygiène publique tendait vers la meilleure hygiène possible. Pour prévenir les accidents de travail, il fallait avant tout veiller à ce que les ouvriers ne puissent pas se blesser sur les machines. Les puits, les caves et les réservoirs contenant des liquides corrosifs devaient être cloisonnés au moyen de couvercles, de barrières ou de garde-fous. Tous les élévateurs, ascenseurs et machines devaient mentionner le poids maximum qu'ils pouvaient supporter. C'étaient les machines à vapeur qui inspiraient la plus grande inquiétude au Conseil supérieur d'hygiène publique. Celles-ci devaient être placées dans des locaux bien éclairés, auxquels seuls les ouvriers qualifiés pouvaient avoir accès.[34]

[34] CSHP, *Rapports*, 30/08/1894, 304-318.

A la fin du 19e siècle, une attention importante fut accordée à la sécurité sur le lieu de travail.

La photo de ces mineurs en dit long sur les conditions de travail insalubres dans les mines.

Le Conseil supérieur d'hygiène publique insista encore une fois sur le fait que son intention n'était pas de gêner le travail des petits commerçants et des industriels. Ils en voyaient déjà assez sans cela. Les patrons comme les ouvriers bénéficieraient des avantages d'un environnement de travail plus sûr et plus sain. Et ce qu'il faut retenir ici, c'est que tant les ouvriers que les patrons pouvaient être sanctionnés si des infractions aux règles d'hygiène et de sécurité étaient constatées. En effet, les ouvriers devaient être protégés non seulement de leurs patrons, mais aussi d'eux-mêmes. Il convient de souligner une fois de plus que, dans les discussions relatives au règlement général, le Conseil supérieur d'hygiène publique n'imposait pas aux entreprises existantes les conditions les plus strictes en matière d'hygiène. Le Conseil indiquait ainsi qu'il était préférable que les ouvriers travaillent à la lumière du jour, mais que cela n'était malheureusement pas toujours possible. En effet, les bâtiments étaient si nombreux et rapprochés dans les grandes villes qu'on avait pris l'habitude d'installer les ateliers à l'arrière, voire au sous-sol des immeubles. Ces espaces ne recevaient quasiment pas la lumière du jour et l'éclairage artificiel y était la seule solution. Tout comme il était impossible de ventiler parfaitement certains lieux de travail, il fallait tolérer le manque de lumière naturelle dans d'autres.

En revanche, le Conseil se montra bien plus strict à l'égard des nouveaux ateliers. Ces derniers devaient remplir toutes les exigences posées en matière de ventilation et d'éclairage. Les locaux devaient être chauffés en hiver. L'humidité y était combattue afin de prévenir les rhumatismes et les affections pulmonaires parmi les ouvriers. Les ateliers devaient être propres et bien entretenus. Avant de pénétrer dans une salle où le personnel effectuait un travail malsain, il y avait lieu de passer des vêtements de travail spéciaux, qui ne quittaient pas les murs de l'entreprise. Les travailleurs devaient pouvoir disposer d'une salle d'eau. Le Conseil exigeait dès lors des installations sanitaires en quantité suffisante et dans un état irréprochable, qui devaient être nettoyées quotidiennement. De l'eau potable devait être disponible en permanence dans l'entreprise. Les entreprises devaient interdire la consommation d'alcools forts aux ouvriers, étant donné le manque de concentration des travailleurs ivres et, partant, le risque d'accidents. Le Conseil tolérait toutefois la consommation de bière, car il s'agissait manifestement d'une habitude profondément ancrée dans certaines régions.

L'A.R. du 21 septembre 1894 marqua enfin l'entrée en vigueur du règlement préparé par le Conseil en matière d'hygiène dans les ateliers et de protection des ouvriers contre les accidents de travail.[35] Durant les travaux préparatoires, le Conseil supérieur d'hygiène publique avait indiqué qu'il n'interférerait toujours pas dans les entreprises qui ne relevaient pas de la catégorie des « établissements dangereux, insalubres ou incommodes ». Malheureusement, tous les entrepreneurs ne faisaient pas bon usage de cette liberté. Le Conseil ne manquait pas d'exemples d'usines où les ouvriers travaillaient dans un environnement malodorant, sale ou dangereux. Les règles d'hygiène prescrites par l'État pour les établissements dangereux, insalubres ou incommodes devaient dès lors aussi s'appliquer aux établissements « ordinaires ». Et le gouvernement suivit l'avis du Conseil supérieur d'hygiène publique.

La situation fut rectifiée par la loi du 2 juillet 1899, qui mit fin à cette distinction illogique. Désormais, toutes les entreprises devaient se conformer aux dispositions du règlement général et étaient contrôlées par l'État. Seuls les établissements qui n'occupaient que les membres d'une même famille ou maisonnée ne tombaient pas sous le coup de cette nouvelle réglementation. Dès 1895, le contrôle de l'hygiène et de la sécurité des lieux de travail releva de la compétence de l'Office du travail, fondé en 1894.[36]

1.3.3. Le travail des femmes et des enfants

La loi de 1889

Il fallut attendre la loi du 13 décembre 1889 pour voir apparaître en Belgique les premières restrictions portant sur le travail des femmes et des enfants. Une date relativement tardive par rapport à d'autres pays industrialisés. Dorénavant, les enfants de moins de douze ans ne pouvaient plus travailler dans l'industrie. Le travail de nuit était interdit aux garçons de moins de seize ans et aux filles de moins de vingt-et-un ans. Les filles n'étaient plus autorisées à descendre dans les mines. Des pauses régulières étaient rendues obligatoires et une journée de travail ne pouvait compter plus de douze heures. Les garçons, les filles et les femmes ne pouvaient pas travailler plus de six jours par semaine. Toutefois, le Roi pouvait octroyer des dérogations.

La principale critique[37] émise à l'encontre de la loi était qu'elle s'appliquait exclusivement à l'industrie, et donc ni au commerce ni au secteur agricole ni à l'artisanat à domicile. Or, c'était dans ces deux derniers secteurs que l'on rencontrait les abus les plus criants : les enfants y travaillaient des journées extrêmement longues pour un salaire extrêmement bas. En 1896, un recensement organisé par l'État comptabilisait encore 21 201 enfants de moins de quatorze ans au travail.[38] Parfois, les enfants ne recevaient même pas de salaire. Les écoles dentellières en fournissent un exemple typique : sous le couvert de l'enseignement, les filles y bobinaient la dentelle jusqu'à douze heures par jour, et ce dès l'âge de neuf ans, sans recevoir le moindre sou pour rémunérer leur dur labeur. La loi de 1889 n'apporta aucun changement à ces pratiques douteuses. Le travail

[35] CSHP, *Rapports*, 31/07/1902,105-129.
[36] Velle, « De centrale gezondheidsadministratie », 179.
[37] Tant les industriels contrariés que les socialistes exprimèrent leur mécontentement.
[38] Janssens, *Vrouwen- en kinderarbeid en sociale wetgeving*, 12 ; *Recensement général des Industries et des métiers*, 10/1896, partie XVIII.

Les femmes interdites de travail souterrain

Dans les mines, seul le métier de piqueur était exclusivement réservé aux hommes. Tous les autres postes pouvaient être occupés par des femmes et des enfants. Ceux-ci pelletaient et triaient le charbon, poussaient les lourds wagonnets, actionnaient les pompes et réparaient les voies. L'A.R. du 1er janvier 1889, qui n'entra en vigueur qu'en 1892, interdit l'occupation des enfants et des femmes dans les mines et les carrières souterraines. La loi prévoyait une fois de plus des exceptions afin de limiter les répercussions économiques. Les femmes et les jeunes filles qui travaillaient déjà sous terre avant 1892 étaient ainsi autorisées à rester en place. À la toute dernière minute, plusieurs dirigeants d'exploitations minières décidèrent donc d'embaucher le plus de jeunes filles possible en vue de s'assurer une réserve suffisante de main-d'œuvre féminine. Il faut savoir qu'il était très intéressant d'employer des femmes, dont le salaire atteignait à peine la moitié de celui de leurs collègues masculins. Certaines femmes contournèrent l'interdiction en se faisant passer pour des hommes. Le pourcentage de femmes dans les mines de charbon passa de 12,3 % en 1880 à 7 % en 1896. Le travail souterrain fut finalement interdit à toutes les femmes en 1911.[1]

[1] Roels, «In Belgium, woman do all the work», 45-86.

Les écoles dentellières brugeoises échappant au secteur industriel, la loi de 1889 ne changea rien aux pratiques douteuses qui y régnaient. Sous le couvert de l'enseignement, les jeunes filles y bobinaient la dentelle douze heures par jour sans la moindre rémunération.

des enfants dans les écoles dentellières ne disparut qu'avec la loi sur l'enseignement de 1914 (entrée en vigueur en 1919), qui instaura la scolarité obligatoire jusqu'à l'âge de quatorze ans.

Limitations du temps de travail et périodes de repos

Durant les années qui suivirent 1889, le Conseil supérieur d'hygiène publique ne se prononça pas sur l'application de la loi. Ce n'est qu'en 1893 que le thème du travail des femmes et des enfants refit son apparition à l'ordre du jour du Conseil. Au travers de l'A.R. du 26 décembre 1892, le gouvernement élabora une série de mesures liées au temps de travail et aux temps de repos. Il précisait, pour chaque secteur industriel, la durée de travail autorisée pour les enfants, les jeunes et les femmes, de même que les temps de repos que les chefs d'entreprise devaient leur accorder. Léon De Bruyn, ministre de l'Agriculture, de l'Industrie et des Travaux publics, entendait ainsi protéger les ouvriers contre l'épuisement et contre les conditions de travail dangereuses et insalubres. Les temps de travail étaient réduits en fonction de la pénibilité du travail. Il s'agissait là d'une mesure humaine indispensable aux yeux du Conseil, qui formula néanmoins une mise en garde immédiate contre les exagérations. La liberté de travailler ne pouvait être restreinte qu'en cas de nécessité absolue. Selon le Conseil, le gouvernement était déjà allé très loin en interdisant le travail en industrie des enfants de moins de douze ans.

Lorsque le ministre De Bruyn demanda au Conseil si le gouvernement ne ferait pas mieux d'interdire le travail de tous les jeunes dans les établissements dangereux, insalubres ou incommodes, le Conseil émit un avis négatif. Selon son point de vue, les jeunes travailleurs étaient déjà suffisamment protégés. Si toutes les prescriptions existantes étaient respectées, il n'était pas nécessaire de prendre des mesures supplémentaires. Au contraire, le Conseil supérieur d'hygiène publique trouvait que le ministre allait trop loin dans ses tentatives de protéger la jeunesse. Le Conseil recommandait ainsi – contre l'avis du service technique du département de l'Agriculture et des députations permanentes des provinces – de réduire sensiblement le nombre d'entreprises dans lesquelles des mesures exceptionnelles étaient appliquées sur les temps de travail des jeunes ouvriers.

Le Conseil prend fait et cause pour l'industrie

Le Conseil supérieur d'hygiène publique avait bien conscience du fait que les jeunes ouvriers étaient physiquement plus faibles que les adultes et qu'ils résistaient donc peut-être moins bien aux microbes contagieux, aux miasmes malsains et aux produits dangereux. Les jeunes se montraient en outre plus imprudents, ce qui aggravait le risque d'accidents. Mais le Conseil notait que l'industrie avait engrangé d'énormes progrès au fil des dernières décennies sur le plan de la sécurité des outils. Il était exagéré de prendre des mesures trop strictes, qui risquaient de plonger dans l'embarras les nombreuses usines qui employaient des jeunes.

Seul un petit nombre d'usines présentant un risque élevé se voyait interdire par le Conseil d'occuper des garçons de moins de seize ans et des filles de moins de vingt et un ans. Cette mesure concernait entre autres les usines qui produisaient de l'acide sulfurique, qui manipulaient du plomb ou de l'arsenic ou qui distillaient de l'essence. En revanche, la plupart de ces établissements dangereux, insalubres ou incommodes étaient autorisés à occuper des jeunes ouvriers, qui ne pouvaient cependant pas avoir accès aux zones où des matériaux dangereux étaient manipulés, pas plus qu'aux endroits très poussiéreux. Mais il ne s'agissait que d'un petit nombre d'entreprises. La plupart des établissements dits dangereux et insalubres étaient en droit d'embaucher de jeunes ouvriers.[39]

Les branches de l'industrie concernées par les règlements relatifs à la réduction du temps de travail continuaient à résister. Les briqueteries, par exemple, ne toléraient absolument pas que les garçons âgés de douze à quatorze ans et les filles âgées de quatorze à seize ans ne puissent plus travailler que huit heures par jour – au lieu des douze heures habituelles – suite à la publication de l'A.R. du 26 décembre 1892. Sans oublier qu'elles avaient l'obligation légale de prévoir une heure de pause pour ces mêmes jeunes. Les dirigeants d'entreprise prétendaient qu'ils ne parviendraient jamais à produire assez de briques de cette façon, notamment parce que les briqueteries ne pouvaient fonctionner que par temps sec et chaud.

Le ministre De Bruyn calma les esprits en rehaussant temporairement le nombre d'heures de travail. L'A.R. du 1er mai 1894 autorisa ainsi à nouveau les jeunes garçons de douze à quatorze ans et les jeunes filles de quatorze à seize ans à travailler douze heures par jour, à condition que les entrepreneurs prévoient suffisamment de pauses. La présence des enfants à l'usine ne pouvait plus dépasser treize heures et demie. Le temps de travail repassa toutefois à huit heures par jour après septembre 1894. C'est à peu près au même moment que le ministre De Bruyn soumit le problème au Conseil supérieur d'hygiène publique. D'autant plus que les entrepreneurs proposaient de compenser la réduction du temps de travail par le recours au double moule à briques, que certaines briqueteries utilisaient déjà. Mais le Conseil interdit résolument la manipulation du double moule à briques par les femmes et les enfants.

Dans un rapport daté du 31 mai 1894, le Conseil avait calculé la pénibilité du travail dans les briqueteries. Une briqueterie moyenne produisait quotidiennement quelque 3 000 à 3 600 briques. Une fois que le briquetier avait rempli d'argile le moule en bois et l'avait lissé, les « porteurs » – généralement des femmes et des enfants – transféraient les moules au séchoir, environ six mètres plus loin. À cet endroit, l'argile était démoulée et mise à sécher au soleil. Cela signifiait que, sur une journée de douze heures, un enfant

[39] CSHP, *Rapports*, 1893, 238-243.

Cette photo d'une briqueterie de la région du Rupel montre clairement les moules en bois utilisés pour la fabrication des briques. Le Conseil supérieur d'hygiène publique condamna fermement l'usage des doubles moules, jugés trop lourds pour les enfants.

parcourait au moins dix-huit kilomètres avec une brique de deux kilos dans les mains. L'utilisation de doubles moules à briques eût rendu le travail des enfants et des jeunes ouvriers inhumain. En effet, ces moules en fer pesaient, une fois remplis, entre sept et sept kilos et demi. Un poids jugé excessif par le Conseil et ce, même si l'enfant ne travaillait que huit heures par jour comme les briqueteries l'avaient proposé en signe de bonne volonté. Le Conseil recommanda dès lors d'interdire le travail des enfants de moins de quatorze ans dans les briqueteries recourant aux doubles moules.[40] Dorénavant, les briqueteries devraient de préférence travailler avec trois porteurs par table (au lieu de deux) et ce, jusqu'à ce que ceux-ci aient atteint l'âge de seize ans. C'était possible financièrement. Si le patron payait le porteur supplémentaire un franc et demi par jour, le surcoût se limitait en effet à dix centimes pour mille briques.[41]

Les ateliers de fourrure se plaignaient, eux aussi, de ce que la loi leur interdisait d'occuper au traitement des peaux de lièvres et de lapins les garçons avant l'âge de seize ans et les filles avant l'âge de vingt et un ans. En 1900, plusieurs industriels contactèrent le ministre de l'Industrie et du Travail, Surmont de Volsberghe, car elles éprouvaient des difficultés à recruter du personnel. Les parents ne pouvaient pas attendre que leurs enfants soient suffisamment âgés pour travailler dans un atelier de fourrure et les envoyaient dans d'autres usines. Il ne faut pas oublier que les salaires des enfants étaient indispensables à la subsistance de la famille. Et une fois que les enfants avaient appris un métier, ils n'en changeaient plus facilement. Les fourreurs rencontreraient donc encore plus de problèmes, à long terme, pour trouver du personnel qualifié. Un fourreur de Maldegem avait ainsi vu son personnel chuter de 140 à 68 ouvriers en quelques années et craignait un déclin de l'industrie de la fourrure si l'État n'intervenait pas. Les industriels demandaient à pouvoir embaucher des jeunes de quatorze ans pour nettoyer et couper les fourrures à raison de cinq heures par jour. Le ministre fit appel au Conseil supérieur d'hygiène publique pour examiner sur place dans quelle mesure ce travail

[40] CSHP, *Rapports*, 31/05/1894, 293-295.
[41] CSHP, *Rapports*, 31/01/1895, 5-8.

La loi de 1889 sur le travail des enfants s'appliquait exclusivement à l'industrie, ce qui déclencha de vives critiques. L'artisanat et l'agriculture, pourtant principaux secteurs d'exploitation des enfants, demeuraient ainsi hors d'atteinte.

pouvait être dangereux pour les jeunes. Bien que le brossage et la découpe des fourrures ne se déroulent jamais parfaitement sans poussières, le Conseil décida malgré tout d'autoriser le travail des jeunes à partir de l'âge de quatorze ans. Les fabricants devaient toutefois prendre les mesures nécessaires pour faire travailler les enfants le plus loin possible des poussières, et devaient prévoir des ateliers distincts pour le traitement des peaux au mercure.[42]

À l'évidence, le Conseil supérieur d'hygiène publique a sérieusement tenu compte des intérêts économiques en formulant ses avis relatifs au temps de travail et à l'âge minimum des ouvriers. Le préjudice ne devait pas être trop important pour les entrepreneurs. Cependant, l'indulgence du Conseil n'était pas seulement guidée par des motifs économiques, elle était aussi marquée d'une pointe de moralité. En fait, le Conseil souhaitait insérer les jeunes dans le monde du travail avant qu'ils aient perdu leur « innocence d'enfant ». Sa conviction était qu'il était préférable de voir les enfants travailler dans une entreprise insalubre plutôt qu'exposés aux « dangers de la rue » ou aux laborieuses tâches de la maison. Car de nombreux enfants devaient travailler plus dur à la maison qu'à l'usine; dans ce dernier lieu au moins, leurs tâches ne dépassaient pas leurs limites physiques. Le Conseil avait encore plus en horreur les jeunes qui ne travaillaient pas du tout et partageait pleinement l'avis de la commission médicale de la province d'Anvers, selon lequel les enfants sans occupation ne faisaient que causer des problèmes. Les parents ne s'occupaient généralement que très peu de leurs enfants, qui trompaient leur ennui en sévissant dans les rues. Le travail à l'usine ne laissait pas le temps aux jeunes de devenir des brigands. Les filles aussi devaient être mises au travail assez tôt. Pour leur part, c'était leur moralité qui était en jeu. Selon le Conseil, les filles sans travail écumaient les cafés et les bals, avant d'échouer dans le milieu de la prostitution. L'économie n'était pas la seule à bénéficier du travail des jeunes. Cette habitude offrait aussi les meilleures garanties pour ne pas sortir du droit chemin.[43]

[42] CSHP, *Rapports*, 14 et 29/01/1903, 228-235.
[43] CSHP, *Rapports*, 1893, p. 243.

Dans le secteur agricole également, les enfants effectuaient de landes tâches sans aucune restriction.

1.3.4. Le repos dominical

La plupart des ouvriers d'usine bénéficiaient d'un jour de congé hebdomadaire, le dimanche, ou travaillaient en équipes un dimanche sur deux. Souvent, les entreprises mettaient le dimanche à profit pour les travaux de réparation et le nettoyage. Près de 60 % des entreprises fonctionnant le dimanche y occupaient moins de 5 % de leur personnel. Il en allait différemment dans les mines. Les travailleurs étaient sur la brèche tous les dimanches dans 58 % des exploitations minières. Et en 1896, 26 % seulement des mines ne travaillaient jamais le dimanche. Les cokeries tournaient en effet à « feu continu » et ne pouvaient donc en aucun cas s'arrêter le dimanche. Le repos dominical en vigueur dans l'industrie contrastait vivement avec les pratiques du secteur marchand. Plus de 85 % des entreprises travaillaient régulièrement le dimanche, et cela concernait l'ensemble du personnel. 12 % Seulement des entreprises commerciales ne connaissaient pas le travail dominical. Tous les dimanches, 80 % des employés devaient être présents. Il était donc rare qu'ils puissent prétendre à un jour de repos. Le système de roulement et de travail en équipes souvent utilisé dans l'industrie était extrêmement rare dans le secteur marchand.[44] Ceux qui travaillaient dans l'artisanat à domicile ou à la campagne travaillaient eux aussi le plus souvent le dimanche.

Les choses changèrent le 14 avril 1905, lorsque le Parlement vota la loi sur le repos dominical. Hormis les parents et les domestiques vivant sous le même toit, plus personne ne pouvait travailler le dimanche. Quelques exceptions étaient tolérées en cas de nécessité pour garantir le bon fonctionnement de l'entreprise ou pour prévenir tout dégât.[45] La loi du 17 juillet 1905 apporta quelques précisions. En cas de force majeure, un industriel pouvait ainsi faire appel à son personnel pour effectuer des travaux urgents, surveiller les locaux ou réaliser des travaux d'entretien et de réparation. Dans les secteurs où l'on travaillait en continu, comme l'industrie alimentaire, les journaux et

[44] Willems, « De lijdensweg van een rustdag », 1-2.
[45] De Neve, *Kinderarbeid te Gent*, 45.

Le repos dominical : un droit chèrement acquis

La loi relative au repos dominical (1905) fut votée grâce à une alliance inhabituelle entre socialistes et démocrates-chrétiens. Le gouvernement catholique dirigé par Paul de Smet de Naeyer (1899-1907) menait une politique strictement conservatrice. Mais l'instauration du suffrage universel tempéré par le vote plural, en 1893, mit le cabinet sous la pression d'une forte opposition composée des libéraux, des socialistes et de la mouvance démocrate-chrétienne en pleine expansion au sein même du parti catholique. Les défenseurs du repos dominical – qu'ils soient socialistes ou catholiques progressistes – insistaient principalement sur le caractère social du projet de loi, rejetant en bloc les critiques des libéraux quant à l'inspiration religieuse de la proposition et à la menace qu'elle constituait pour la liberté individuelle. Il fallut plus de dix années de débats animés et de discours passionnés avant que la loi ne fût votée. De Smet de Naeyer, pourtant figure de proue catholique et chef de file du gouvernement, se distancia du point de vue catholique et s'abstint de voter en protestation aux importants dommages qui seraient portés aux intérêts industriels.[1]

[1] Willems, «De lijdensweg van een rustdag», 73-118.

les transports, les ouvriers et les employés pouvaient travailler treize jours sur quatorze ou six jours et demi sur sept. Et ce jour de repos ne devait pas nécessairement tomber un dimanche dans le but de garantir la flexibilité nécessaire à l'entreprise. Seul le Roi pouvait déroger à la loi, à la demande du ministre compétent. Mais il ne le faisait jamais sans d'abord s'enquérir d'un avis éclairé. Le Conseil supérieur d'hygiène publique se penchait régulièrement sur des dossiers de ce type. Pour chaque dossier, il disposait de deux mois pour formuler une réponse, un délai jugé beaucoup trop court par le Conseil pour pouvoir mener une enquête minutieuse.[46] Les premières années qui suivirent la promulgation de la loi, le Conseil supérieur d'hygiène publique fut noyé sous les demandes de dérogations. Le Conseil eut beau déplorer le manque de temps, le gouvernement ne prit pas la moindre mesure pour y remédier.

Le Conseil n'émettait jamais un avis relatif à une seule personne ou à une seule entreprise. Les avis formulés s'appliquaient toujours à l'ensemble du secteur ou, au minimum, aux entreprises actives dans la même région. Lorsque, par exemple, quatre photographes introduisirent une requête individuelle afin de pouvoir travailler le dimanche – car leurs clients préféraient poser ce jour-là plutôt qu'un autre – le Conseil formula un avis général autorisant tous les photographes à travailler le dimanche. Lorsqu'un magasin de Mons demanda l'autorisation d'ouvrir ses portes le dimanche d'un cortège carnavalesque, tous les magasins de la ville eurent le droit de travailler le jour en question. Il était une autre condition à laquelle le Conseil supérieur d'hygiène publique ne dérogeait jamais : les ouvriers devaient consentir à travailler le dimanche. Leurs plaintes recevaient toujours une écoute attentive.

Le Conseil suivait la législation assez rigoureusement. Il avait ainsi été décidé que les coiffeurs ne pouvaient travailler que le dimanche matin, de huit heures à midi. Une décision sur laquelle le Conseil ne revint jamais en dépit des nombreuses demandes.

[46] Le Conseil faisait partie d'un collège chargé d'étudier les demandes. Les Conseils de l'Industrie et du Travail, les Députations permanentes des provinces, les Conseils provinciaux et le Conseil supérieur du travail siégeaient eux aussi au sein de ce collège.

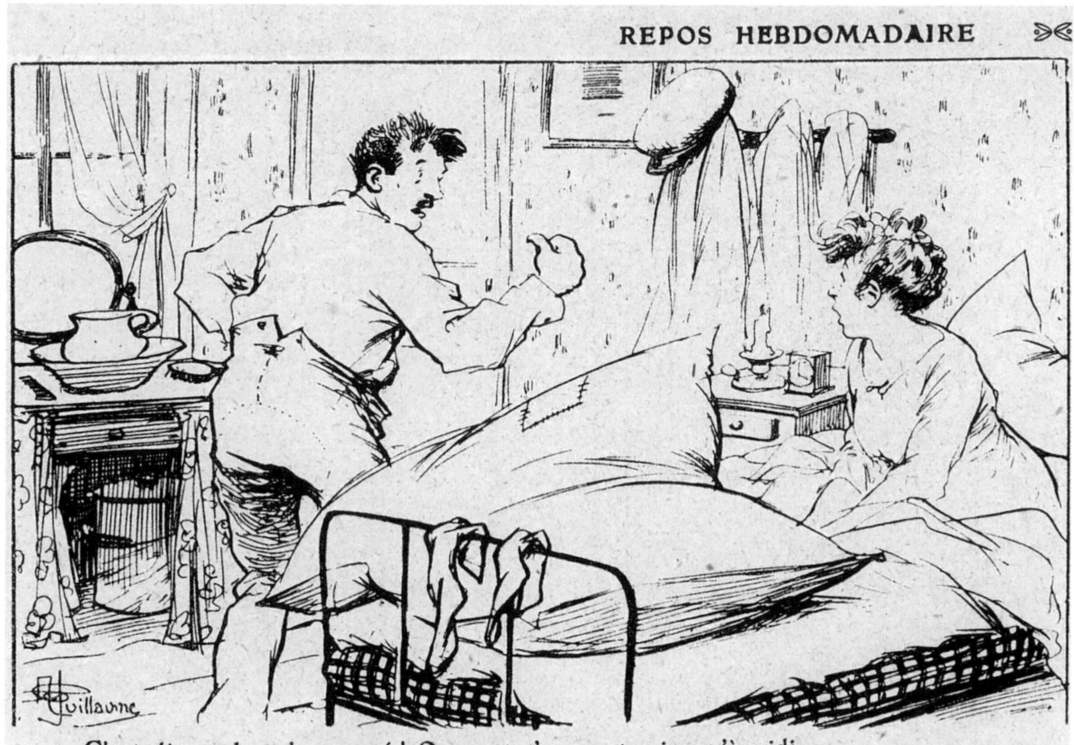

Dans cette caricature de 1908, A. Guillaume tourne la lutte sociale en dérision. L'instauration du repos dominical obligatoire en 1905 fut l'une des premières lois sociales.

Il accéda par contre à la requête d'une compagnie d'assurance, qui souhaitait aussi pouvoir travailler le dimanche. En effet, le Conseil trouvait logique que les vols ou autres sinistres puissent être constatés au plus vite. Mais pour ce faire, les bureaux ne devaient pas forcément être ouverts, nuança le Conseil. La compagnie reçut donc une réponse partiellement positive à sa requête. Les dérogations se limitaient en outre à six dimanches par an. Les magasins situés sur la côte et les entreprises saisonnières étaient toujours demandeurs d'une extension du nombre de dimanches ouvrés. Mais ils se heurtaient toujours au même refus.[47]

Malgré la difficulté avec laquelle elle avait été votée[48], la loi relative au repos dominical était plutôt bien acceptée. Un grand nombre d'entreprises industrielles avaient encore réduit davantage le travail dominical en instaurant un système de roulement, un concept fortement encouragé par le Conseil supérieur d'hygiène publique.[49] Mais la loi passait moins bien dans les entreprises commerciales. Les grands magasins des villes enregistraient une perte de bénéfice pouvant atteindre 20 %, une perte qui s'expliquait par le fait que la population rurale – qui venait autrefois faire ses courses en ville le dimanche – se tournait désormais vers d'autres solutions, au détriment des grands magasins de la ville. De plus en plus souvent, elle faisait ses achats dans de petits commerces exploités par une même famille, qui avaient donc le droit d'ouvrir le dimanche. En 1920, les plaintes ne s'étaient pas encore tues et les fédérations patronales exigèrent que tous les magasins soient contraints de fermer le dimanche pour contrer toute éventuelle hausse des prix. Une fois de plus, le Conseil n'accéda pas à leur demande.[50]

[47] CSHP, *Rapports*, 4/10/1906, 153-168 ; 25/10/1906, 191-197 ; 7/02/1907, 317-319 ; 1908-1909, 24.
[48] Pour en savoir plus sur la genèse de la loi relative au repos dominical, voir Willems, « De lijdensweg van een rustdag ».
[49] CSHP, *Rapports*, 25/10/1906, 191-197.
[50] Willems, « De lijdensweg van een rustdag », 104. CSHP, *Rapports*, 14/06/1920, 114-116.

2. Le progrès scientifique au profit d'une politique de santé plus globale

La théorie des microbes de Louis Pasteur fut sans conteste l'une des plus grandes découvertes de l'histoire de la médecine.

Jusque dans les années 1880, les médecins étaient convaincus que les maladies se développaient et se propageaient par la mauvaise qualité de l'air et les miasmes. Ce n'est qu'à cette époque que les scientifiques purent identifier la véritable cause des maladies contagieuses : les bactéries. La théorie développée par le chimiste et biologiste français Louis Pasteur (1822-1895) révéla que de nombreuses pathologies étaient causées par un minuscule être vivant, un « micro-organisme ». Sa théorie des microbes constitue l'une des découvertes les plus importantes de l'histoire de la médecine. Mais c'est son concurrent, l'Allemand Robert Koch (1843-1910), qui parvint à colorer et à photographier les microbes pour la première fois. La découverte du bacille de la tuberculose (1882) et du bacille du choléra (1883) permit à Koch de prouver le rôle causal joué par les bactéries dans les maladies contagieuses. Au début, un très grand nombre de médecins de l'ancienne génération balayèrent les révélations bactériologiques de Koch et de Pasteur d'un revers de la main. Mais très vite, il apparut que la bactériologie signait la naissance d'une nouvelle discipline scientifique dont on pouvait difficilement négliger l'importance. Si jusqu'alors les médecins et l'État établissaient bien un lien entre pauvreté et maladie, ils ne disposaient pas des connaissances nécessaires pour pouvoir mener une véritable politique de prévention. Les nouvelles découvertes ouvrirent des perspectives pour l'hygiène publique ainsi que pour la prévention et le traitement des maladies infectieuses. La bactériologie exerça également une profonde influence sur le travail du Conseil supérieur d'hygiène publique.[51]

Robert Koch apporta la preuve que la tuberculose et le choléra étaient provoqués par deux bactéries différentes. La science n'était plus impuissante face à ces maladies, responsables alors d'innombrables victimes.

[51] Velle, *Lichaam en Hygiëne*, 56. Van Hee, *Heelkunde in Vlaanderen door de eeuwen heen*, 204.

« Séance à la Chambre. »

2.1. L'apologie de l'hygiène

2.1.1. L'hygiène personnelle (1890-1916)

À présent que l'importance d'une bonne hygiène pour la prophylaxie des maladies infectieuses était scientifiquement prouvée, le Conseil supérieur d'hygiène publique entendait encadrer et soutenir les communes au mieux dans leurs campagnes sur le sujet. Il était d'avis qu'il fallait un nouveau cahier de prescriptions d'hygiène. Faisant suite à la demande du Conseil supérieur d'hygiène publique, Léon De Bruyn – alors ministre de l'Intérieur et de l'Instruction publique – organisa en 1890 un concours à cet effet. Concrètement, il s'agissait de disposer d'un guide pratique, rédigé dans un style fluide, que les communes pourraient facilement mettre en œuvre. Le cahier devait traiter non seulement de l'hygiène dans les habitations ouvrières, mais aussi de l'hygiène au travail, de l'hygiène alimentaire, du suivi médical des pauvres, de la lutte contre les maladies, des prescriptions à suivre en matière d'enterrement et de l'hygiène personnelle.[52]

L'immense majorité de la population de la fin du 19e siècle restait mal lotie en matière d'hygiène personnelle. Dans les villes, les quartiers ouvriers manquaient d'eau propre. Se laver régulièrement, se couper les ongles, se laver les cheveux ou se brosser les dents ne faisaient pas partie des habitudes. Les puces et autres parasites provoquaient des maladies telles que la pelade et la gale. Les chemises de nuit étaient inconnues avant 1920. Les croyances populaires, l'analphabétisme et le faible niveau de vie se dressaient comme autant d'obstacles au renforcement de l'hygiène dans la vie quotidienne du 19e siècle. La situation socio-économique plus favorable et l'évolution technique viendront très lentement améliorer les choses durant le dernier quart du 19e siècle. L'amélioration du système de distribution d'eau facilita l'hygiène, et le prix du savon et des articles de toilettes – longtemps considérés comme des produits de luxe – partit à la baisse.[53]

[52] CSHP, *Rapports*, 10/10/1889, 367 et 30/01/1890, 1-3.

[53] Velle, *Lichaam en hygiëne*, 230-231.

Il fallut attendre la fin du 19e siècle pour voir le prix du savon diminuer jusqu'à devenir abordable pour les catégories professionnelles inférieures.

Bains publics, douches et bassins de natation

L'eau courante restait néanmoins à l'état de rêve lointain pour la classe ouvrière et la classe moyenne. Le Conseil supérieur d'hygiène publique connaissait le problème. Non seulement il fallait beaucoup d'effort et de temps pour acheminer et chauffer l'eau, mais l'exiguïté des maisons n'offrait en outre pas l'intimité nécessaire pour prendre un bain. Le Conseil n'en continuait pas moins d'insister sur l'impérieuse nécessité d'une toilette minutieuse régulière dans le cadre d'une bonne hygiène personnelle, y compris celle des ouvriers. Car un corps propre appelait aussi une maison propre. Selon le Conseil supérieur d'hygiène publique, un bain régulier débouchait indirectement sur l'entretien correct de son logement.

Dès 1900, le Conseil se mit à promouvoir ardemment la construction de bains publics communaux auprès du pouvoir central. Dans un rapport daté du 26 avril 1900, le Conseil soulignait par exemple que les familles qui ne disposaient pas de l'eau courante devaient, comme les autres, avoir la possibilité de se laver. Le Conseil privilégiait les douches, qui consommaient moins d'eau et étaient donc plus avantageuses. La douche était en outre plus hygiénique du fait que l'eau souillée s'évacuait immédiatement et qu'elle permettait une utilisation généreuse du savon. Les frais d'installation étaient également moins élevés pour une douche que pour une baignoire. Au tournant du siècle,

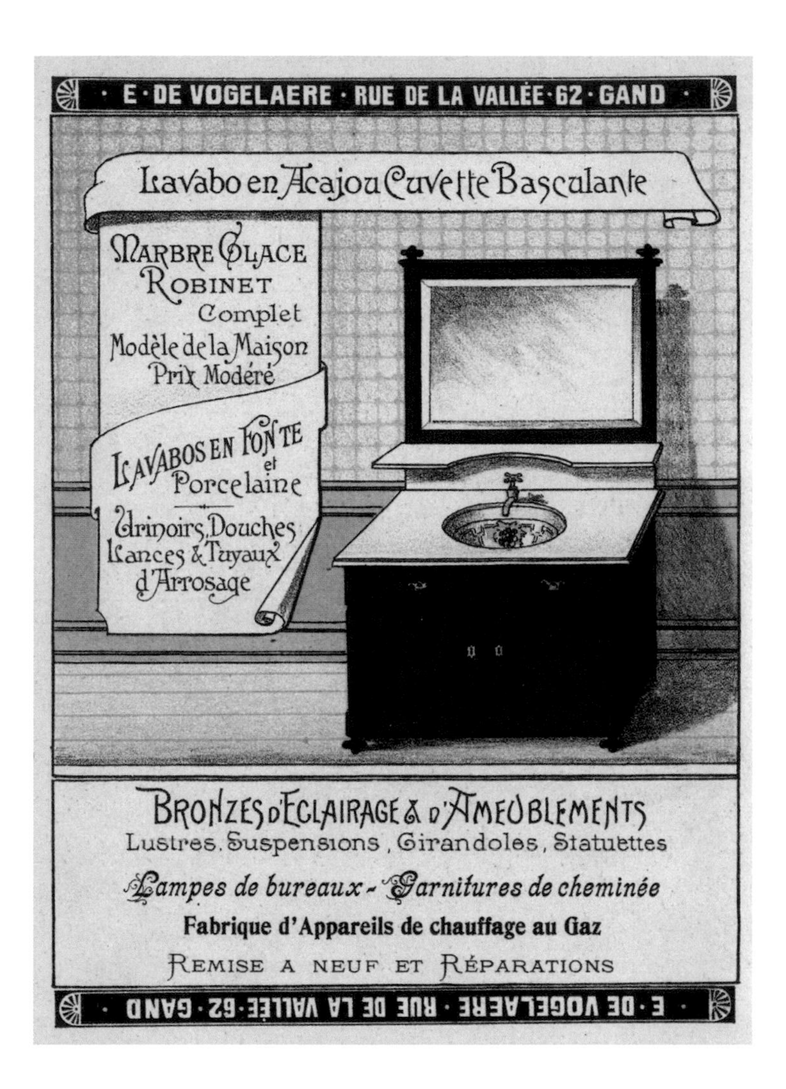

Cette luxueuse salle de bains était accessible uniquement à ceux qui disposaient des moyens nécessaires et qui habitaient une maison raccordée au réseau de distribution d'eau.

le prix de l'entrée aux bains publics était encore relativement élevé pour l'homme de la rue. Les établissements de bains remportaient surtout du succès parmi la classe moyenne. Les ouvriers fréquentaient davantage les bassins de natation, moins onéreux, aménagés sur le bord des rivières ou des canaux.[54]

La ville de Liège constituait l'exception à la règle. La cité ardente disposait de trois complexes équipés de douches, de bains et de bains de vapeur. Deux de ces trois établissements appliquaient un système de classes. Selon la classe dont on faisait partie, le bain était fixé à 25, 50 ou 60 centimes. Venait encore s'y ajouter l'école de natation de la Meuse, où les visiteurs pouvaient plonger pour cinq centimes seulement, et même gratuitement à certains moments. Et comme les nageurs devaient se doucher avant de nager, chaque visite contribuait à leur hygiène.

Le Conseil s'opposait néanmoins farouchement à assimiler bassins de natation et établissements de bains. En effet, un trop grand nombre de communes pensaient que l'aménagement d'écoles de natation sur les rives d'une rivière ou d'un canal les libérait de leur obligation de prévoir des infrastructures destinées à la bonne hygiène personnelle de leurs habitants. Le Conseil soulignait que ces bassins de natation en plein air ne pouvaient être utilisés qu'une partie de l'année, et qu'ils étaient en outre difficilement accessibles aux jeunes enfants et aux personnes âgées. Mieux encore, il pouvait être

[54] Velle, *Lichaam en hygiëne.*

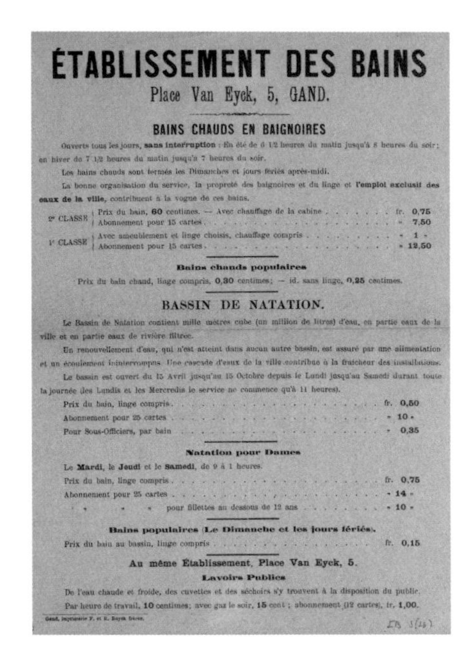

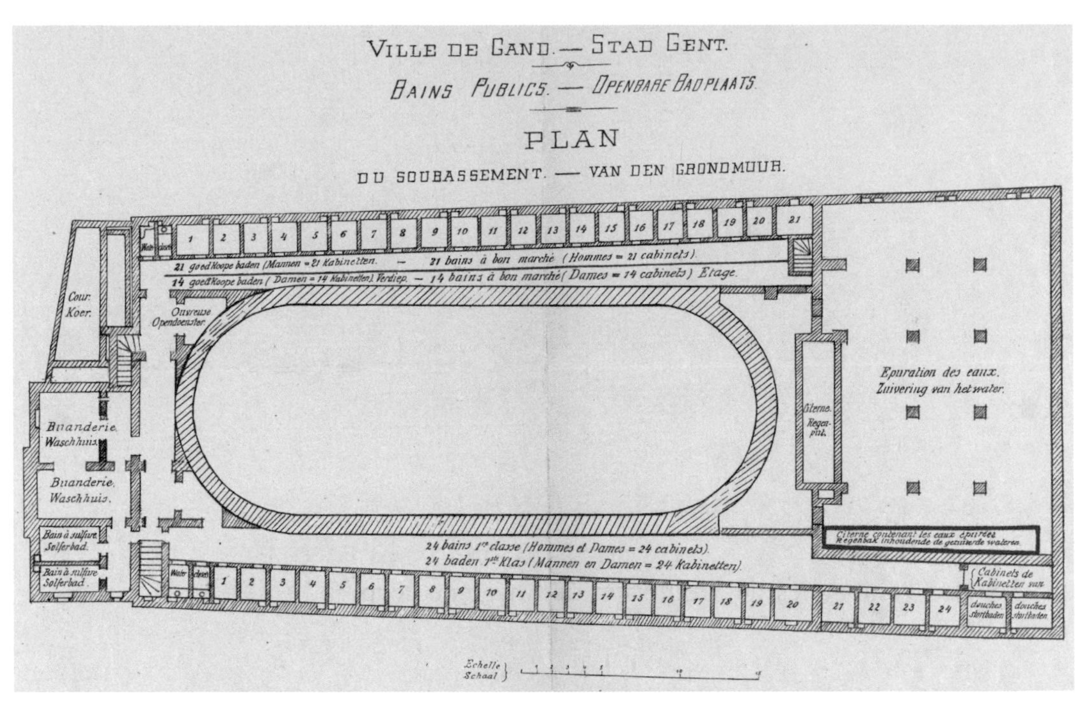

La piscine Van Eyck de Gand est le plus vieil établissement de bains (1886) toujours en activité et équipé de baignoires et de douches. D'après le plan et les annonces publicitaires, l'établissement s'adressait aux classes moyenne et ouvrière.

dangereux de se baigner dans un canal ou une rivière. Tous – jeunes et vieux, femmes et hommes – devaient pouvoir se laver au moins une fois par semaine. Indépendamment de l'aspect sportif, le Conseil ne négligeait cependant pas l'avantage des bassins de natation en plein air. Pour beaucoup, le bain ou la douche était encore une contrainte plutôt qu'un plaisir. En l'associant à une activité ludique telle que la natation, le bain rentrait plus facilement dans les mœurs.

Selon le Conseil, la ville de Termonde l'avait parfaitement compris. Elle avait doté son bassin de natation de douches obligatoires, habituant ainsi les enfants scolarisés et les ouvriers d'usine à l'idée de se laver. Cette solution n'était malheureusement pas réalisable dans les grandes villes, en raison du trop grand nombre de quartiers où il aurait fallu aménager des bains publics. Le Conseil était intimement convaincu du fait que les communes devaient consentir davantage d'efforts pour proposer des bains publics bon marché et espérait que l'État et les provinces dégageraient des subsides pour ce faire.[55] Dans la foulée du rapport du 26 avril, le ministre de l'Agriculture Van Der Bruggen, qui détenait aussi la compétence de la Santé publique, donna ordre aux commissions médicales provinciales, dans une circulaire datée du 27 juin 1900, de recenser tous les bains publics de Belgique. Le ministre désirait également connaître les usines qui mettaient des douches à la disposition de leurs ouvriers.[56]

Le Conseil supérieur d'hygiène publique plaidait aussi pour l'installation de douches gratuites dans les mines de charbon, dans les usines où les ouvriers réalisaient des travaux salissants et dans les grandes écoles.[57] Les rapports ultérieurs du Conseil indiquent que cet appel a été entendu. En 1916, le nombre de mineurs qui prenaient une douche quotidienne avait considérablement augmenté. À Liège, par exemple, presque toutes les mines disposaient de douches, à raison d'une pour dix ouvriers. Sur les 29 155 ouvriers qui y travaillaient, 23 813 (81,1 %) prenaient chaque jour une douche avant de rentrer à la maison. Seule une petite minorité continuait obstinément à refuser de se laver au travail.[58] Pour le Conseil, l'objectif restait d'atteindre la totalité de la population.

[55] CSHP, *Rapports*, 26/04/1900, 23-36.
[56] *Bulletin spécial du Service de Santé et de l'hygiène publique*, 1900, 111-112.
[57] CSHP, *Rapports*, 26/04/1900, 23-36.
[58] Entre autres : CSHP, *Rapports*, 25/07/1901, 253-364, 1906-1907, 267, 9/11/1916, 108-166.

DE STADSZWEMKOM « STROP » zal toegankelijk zijn voor het publiek te rekenen van **14n Juni** voor Heeren; te rekenen van **1ste Juli 1901** voor Dames. Dagelijks van **7 tot 12** 1/2 u. en van **2** tot **8** u.

Badprijs, stortbad en lijnwaad inbegrepen : Den Zondag, Maandag, Woensdag, Vrijdag en Zaterdag fr. 0.**15** ; den Dinsdag en Donderdag fr. 0.**50**.

Voorbehouden uitsluitelijk voor Dames : 's morgens den Maan- Dins- en Donderdag.

LE BASSIN COMMUNAL DU « STROP » sera ouvert au public à partir du **14 Juin** pour Messieurs; à partir du **1r Juillet 1901** pour Dames. Tous les jours de **7** à **12** 1/2 et de **2** à **8** heures.

Prix du bain, douche et linge compris : les Dimanche, Lundi, Mercredi. Vendredi et Samedi fr. 0.**15**; les Mardi et Jeudi fr. 0.**50**.

Exclusivement réservé aux Dames les matins des Lundi, Mardi et Jeudi.

IB 3 (28)

Le plaisir de nager en plein air favorisa l'introduction du bain régulier, considéré comme moins agréable. La piscine Strop de Gand en est un bon exemple.

Dans ses campagnes de promotion de l'hygiène corporelle, le Conseil avait bien conscience que la seule façon d'obtenir un succès durable était d'y lier une forme d'éducation populaire. La population devait comprendre l'utilité de l'hygiène. Selon le Conseil, de bons résultats pouvaient être atteints à terme si les bonnes habitudes étaient inculquées dès le plus jeune âge. Le Conseil recommanda dès lors à plusieurs reprises au gouvernement d'inclure l'éducation à l'hygiène dans le programme scolaire.[59] Les cours d'hygiène devinrent ainsi une matière obligatoire dès septembre 1895. En primaire, les cours étaient très orientés sur la pratique. L'instituteur insistait essentiellement sur la mentalité générale en matière d'hygiène et sur le sens des responsabilités des enfants. Dans l'enseignement secondaire, les cours se concentraient davantage sur les problèmes biologiques, physiques et géographiques, ainsi que sur divers thèmes liés à la nutrition et à la cinétique.[60] Les excursions et les classes de plein air étaient mises à profit par les établissements scolaires pour tenter de faire bouger les jeunes. La prise de conscience sanitaire atteint, surtout après 1900, des couches de plus en plus larges de la population. Les campagnes bénéficiaient du soutien d'organismes sociaux, de mutualités et du mouvement féministe. Ainsi étaient posés les premiers jalons de la culture physique.[61]

2.1.2. Les techniques de désinfection dans les hôpitaux

Les avancées de la bactériologie eurent également des conséquences énormes sur l'hygiène hospitalière. Si les plaies et les opérations occasionnaient autrefois de fréquentes septicémies fatales, ces dernières pouvaient à présent être prévenues par l'application de la méthode antiseptique développée par le chirurgien anglais Joseph Lister (1827-1912). Lister utilisait du phénol pour éliminer les bactéries présentes sur les plaies, sur les instruments et dans l'air. Après 1890, les hôpitaux optèrent pour la stérilisation à la vapeur d'eau chaude au lieu de la pulvérisation de phénol.[62] Cet environnement chaud et humide éliminait rapidement les bactéries. Les étuves de désinfection à vapeur utilisées pour ce faire se perfectionnèrent d'ailleurs progressivement.

Régulièrement, le Conseil supérieur d'hygiène publique recommandait des nouvelles étuves ou des modèles améliorés, tandis que le pouvoir central insistait sur l'importance de ces machines. Les nouveaux modèles étaient testés en termes d'efficacité et le Conseil donnait – si nécessaire – des précisions sur la manière d'utiliser les étuves de

[59] Entre autres : CSHP, *Rapports*, 27/08/1891, 120 ; 30/11/1894, 117.
[60] Velle, *Lichaam en hygiëne*, 190.
[61] Isabelle Devos, « Algemene ontwikkeling. Ziekte : een harde realiteit », 127.
[62] Fondation Jan Palfyn, *Museum voor geschiedenis der geneeskunde*, 40.

Un nombre sans cesse croissant de mines de charbon installèrent des douches afin que les ouvriers puissent se laver après une dure journée de labeur.

désinfection. Ces dernières ne servaient pas seulement à la stérilisation des instruments chirurgicaux, elles étaient aussi très utiles pour la désinfection des vêtements et des draps en temps d'épidémie. Ces étuves souffraient cependant d'un inconvénient majeur: elles étaient très coûteuses. Seuls quelques grands hôpitaux pouvaient acquérir les machines les plus modernes. Moins efficaces, mais aussi moins chers, les anciens appareils (atomiseurs, pulvérisateurs) fonctionnaient au formaldéhyde. La plupart du temps, le Conseil supérieur d'hygiène publique se montrait toutefois critique à l'égard des équipements de désinfection bon marché et recommandait toujours l'acquisition de matériel plus coûteux. Malheureusement, la Belgique dépendait entièrement de l'étranger pour les étuves de désinfection. Le Conseil constatait – et trouvait inadmissible, – que l'industrie belge fasse si peu d'efforts pour concevoir un modèle national. En 1894, le Conseil invita le gouvernement à organiser un concours visant la conception d'une étuve facile à utiliser et abordable financièrement. Les sources ne nous révèlent hélas pas les résultats du concours.[63]

[63] Velle, *Hygiëne en preventieve gezondheidszorg*, 170-172.
Entre autres: CSHP, *Rapports*, 26/06/1890, 82-84; 08/02/1894, 246-280; 30/04/1896, 32-36; 26/07/1900, 101; 27/01/1910, 7-8.

Le vaporisateur de phénol, mis au point par Joseph Lister (à gauche), éliminait les bactéries des instruments chirurgicaux, des plaies et de l'air pendant les opérations.

Plus tard, les hôpitaux introduisirent également les méthodes aseptiques. Le patient était couvert de draps stériles et le médecin portait toujours des gants pour opérer, ce qui prévenait la propagation des bactéries dans la plaie. L'extension des méthodes aseptiques et antiseptiques dans nos hôpitaux fut toutefois relativement laborieuse, en partie mais pas exclusivement en raison du coût des appareils. Les préjugés étaient également nombreux. Jusque tard dans le 20e siècle, certains chirurgiens refusaient d'enfiler des gants pour opérer parce qu'ils n'en voyaient pas l'utilité. Les concepts et applications bactériologiques étaient diffusés via la presse médicale, les formations postuniversitaires et les congrès. Les campagnes de sensibilisation s'adressèrent tour à tour aux médecins de campagne, au personnel hospitalier, aux sages-femmes et aux administrations publiques.[64]

Le Conseil supérieur d'hygiène publique soulignait régulièrement la nécessité de diffuser une information uniforme quant aux méthodes de désinfection, par le biais de conférences et de cours pratiques. Le Conseil se disait particulièrement satisfait des conférences que les commissions médicales provinciales organisaient, à sa demande, à l'attention des sages-femmes partout dans le pays. En effet, la fièvre puerpérale n'avait pas totalement disparu et certains cas étaient dus à l'ignorance ou à l'indifférence de certaines sages-femmes officiant à la campagne dans de mauvaises conditions d'hygiène. Le public ciblé par le Conseil supérieur d'hygiène publique ne se limitait pas aux sages-femmes et aux administrations communales. Il importait également que le citoyen lambda connaisse les techniques élémentaires de désinfection. Il ne faut pas oublier que les malades contagieux étaient souvent soignés à la maison, par les membres de la famille. Il était vital de leur faire prendre conscience de la dangerosité de ne pas désinfecter. Le Conseil supérieur d'hygiène publique demanda au pouvoir central d'organiser des cours pratiques dans les villages et les villes, où quelques participants triés sur le volet seraient aguerris aux techniques antiseptiques et pourraient ensuite rejoindre le service communal de désinfection. Dès l'apparition d'une maladie contagieuse, ce service entrait immédiatement en action pour, notamment, désinfecter en profondeur les chambres des malades et les fosses d'aisances. Le Conseil supérieur d'hygiène publique rédigea un programme détaillé pour ces cours pratiques.[65]

[64] Van Hee, *Heelkunde in Vlaanderen door de eeuwen heen*, 204.
[65] Entre autres : CSHP, *Rapports*, 30/10, 7 et 14/11/1888, 218 ; 23/02/1893, 21-25 ; 8/02/1894, 267-268, 271 ; 23/02/1899, 268-279.

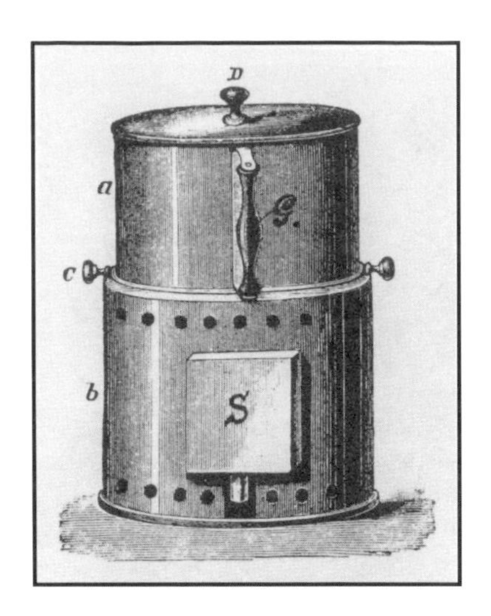

A partir de 1890, les hôpitaux utilisèrent la vapeur d'eau pour stériliser les pansements, les blouses opératoires et les instruments chirurgicaux. L'opération se déroulait dans ces onéreuses étuves de désinfection.

La route fut longue. Il fallut par exemple attendre la loi du 1er juillet 1908 pour que les méthodes de désinfection soient officiellement intégrées dans le programme d'examen des sages-femmes.[66] Le Conseil supérieur d'hygiène publique ne manqua pas de faire part de sa satisfaction face à cette évolution. Mais il n'en continua pas moins à insister pour l'organisation très régulière de conférences afin d'informer le personnel médical des nouvelles évolutions enregistrées dans les domaines de la bactériologie et des sciences.[67] L'amélioration des méthodes antiseptiques se traduisit par une forte diminution du nombre de décès dans les hôpitaux. Ce progrès entraîna aussi un changement progressif de l'attitude de la population à l'égard des hôpitaux. Alors qu'il était autrefois synonyme de mouroir, l'hôpital devint peu à peu un lieu de guérison grâce aux découvertes bactériologiques.

2.1.3. Infrastructures hospitalières : le pavillon toujours à l'honneur

Assez étonnamment, les nouveautés découlant des techniques aseptiques et antiseptiques n'entraînèrent pas de changement immédiat dans l'architecture hospitalière. Bien que l'existence de miasmes pathogènes ne fût désormais plus du tout à l'ordre du jour, l'hygiène de l'air demeura longtemps un sujet très important. Pour obtenir une ventilation parfaite, les architectes continuèrent donc, jusque dans le 20e siècle, à dessiner des bâtiments décentralisés. Cette architecture ne cadrait pourtant pas avec la spécialisation croissante de la médecine dès le dernier quart du 19e siècle, qui nécessitait de plus en plus de départements distincts et de bâtiments séparés pour accueillir les patients en fonction de leur sexe et de la nature de leur maladie. Or, les hôpitaux pavillonnaires ne comptaient pas d'étages verticaux. Il fallait donc construire de plus en plus de bâtiments pour répondre à la demande. Ces hôpitaux pavillonnaires occupaient beaucoup d'espace tout en coûtant cher à la construction.[68]

Alors que le dernier règlement relatif à la construction d'hôpitaux datait de 1884, la science avait enregistré d'énormes progrès au cours des quinze années suivantes. C'est la raison pour laquelle le Conseil rédigea un nouveau règlement en 1898, à la demande de De Bruyn, ministre de l'Agriculture, de l'Industrie et des Travaux publics et compétent également pour les matières de santé publique. Ce règlement reflétait

[66] Van Hee, *Heelkunde in Vlaanderen door de eeuwen heen*, 204.
[67] CSHP, *Rapports*, 25/11/1909, 407-409.
[68] Dehaeck en Van Hee, « Van hospitaal naar virtueel ziekenhuis ? », 20-23.

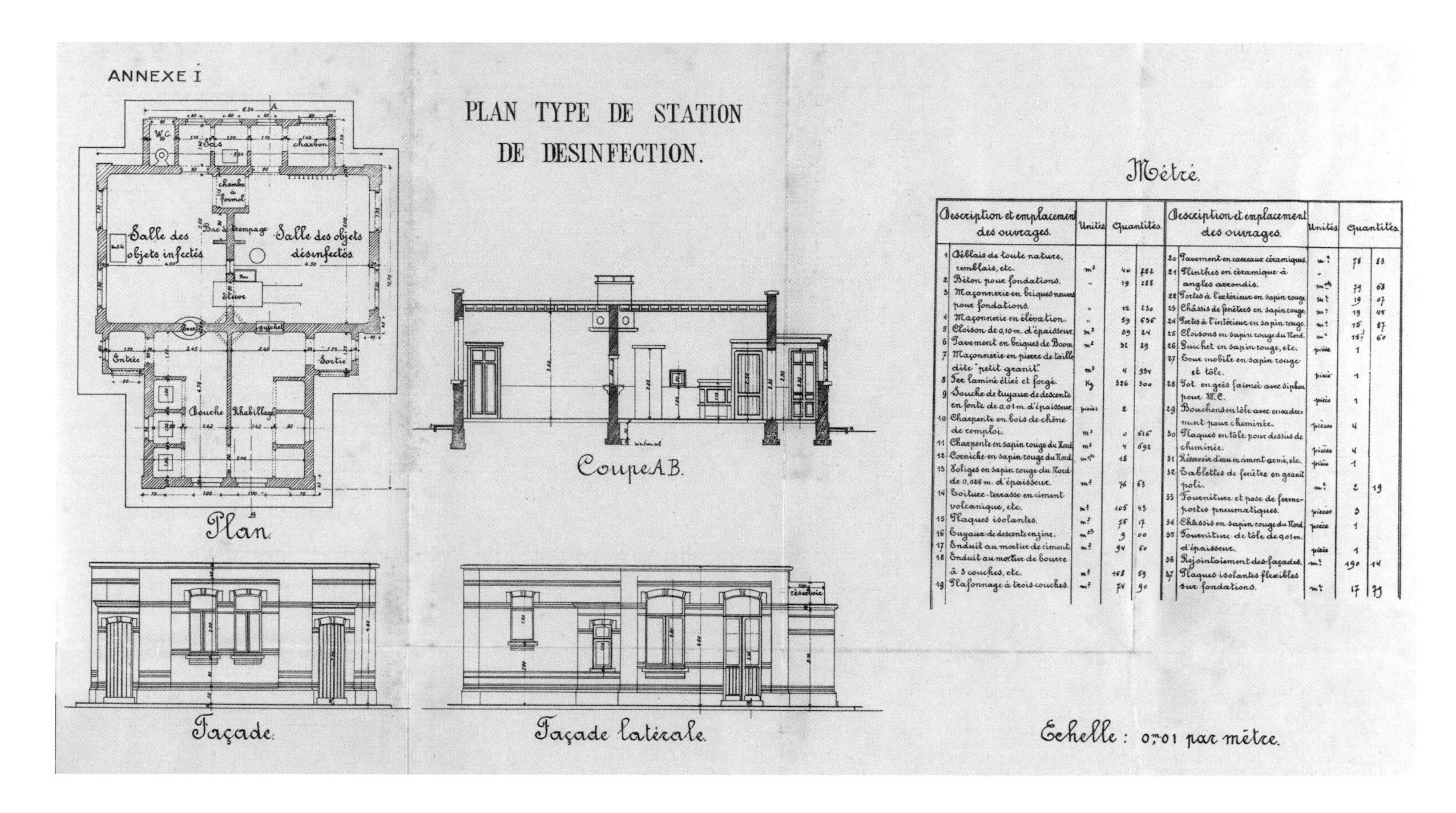

Les hôpitaux aménageaient des espaces spéciaux de désinfection pour la stérilisation du matériel. Le Conseil supérieur d'hygiène publique publia ce plan en 1912 en vue d'inspirer l'agencement de ces espaces.

parfaitement la spécialisation croissante. L'ancien règlement ne prévoyait qu'une séparation stricte entre hommes, femmes et malades contagieux. Le nouveau y ajouta des zones séparées pour les enfants, les malades contagieux, les patients syphilitiques, les tuberculeux, les femmes qui devaient accoucher et les malades mentaux. La maternité, la morgue et l'accueil des enfants abandonnés ne pouvaient pas être reliés à l'hôpital, mais se trouvaient néanmoins à proximité. Des espaces étaient en outre prévus pour les recherches bactériologiques et pour les étuves de désinfection. Les salles d'opération s'étaient considérablement agrandies. C'est que la chirurgie avait connu d'importants développements. Tous ces services et départements nécessitaient une importante surface (bâtie) ou sein de l'hôpital pavillonnaire. Pourtant, le Conseil supérieur d'hygiène publique restait un fervent adepte de la construction pavillonnaire, convaincu de sa supériorité en termes de ventilation et d'éclairage.[69]

2.2. Un combat plus efficace contre les maladies infectieuses

2.2.1. Le choléra (1892)

La lutte contre les maladies infectieuses prit une toute autre dimension avec les connaissances acquises grâce aux découvertes de Pasteur et de Koch. Le Conseil supérieur d'hygiène publique était enfin à même de prendre des mesures efficaces face à une épidémie. Ce fut le cas pour la première fois durant l'été 1892, lorsque la Belgique connut une nouvelle épidémie de choléra. La redoutable maladie débarqua au port d'Anvers, relayée par quelques marins du Saint-Paul, battant pavillon français, et du Nerissa en

[69] CSHP, *Rapports*, 24/11/1898, 213-233.

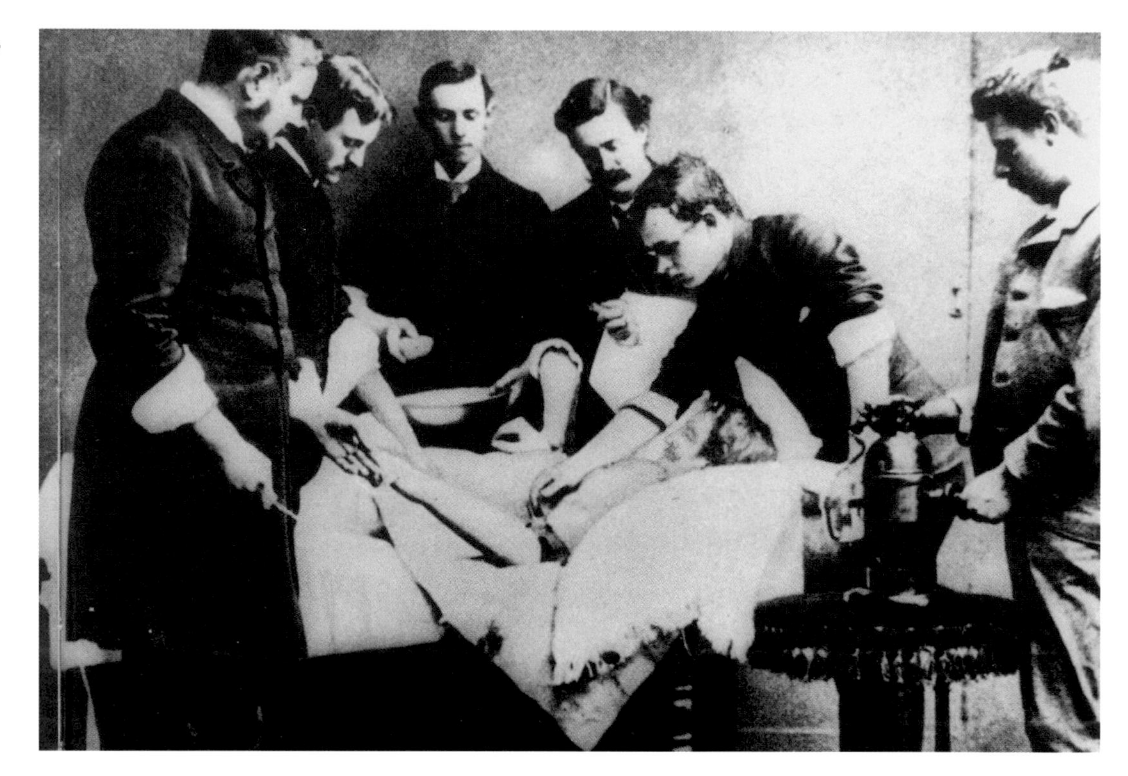

Sur ce cliché datant du début du 20e siècle, les chirurgiens ne portaient pas de gants durant les opérations. Le port de gants en caoutchouc fut recommandé à partir de 1892. Certains chirurgiens refusèrent toutefois de les utiliser jusque tard au 20e siècle.

provenance d'Hambourg. La maladie fut signalée sur les deux navires le 15 août, après quoi elle se répandit rapidement à d'autres régions du pays. En juillet 1892 – alors que le choléra sévissait en Asie – le Conseil supérieur d'hygiène publique s'était déjà réuni pour déterminer les mesures de précaution et les prescriptions à suivre lorsque la maladie atteindrait la Belgique.

Les vieilles habitudes

Bien que le bacille du choléra fût connu pour être à l'origine de la maladie, il était difficile – y compris pour les membres du Conseil supérieur d'hygiène publique – de se défaire de certaines habitudes et idées tenaces, aussi inutiles fussent-elles. Les rapports de juillet 1892, qui formulaient les directives concrètes pour stopper le choléra, contenaient encore quelques conseils très peu, voire pas du tout en rapport avec la cause identifiée. Ils invitaient ainsi toujours à ne pas avoir peur, car la peur augmentait la sensibilité à la maladie. Le dos et les pieds devaient par ailleurs être maintenus au chaud. Il y avait lieu d'éviter de consommer du vin jeune, ainsi que des fruits et légumes mûrs. Enfin, les boissons froides étaient à proscrire en cas de transpiration intense.

Heureusement, les instructions reflétaient également les nouvelles découvertes scientifiques. Les médecins étaient tenus d'avertir au plus vite la commission médicale provinciale face à un cas de choléra. Le malade devait être placé directement en isolement. Le nouveau mot magique était « désinfection ». Les soignants devaient désinfecter tout ce qui était entré en contact avec une victime du choléra : lits, vêtements, sols et mains. Les draps de lit devaient par exemple tremper deux heures dans du désinfectant avant de pouvoir être lavés. Le Conseil incitait à brûler la lingerie, les vêtements et les autres effets souillés par des vomissures ou des excréments du malade. Si l'achat d'un nouveau trousseau était hors budget, les effets personnels devaient être plongés douze heures au moins dans un désinfectant ou bouillis pendant deux heures. Le malade lui-même devait régulièrement être lavé au moyen d'un produit désinfectant. Le Conseil dressait la liste des produits existants et expliquait en détail comment procéder à la désinfection.[70] Il insistait encore une fois sur l'importance d'une bonne hygiène, d'habitations bien entretenues et de rues propres.

L'eau contaminée

Le Conseil supérieur d'hygiène publique savait que le choléra se transmettait essentiellement par la consommation d'eau contaminée. La distribution d'eau pure était donc cruciale dans la lutte contre la maladie. Le Conseil appela le pouvoir central à dégager des subsides dans ce cadre. Félix Putzeys, membre du Conseil, établit un questionnaire détaillé à l'intention des communes en vue d'évaluer l'état du réseau d'approvisionnement en eau. Le but poursuivi était de rassembler un maximum d'informations sur la provenance, l'hygiène et la distribution de l'eau. Le Conseil supérieur d'hygiène publique avait l'ambition de dresser une topographie complète des cours d'eau belges.

Tout à sa lutte contre le choléra, le Conseil tentait de ne pas oublier l'économie. Le transport commercial devait rencontrer le moins d'obstacles possible. Les mesures de mise en quarantaine appliquées aux navires étrangers et au trafic ferroviaire ne pouvaient dès lors pas être appliquées trop rigoureusement. Le Conseil déplorait que les recherches ne fussent pas encore suffisamment avancées dans le domaine de la bactériologie pour pouvoir identifier les marchandises susceptibles d'être porteuses des bactéries du choléra. Les discussions étaient nombreuses pour déterminer quels articles pouvaient passer la frontière. Finalement, il fut décidé d'interdire le transit des chiffons, des sous-vêtements de lin, des vêtements déjà portés et des draps de lits utilisés dans un pays ravagé par le choléra. Les papiers neufs, les chiffons comprimés par la force hydraulique et les marchandises conditionnées en balles cerclées de fer étaient, par contre, autorisés. Le Conseil accédait ainsi à la demande des commerçants, qui craignaient une réglementation trop stricte. Le gouvernement suivit les directives à la lettre.[71]

Le Conseil supérieur d'hygiène publique élabora des règlements spécifiques pour les administrations communales, le personnel médical et l'ensemble de la population. La lutte contre le choléra reposait sur trois piliers: l'isolement, la communication et la désinfection. Les mesures portaient leurs fruits: le choléra ne fit « que » 626 victimes d'août à octobre 1892. À titre de comparaison, l'épidémie de 1848-1849 avait coûté la vie à plus de 22 000 personnes.[72]

En octobre 1892, le Conseil dressa le bilan de l'épidémie de choléra. Le baron Émile de Beco[73] rejeta la faute sur les « classes inférieures de la société ».[74] De Beco visait tout particulièrement les ouvriers et les bateliers. Le manque d'hygiène personnelle et la sous-alimentation faisaient des ouvriers des proies faciles pour la maladie. Quant aux bateliers, ils avaient la mauvaise habitude de boire l'eau des rivières ou des canaux (qu'elle soit contaminée ou non) et de l'utiliser pour l'entretien de leurs bâtiments. L'équipage balançait les déchets et les excréments par-dessus bord, ce qui augmentait le risque de propagation du bacille du choléra par l'eau. Le Conseil supérieur d'hygiène publique recommanda au gouvernement de prendre une série de mesures préventives spécifiques à la navigation intérieure, recommandation suivie par le pouvoir central. L'A.R. du 14 août 1893 instaura un service chargé de contrôler la santé de l'équipage.

[70] Le Conseil recommandait notamment des solutions à base de sulfate de cuivre, de créoline ou d'acide phénique, tout en insistant sur l'importance de respecter les dosages prescrits afin d'éviter toute intoxication.

[71] CSHP, *Rapports*, 21/07/1892, 28/07/1892, 13/10/1892, 28/12/1893.

[72] L'épidémie de choléra qui sévit en 1848-1849 fit 22 441 victimes. Voir: De Vos, *Allemaal beestjes*, 117.

[73] Le Gouverneur Émile de Beco était membre du Conseil supérieur d'hygiène publique en 1892. En 1907, il succéda à Auguste Vergote à sa présidence.

[74] CSHP, *Rapports*, 13/10/1892, 344.

Chefs-éclusiers, pontiers et autres fonctionnaires faisaient amarrer les navires à certains endroits spécialement prévus à cet effet sur les quais des voies navigables. Ils avertissaient la commune s'ils constataient des symptômes du choléra à bord. Le capitaine se voyait alors signifier une interdiction de naviguer, qui prenait fin lorsque la commune avait pris les mesures d'isolement et de désinfection nécessaires. Ceux qui bravaient l'interdiction étaient sanctionnés d'une amende ou d'une peine de prison.[75] Ce fut la dernière épidémie de choléra qui toucha le pays.

2.2.2. La croisade contre la peste blanche (1893-1902)

Une maladie largement répandue

Une fois la menace du choléra éloignée, le Conseil supérieur d'hygiène publique dirigea peu à peu son attention sur la tuberculose. Ce n'était pas un hasard si le Conseil avait attendu 1893 pour se pencher sur le problème de la tuberculose. À vrai dire, la phtisie – comme on l'appelait à l'époque – s'étendait généralement sur plusieurs années et était beaucoup moins spectaculaire et angoissante qu'une maladie telle que le choléra, qui pouvait tuer en moins de vingt-quatre heures.[76] La tuberculose n'en fit pas moins de très nombreuses victimes tout au long du 19e siècle. Vers 1880, par exemple, elle était à l'origine d'un décès sur cinq en Belgique. Les traitements efficaces faisaient défaut. Les malades n'avaient qu'une chance sur trois de guérir par eux-mêmes. Un peu plus de la moitié des tuberculeux décédaient au bout de quelques années. Un petit tiers survivait, mais ne guérissait pas.[77]

Tout comme pour d'autres maladies contagieuses, la science a longuement tâtonné avant d'identifier la cause de la tuberculose. Selon certaines hypothèses, l'hérédité jouait un rôle dans sa genèse et la maladie naissait d'émotions fortes, comme un amour trop passionné ou une peine de cœur. Il fallut attendre 1882, lorsque Robert Koch découvrit le bacille de la tuberculose, pour avoir la preuve qu'il s'agissait bien d'une maladie infectieuse. Malgré tout, l'idée d'une relation causale entre les sentiments puissants et la tuberculose persévéra encore un long moment. L'introduction, dès 1895, de l'examen radiologique et de l'analyse bactériologique, qui permettaient de démontrer la présence de la bactérie résistant aux acides et de la mettre en culture, écarta l'étiquette d'hérédité ou de psychogénétique qui collait jusqu'alors à la maladie.[78] La découverte de la cause de la pathologie ne se traduisit pas immédiatement par une avancée spectaculaire des modalités thérapeutiques et des guérisons. Pour cela, il fallait surtout améliorer l'hygiène sociale.

La dernière décennie du 19e siècle sonna le début d'une véritable croisade contre « la peste blanche ».[79] Le Conseil supérieur d'hygiène publique n'était pas le seul à se préoccuper du problème de la tuberculose. De nombreux organismes privés et caritatifs se souciaient aussi du sort des tuberculeux. L'Association contre la tuberculose fut portée sur les fonds baptismaux en 1898, sous les auspices de la Société royale de médecine publique. L'association se composait de comités provinciaux, qui informaient la population sur la tuberculose et tentaient de diminuer le risque de contagion en exerçant des contrôles réguliers dans les dispensaires. Une deuxième organisation vit le jour en 1898 : l'Œuvre de défense contre la tuberculose, qui se concentrait sur le financement et la construction de sanatoriums. Des affiches, brochures, conférences et magazines

[75] *Moniteur Belge*, 18/08/1893.
[76] Van der Meij-De Leur « Uit de geschiedenis van de verpleging van de tuberculosepatiënt », 36-45.
[77] Gyselen en Demedts, « Tuberculose vroeger en nu in rijke landen », 4-13 ; Velle, « De overheid en de zorg voor de volksgezondheid », 143.
[78] de Stoppelaar, « De tering of witte pest », 21.
[79] Cette dénomination fait référence à la pâleur des patients décharnés. La tuberculose entraînait des nodosités dans les tissus. Tous les organes étaient touchés, surtout les poumons. Les symptômes classiques étaient : expectoration de glaire et de sang, sudation, fièvre et perte de poids.

Le citoyen nanti faisait volontiers des dons pour la lutte contre la tuberculose. Sur la photo, des femmes vendent des fleurs au profit du mouvement anti-tuberculose.

spécialisés tels que la *Revue belge de tuberculose* devaient parfaire l'information de la population. Nous ignorons dans quelle mesure le Conseil supérieur d'hygiène publique collaborait avec ces organismes.[80]

Prévenir la contagion

La tuberculose était avant tout une « maladie sociale ». La forme de contamination la plus fréquente était d'adulte à adulte. Ceux qui souffraient de la forme dite « ouverte » de la tuberculose pulmonaire répandaient les bacilles de tuberculose dans l'air en toussant, en crachant ou en riant, contaminant ainsi d'autres personnes. Bien que la tuberculose touchât toutes les couches de la population, les classes sociales inférieures y étaient une nouvelle fois les plus sensibles. Leur mauvaise condition physique les y rendait plus réceptives. Et même lorsqu'elles possédaient assez d'anticorps, la bactérie restait souvent présente de manière latente pour ensuite se déclarer dès la moindre défaillance du système immunitaire. Qui plus est, la maladie se propageait allègrement dans les habitations ouvrières mal ventilées, où les gens vivaient les uns sur les autres.[81]

La contamination pouvait aussi passer par la consommation de viande ou de lait provenant de bovins atteints de tuberculose. En 1893, le Conseil supérieur d'hygiène publique souligna le grand nombre de cas tuberculeux parmi les bovins. La maladie prenait des proportions désastreuses dans le cheptel. Dans les quatre fermes visitées par la délégation, le test tbc était positif chez la majorité des vaches – qui avaient pourtant encore l'air en bonne santé. Le Conseil décida qu'il fallait aussi abattre les bêtes malades. Mais comme le dédommagement des fermiers touchés allait coûter des sommes astronomiques au Trésor, il se contenta de recommander de ne pas détruire la viande et le lait, mais de les stériliser de manière à éviter tous les risques. Les communes et l'Inspection des denrées alimentaires eurent pour mission d'exercer un contrôle strict sur les

[80] Velle, « De overheid en de zorg voor de volksgezondheid », 143.
[81] Gyselen en Demedts, « Tuberculose vroeger en nu in rijke landen », 5-6.

L'Inspection de la fabrication et du commerce des denrées alimentaires

En 1889, le Conseil supérieur d'hygiène publique demanda au ministre de l'Agriculture, de l'Industrie et des Travaux publics de mettre un terme aux nombreux cas d'adultération des denrées alimentaires. Il suggérait pour ce faire de créer un service chargé de contrôler la production et la qualité des aliments. Car les fraudes ne se limitaient pas au lait. Certains fermiers vendaient aussi de la viande de mauvaise qualité. Le Conseil recommanda au gouvernement de faire examiner l'état de santé des animaux abattus par un vétérinaire. Il insista aussi sur le fait que la pratique courante qui constituait à enterrer les carcasses n'était pas la bonne solution pour empêcher leur consommation. La viande de mauvaise qualité devait être incinérée ou rendue inexploitable par traitement chimique. En effet, il arrivait régulièrement que des agriculteurs déterrent de la viande refusée et la vendent malgré tout. La même année, la commission médicale de Flandre occidentale découvrit en outre que certains utilisaient de la viande avariée comme chair à saucisses, avec la complicité des abattoirs.[1] L'observation du Conseil ne resta pas lettre morte. L'Inspection de la fabrication et du commerce des denrées alimentaires vit le jour le 4 août 1890. Désormais, ce service se chargerait de dépister les cas d'adultération des denrées alimentaires et des médicaments.[2] Le Conseil supérieur d'hygiène publique fut régulièrement invité à donner son avis sur les nombreux règlements édictés par l'Inspection de la fabrication et du commerce des denrées alimentaires en matière de production, de vente et de distribution des produits alimentaires.

[1] CSHP, *Rapports*, 28/03, 297; 6/09; 10/10/1889, 362-364.
[2] Velle, «De Belgische gezondheidsadministratie», 177.

laiteries et les exploitations agricoles. La santé des animaux, l'hygiène des étables et la qualité du lait et de la viande faisaient toutes l'objet d'inspections rigoureuses. La loi du 4 août 1890 relative à l'adultération des denrées alimentaires prévoyait des sanctions en cas d'opposition aux contrôles, soit par une peine d'emprisonnement soit par une amende. Il fut également conseillé à la population de toujours bien cuire la viande avant de la manger et de faire bouillir le lait avant de le consommer.[82]

Des statistiques de 1895 montraient que les assainissements et le bien-être accru portaient leurs fruits à Bruxelles: le nombre de patients tuberculeux y baissait de manière significative. Le Conseil supérieur d'hygiène publique décida dès lors de rédiger un rapport comportant des mesures à suivre pour endiguer la maladie. L'initiative n'était pas superflue. La tuberculose ne figurait même pas dans le Code de la Santé établi en 1890 par l'Académie royale de médecine. Or, celui-ci devait conseiller les communes dans leur combat contre les maladies contagieuses. Il était désormais établi que la tuberculose pouvait être évitée et même guérie et le Conseil estima qu'il était temps d'intervenir.

Le Conseil se concentra en priorité sur la prévention de la contamination par la salive. Décision justifiée par l'habitude, profondément ancrée chez les ouvriers, de cracher au sol. Le Conseil voulait changer les choses et mettre sur pied une campagne de sensibilisation. Il formula toute une série d'avis à cet égard. Des affiches devaient être placardées dans les endroits très fréquentés – comme les gares, les casernes, les écoles,

[82] CSHP, *Rapports*, 6/12/1894, 335-351.

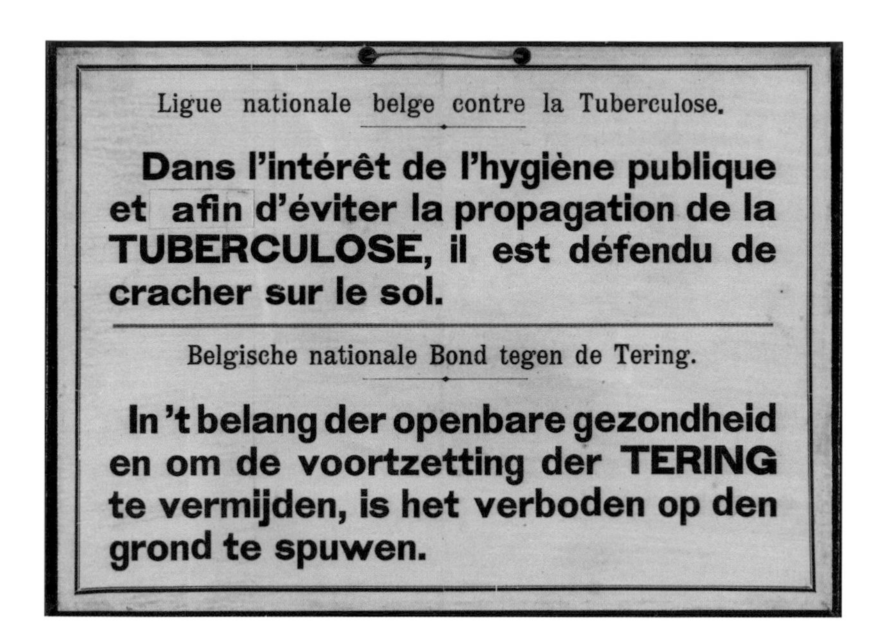

Une des nombreuses affichettes apposées dans les lieux publics et dans les trains pour décourager les gens de cracher par terre.

les ateliers, etc. – condamnant le fait de cracher par terre. En outre, des crachoirs devaient être mis à disposition en suffisance pour tous ceux qui ne pouvaient vraiment pas s'en empêcher. Les personnes qui se savaient contaminées par la tuberculose ne pouvaient naturellement en aucun cas cracher au sol. Elles disposaient de crachoirs spéciaux, remplis d'eau ou de désinfectant pour éviter le dessèchement des crachats. Les crachoirs devaient être vidés quotidiennement dans les latrines, puis lavés à l'eau bouillante. Enfin, pour éviter tout risque de contamination, les draps de lit et la lingerie des patients tuberculeux devaient être désinfectés dans une étuve de désinfection. Les chambres des malades devaient être nettoyées tous les jours à la serpillière. Le balai était interdit car les poussières en suspension pouvaient être contagieuses. L'époussetage se faisait systématiquement avec un linge humide. Les rideaux et les tapis étaient bannis des chambres des malades car ils retenaient trop la poussière. Le Conseil suggéra également la possibilité d'aménager, en attendant la construction de sanatoriums, des services spéciaux au sein des hôpitaux. L'hospitalisation permettait non seulement une prise en charge optimale des malades, mais aussi leur isolement en vue de prévenir toute contagion ultérieure.

Augmenter les défenses naturelles

Le Conseil supérieur d'hygiène publique poursuivait un objectif important : réduire la sensibilité des personnes présentant une plus grande prédisposition à la maladie. Suivant l'adage bien connu « mieux vaut prévenir que guérir », il se focalisa dès 1895 sur les personnes en mauvaise condition physique, les personnes effectuant un travail malsain et les personnes travaillant ou vivant dans des conditions insalubres et respirant dès lors de l'air de moins bonne qualité. Toutes ces personnes étaient particulièrement sensibles à la tuberculose. Ce groupe cible fut donc exhorté à observer une hygiène suffisante et de vivre dans une maison propre, bien entretenue et régulièrement aérée. Ils devaient passer beaucoup de temps à l'extérieur et éviter les excès, tant au travail que dans leurs loisirs. L'alcool était totalement proscrit. Une alimentation équilibrée et

Ces crachoirs existaient dans toutes les couleurs et dans toutes les dimensions. Ils étaient remplis d'un désinfectant de manière à éviter le dessèchement des crachats.

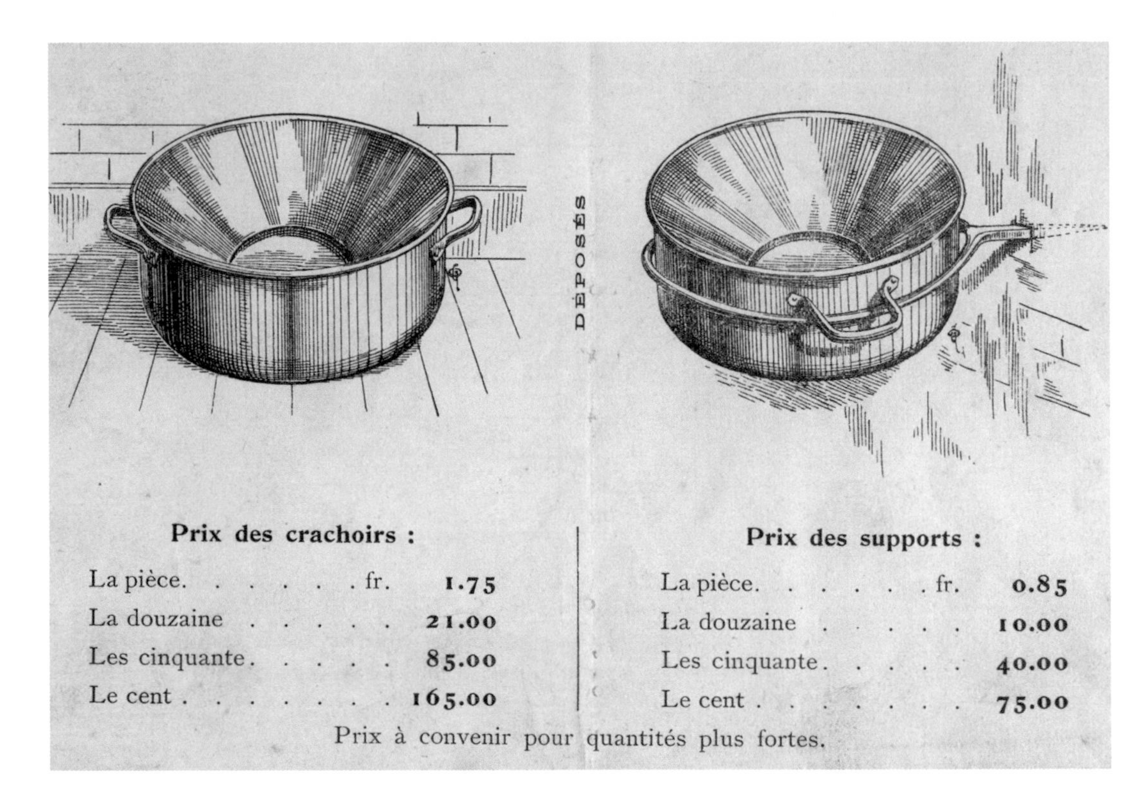

régulière devait les protéger des problèmes gastro-intestinaux. Les exercices de gymnastique pratiqués au grand air, les lotions fraîches et les massages journaliers augmentaient leur résistance. Le Conseil recommandait aux autorités communales d'assainir un maximum d'habitations. Il leur était également vivement conseillé de diffuser le plus largement possible ces mesures préventives contre la tuberculose.[83] Les instructions étaient communiquées aux commissions médicales provinciales et aux comités de salubrité publique dans le but d'inciter les communes à transmettre ces avis à la population. Or, ceux-ci ne recevaient que très peu d'écho, au grand dam du Conseil supérieur d'hygiène publique. Même les grandes villes ignoraient les avis du Conseil.

En 1898, le Conseil utilisa les mêmes canaux pour réitérer sa recommandation invitant les communes à installer suffisamment de crachoirs dans les lieux publics. Il s'agissait d'encourager au mieux la population à faire son nettoyage à l'eau et à éviter les poussières. Une fois de plus, le Conseil résuma les principales mesures préventives contre la tuberculose dans les gares, les casernes, les écoles, les hôpitaux, les ateliers et les prisons. Il ne suffisait pas de prendre des sanctions à l'encontre des voyageurs crachant sur le sol. La population devait aussi être éduquée. Les voyageurs devaient comprendre pourquoi ils ne devaient pas cracher. Les affiches placardées dans les gares et les trains devaient indiquer expressément qu'il était dangereux de cracher par terre, et préciser les problèmes que l'on pouvait éviter en utilisant les crachoirs. La santé du personnel était également prise en compte. Des crachoirs contenant un désinfectant devaient ainsi être prévus dans les endroits exclusivement réservés aux membres du personnel.

Pour le reste, le Conseil insistait essentiellement sur la nécessité d'isoler au plus vite les patients tuberculeux. Les professeurs malades – la tuberculose ouverte touchait rarement les enfants – ne pouvaient plus enseigner. Les militaires étaient contraints de quitter la caserne dès la moindre suspicion de tuberculose. Ils avaient généralement

[83] CSHP, *Rapports*, 30/05/1895, 43-48.

l'opportunité de se rétablir dans un hôpital militaire, mais s'ils montraient toujours des signes de tuberculose au bout de trois mois, ils étaient définitivement réformés.

Un isolement rapide était tout aussi important dans les prisons afin d'empêcher la contagion, car le risque d'être contaminé par la tuberculose y était particulièrement grand. Une étude à grande échelle, menée en Prusse en 1898, avait montré que la maladie faisait cinq fois plus de victimes parmi les détenus de 20 à 40 ans que parmi la population normale du même âge. Selon l'hypothèse émise par les chercheurs, la maladie était latente chez un très grand nombre de prisonniers et se déclarait plus rapidement en raison des mauvaises conditions de vie dans les pénitenciers. En effet, le manque d'air frais, l'exiguïté des cellules et le travail en position penchée étaient autant de facteurs négatifs. Tout prisonnier tuberculeux devait être immédiatement mis à l'écart. Sa cellule, ses couvertures et son linge de corps devaient être soigneusement désinfectés. Ces mesures nécessitaient une (onéreuse) étuve de désinfection. Mais mieux valait prévenir que guérir. Le Conseil supérieur d'hygiène publique souligna dès lors qu'il fallait, dans l'intérêt de la santé des détenus, s'attaquer d'urgence à la surpopulation carcérale et varier davantage l'alimentation des prisonniers.

Le Conseil se montrait critique vis-à-vis des hôpitaux, qui n'isolaient pas leurs patients tuberculeux. Non seulement cela empêchait le patient tuberculeux de bénéficier du meilleur traitement, mais cela risquait en outre de contaminer ou de déranger d'autres patients. Les patients tuberculeux devaient en permanence pouvoir respirer l'air frais de l'extérieur. Or, c'était tout l'inverse pour d'autres malades. Si fondamentalement le Conseil supérieur d'hygiène publique défendait la création de sanatoriums, il n'en continuait pas moins à plaider pour d'autres modalités thérapeutiques. En effet, de nombreux malades ne souhaitaient pas être envoyés dans un sanatorium loin de tout. L'idée de devoir passer des mois en cure sans recevoir la moindre visite des membres de sa famille incitait les malades à poursuivre leur vie comme si de rien n'était et, partant, à mettre leur entourage en danger. Par ailleurs, un séjour en sanatorium avait peu d'intérêt pour les patients incurables. Ce groupe devait pouvoir compter sur des chambres d'isolement au sein des hôpitaux. Il n'empêche, le sanatorium demeurait la meilleure solution pour la majorité des patients tuberculeux. Le Conseil demanda dès lors à l'État d'étudier la possibilité de financer la construction de nouveaux sanatoriums.[84]

Les bureaux de consultation

En 1897, le docteur Gustave Derscheid ouvrit des consultations gratuites aux patients tuberculeux dans sa policlinique bruxelloise. Son exemple fut très vite suivi et plusieurs dispensaires virent le jour. Ces bureaux de consultation assumaient une triple tâche: la prévention et le diagnostic, l'information et la propagande relatives à la tuberculose, et la prestation de soins aux patients tuberculeux. Les salles d'attente et de consultation des dispensaires débordaient de matériel de propagande. Lors de la première consultation, le médecin prenait note des données personnelles du visiteur (âge, profession, revenus) et des besoins particuliers du malade et de sa famille. Les questions investiguaient particulièrement l'hygiène du logement, la possibilité de continuer à travailler et l'aide que la famille pouvait éventuellement recevoir de l'employeur ou du bureau de bienfaisance.[85]

Le chef de service se fondait sur ces données et sur le stade de la maladie pour décider si le malade devait être envoyé en cure thermale à la campagne. Jusqu'en 1912, les cures

[84] CSHP, *Rapports*, 29/12/1898, 238-253.
[85] Bruyère, « Organisatie van de tuberculose-bestrijding in de regio Brussel vóór 1914 », 28-36.

étaient exclusivement prescrites aux soutiens de famille de sexe masculin. Les femmes devaient se contenter de compléments alimentaires supposés améliorer leur condition et d'une somme d'argent équivalente au coût d'un séjour d'un jour dans un sanatorium. En 1905, la Belgique comptait dix-neuf bureaux de consultation. Ceux-ci trouvaient généralement refuge dans de vieux immeubles – souvent insalubres – loués ou acquis grâce aux dons. Le mobilier était acheté au fur et à mesure que le nombre de visiteurs croissait. Jusqu'à la Première Guerre mondiale, les bureaux de consultation ne purent pas vraiment compter sur un soutien financier de l'État.[86]

Pourtant, le Conseil supérieur d'hygiène publique attirait l'attention du gouvernement sur l'utilité de ces dispensaires gratuits. Le personnel médical posait le diagnostic et prodiguait aux patients toutes les informations nécessaires. Les malades qui ne pouvaient pas être admis dans un sanatorium ou un hôpital y bénéficiaient d'un suivi spécialisé. Des crachoirs et des désinfectants y étaient distribués et les bureaux fournissaient – dans la mesure du possible – des œufs, du lait, des vêtements, des couvertures et une aide financière aux malades. Parfois, le bureau de consultation louait même une chambre supplémentaire pour pouvoir isoler le malade.[87] Le nombre de ces bureaux connut une forte augmentation après la Première Guerre mondiale, alors que la tuberculose était en pleine recrudescence. En 1914, la Belgique comptait 24 bureaux de consultation gratuits. Six ans plus tard, leur nombre était passé à 97. Les chiffres furent mentionnés et accueillis favorablement dans un rapport du Conseil supérieur d'hygiène publique. Les sources disponibles ne nous permettent malheureusement pas de savoir dans quelle mesure les déclarations positives du Conseil à l'égard des dispensaires jouèrent un rôle dans leur multiplication.[88]

Le sanatorium : un lieu de convalescence

En février 1902, le Conseil supérieur d'hygiène publique publia des prescriptions relatives à la construction de sanatoriums populaires. Une trentaine de sanatoriums avaient déjà été construits avant cela un peu partout dans le pays.[89] Les premiers sanatoriums respiraient le luxe et étaient principalement destinés aux patients aisés. Souvent, ils étaient l'œuvre de riches patients tuberculeux ou avaient été construits grâce aux généreuses donations de particuliers fortunés. Les congrégations religieuses consacraient, elles aussi, de l'argent à la construction de sanatoriums. Le Conseil se concentrait sur les plans des sanatoriums ouverts à l'homme de la rue. L'objectif restait le même : isoler les patients tuberculeux des personnes saines, les garder sous surveillance médicale et favoriser leur guérison par l'air pur, un repos absolu, une alimentation équilibrée et une bonne hygiène. Les sanatoriums publics relevaient de la compétence des communes ; leur construction était financée par les bureaux de bienfaisance.[90]

Comme il l'avait fait pour les établissements hospitaliers, le Conseil décrivit dans les moindres détails à quoi devait ressembler le sanatorium idéal. Le Conseil ne jurait que par le sanatorium-modèle conçu la même année en Allemagne. Il prônait une copie intégrale du modèle et ne tolérait pas que les architectes y apportent de grands changements. Il faut dire que ces modifications entraînaient souvent un surcoût. Les façades onéreuses, par exemple, étaient totalement superflues. Le Conseil supérieur d'hygiène publique accordait une grande importance à la simplicité des bâtiments. Pour son faible coût, mais aussi parce qu'il l'estimait plus bénéfique aux malades. En effet, la plupart des

[86] Verhoeven, « La Hulpe, sanatorium Les Pins », 170.
[87] CSHP, *Rapports*, 7/05/1908, 75-82.
[88] CSHP, *Rapports*, 2/09/1920, 166.
[89] Le premier sanatorium ouvrit ses portes à Bokrijk en 1896.
[90] Dierckx, « Geschiedenis van de sanatoria », 76-77.

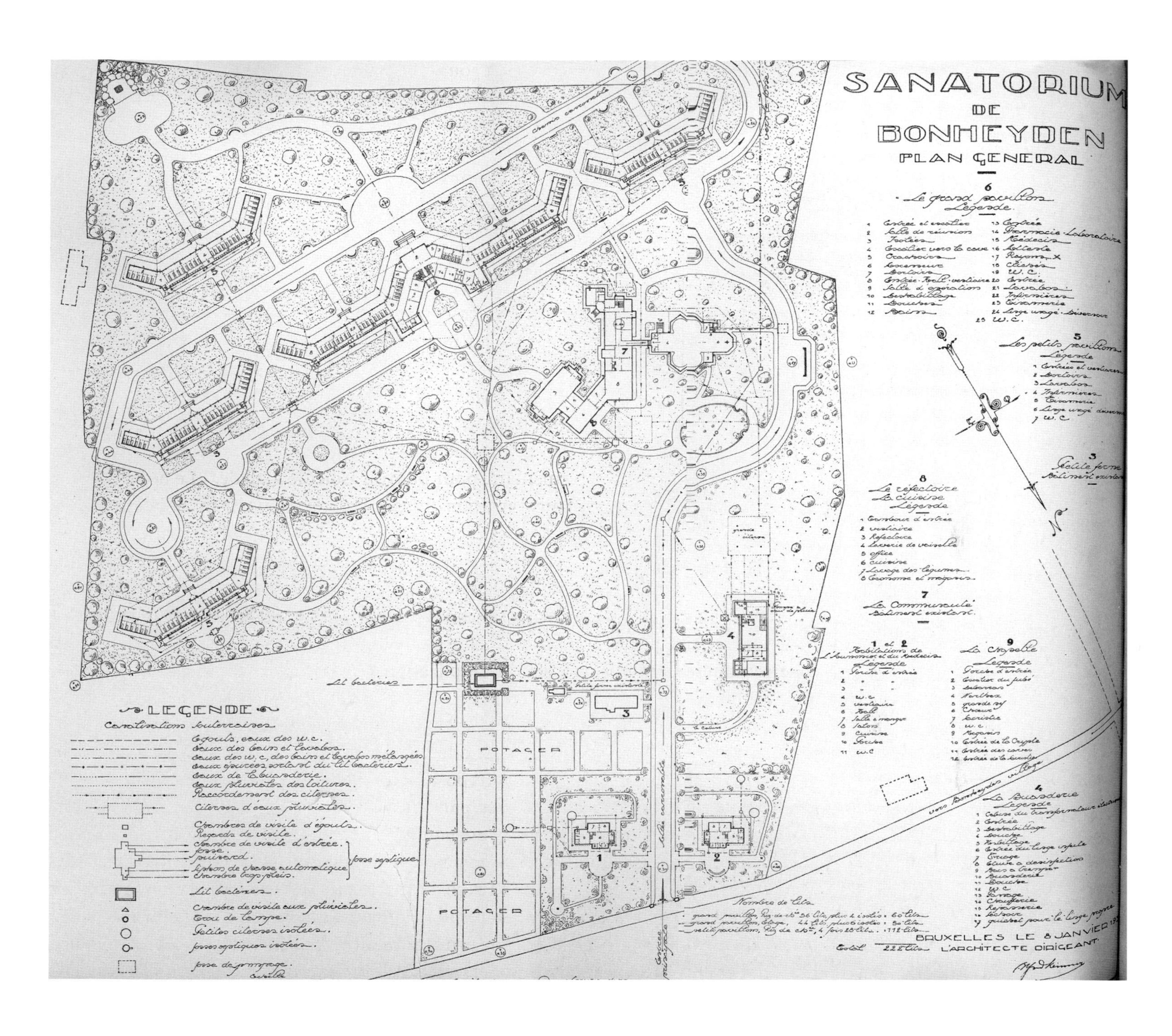

Le Conseil supérieur d'hygiène publique soulignait l'importance d'une architecture simple et d'une bonne localisation des nouveaux sanatoriums à construire.
Ce plan du sanatorium de Bonheiden, datant de 1930, montre clairement que le sanatorium devait se dresser au cœur d'un vaste espace de verdure, où les patients pouvaient faire de longues promenades.

patients admis dans les sanatoriums populaires habitaient dans des cours intérieures et des quartiers ouvriers : ils n'étaient donc pas habitués au luxe. La plupart des patients découvraient pour la première fois le confort de l'éclairage électrique, de l'eau courante et de sanitaires bien tenus. Les malades se trouvaient déjà incroyablement gâtés de se voir offrir des repas simples, mais substantiels. Il eût même été imprudent d'habituer les pauvres à un luxe trop important. Car ils devaient rentrer chez eux après leur cure. Il y avait lieu d'éviter que les malades imputent leur guérison au luxe et à la bonne chair, et donc de rester le plus simple et le moins cher possible. Autrement dit, les sanatoriums publics contrastaient violemment avec les sanatoriums réservés aux nantis.

Les bois entourant le sanatorium La Hulpe à Waterloo offraient un bon bol d'oxygène aux patients qui avaient déjà repris suffisamment de forces pour s'y balader.

Le Conseil recommandait de construire les sanatoriums dans une zone boisée à l'extérieur de la ville. La tuberculose pulmonaire se soignait mieux à une certaine altitude, tandis que la tuberculose osseuse tirait particulièrement profit de l'air de la mer. Le sanatorium devait être entouré de grands espaces verts, où les patients – qui en avaient l'autorisation – pouvaient faire de longues promenades. Le sanatorium-modèle se composait de 100 lits, tous destinés aux hommes. Les galeries – conçues pour les cures de repos en chaise longue – étaient dirigées plein sud et pouvaient être chauffées. Les chambres donnaient sur de larges couloirs bien ventilés. Si le malade en avait les moyens, il pouvait jouir d'une chambre pour une ou deux personnes. Les autres chambres accueillaient au maximum six personnes. Les chambres ne servaient qu'à dormir ; les patients devaient passer le plus de temps possible en plein air.

Dans la plupart des sanatoriums, le travail du médecin se limitait à vérifier si les patients faisaient preuve de toute la discipline requise. Les patients devaient ainsi s'en tenir à l'horaire strict des cures de repos en chaise longue et se conformer aux règles d'hygiène. Le docteur – un rôle souvent rempli par un étudiant en médecine – surveillait les malades, veillait à l'utilisation systématique des crachoirs et s'assurait de la bonne aération des chambres. Sa mission consistait également à rendre le séjour des malades plus agréable, de telle sorte qu'ils ne souffrent pas trop de l'isolement.[91] Le Conseil supérieur d'hygiène publique insistait en outre sur la fonction pédagogique du sanatorium. Les cures devaient être mises à profit pour enseigner aux patients l'importance de l'hygiène et de la désinfection, afin qu'ils puissent les appliquer et en faire la promotion dès leur retour à la vie quotidienne.[92]

Les cures libres

Très vite se posa la question de savoir s'il existait d'autres manières de permettre aux patients tuberculeux de partir en cure. En février 1902, le Conseil supérieur d'hygiène publique relata que certains bureaux de consultation, notamment celui de Liège,

[91] CSHP, *Rapports*, 27/02/1902, 40-54. Dierckx, *Geschiedenis van de sanatoria*, 76-77.
[92] CSHP, *Rapports*, 25/10/1900, 119.

Patients du sanatorium Joostens d'Anvers, installés dans des chaises longues pour leur cure quotidienne de repos.

envoyaient en convalescence dans des familles en Ardennes les ouvriers qui n'avaient pas accès au sanatorium, dans le cadre de ce qu'ils appelaient des « cures libres ». La « cure libre » consistait à envoyer le malade dans une grande maison avec jardin, où il pouvait passer la plus grande partie de la journée à se reposer sur une chaise longue abritée sous un auvent ou dans une galerie. Un médecin local se chargeait quotidiennement du suivi médical et des examens. Le malade recevait en outre un document précisant clairement les règles auxquelles il devait se tenir. L'hôte contrôlait le bon respect de ces règles. À la moindre incartade, le médecin était appelé pour décider si le patient devait ou non être renvoyé chez lui. Lorsque le malade reprenait le chemin de la maison, une équipe spécialement formée à cet effet venait désinfecter la chambre qu'il avait occupée.

Les plaintes contre ce système parvenaient en masse au Conseil supérieur d'hygiène publique. Le bourgmestre de l'un des deux petits villages qui accueillaient les patients tuberculeux demandait ainsi comment il pouvait éviter à sa commune d'être transformée en sanatorium pour patients tuberculeux. Le Conseil nourrissait également de sérieux doutes quant aux résultats obtenus. Il craignait non seulement un manque de discipline des malades, qui menaçait le bon déroulement de la cure de repos, mais il y voyait aussi un danger de contamination pour les familles d'accueil.

Une enquête menée à la suite d'une autre plainte émanant d'une commune révéla que l'une des maisons d'accueil n'était en fait qu'une petite habitation ouvrière. Le jardin était bien trop petit et mal protégé du vent. La chambre du patient était bien entretenue, mais la deuxième chambre – que l'on préparait pour un nouveau patient – était trop exiguë. Il n'y avait par ailleurs aucune chaise longue à disposition, alors qu'il était pourtant fondamental que le malade se repose suffisamment durant sa cure. Le malade allait et venait sans crachoir et n'avait plus été vu par un médecin depuis belle lurette.

Le même phénomène touchait l'Allemagne. Là aussi, des ruraux accueillaient chez eux des patients tuberculeux sans disposer des connaissances et infrastructures nécessaires pour favoriser le bon rétablissement des malades. Le Conseil supérieur d'hygiène publique craignait toutefois que le problème soit difficile à résoudre. Non seulement la maladie était souvent facile à cacher, mais il était en outre malaisé de prouver qu'une famille demandait de l'argent contre la prise en charge d'un patient tuberculeux. Le Conseil ne voyait qu'une seule solution. Pour prévenir toute nouvelle contamination et offrir toutes les chances de guérison au patient tuberculeux, la famille qui accueillait le malade devait être informée de la manière d'éviter toute contamination et de garantir une prise en charge optimale du malade. Les familles d'accueil devaient savoir à quelles conditions d'hygiène la maison devait satisfaire, en quoi consistait exactement une cure et comment la chambre et le linge du malade devaient être lavés et désinfectés. Cette solution n'était malgré tout pas infaillible. Ce n'était pas par charité chrétienne que les ruraux hébergeaient des malades porteurs d'une maladie aussi stigmatisée que la tuberculose. Qui plus est, la campagne était loin d'avoir bonne réputation en matière d'hygiène.[93] Van Der Brugge, ministre de l'Agriculture, approuva la solution du Conseil. La circulaire ministérielle du 3 mars 1902 informa les commissions médicales provinciales des conclusions du Conseil supérieur d'hygiène publique. Le ministre Van Der Brugge y soulignait qu'il était important que les communes soient mises au fait des prescriptions du Conseil relatives à la « cure libre ». C'est la raison pour laquelle il publia également le rapport du Conseil dans le bulletin annuel de l'administration de la santé, ainsi que dans le Mémorial administratif qui paraissait dans toutes les provinces.[94]

2.2.3. Les soins néonatals

Dès la fin du siècle, la priorité données aux soins aux nourrissons devint de plus en plus grande dans le secteur de la santé préventive. En dépit de l'amélioration sensible de l'état de santé général de la population et de l'espérance de vie durant les dernières décennies du 19e siècle, la mortalité néonatale conservait des proportions alarmantes. Un bébé sur cinq décédait avant l'âge d'un an. Le taux de mortalité était même en légère hausse. Parmi les nourrissons, les principales causes de décès étaient les infections gastro-intestinales, suivies des atteintes pulmonaires et des maladies infectieuses telles que la coqueluche, la rougeole, la diphtérie et la rubéole. Le passage du sein au biberon représentait le plus gros facteur de multiplication du risque de décès. L'allaitement maternel réduisait le risque de microbes et offrait une meilleure protection contre les maladies infantiles. Mais comme les femmes étaient de plus en plus nombreuses à travailler dans l'industrie, elles devaient sevrer leurs bébés plus tôt.[95]

Une grande campagne pour une bonne alimentation des bébés

En d'autres termes, il était crucial d'informer la population sur les bienfaits d'un lait de bonne qualité si l'on voulait faire baisser le taux de mortalité. La qualité du lait utilisé dans les biberons laissait souvent à désirer. Le lait vendu sur les marchés et dans les magasins était soit allongé, soit trouble. Le Conseil supérieur d'hygiène publique désirait endiguer ces pratiques douteuses et réclamait des peines sévères contre le « frelatage » du lait. Parallèlement, il formulait des avis relatifs aux exigences d'hygiène

[93] CSHP, *Rapports*, 13/02/1902, 25-31.
[94] *Bulletin du Service de Santé et de l'hygiène publique*, 1902, 45 et 74-73.
[95] Devos, « Ziekte : een harde realiteit », 120-124.

Annonce pour la promotion du lait de qualité certifiée malheureusement hors de prix pour de nombreuses familles ouvrières.

et de qualité du bon lait.[96] L'Inspection des denrées alimentaires devait les utiliser en guise de fil conducteur lorsqu'elle contrôlait les conditions d'hygiène pendant la traite ou le transport et la vente du lait. Le lait contrôlé et validé se voyait attribuer un certificat. Malheureusement, ce lait certifié (de qualité) coûtait environ le double du lait normal. Son prix était donc inabordable pour de larges couches de la population. Les ménages qui en avaient le plus besoin devaient se contenter d'un lait de moindre qualité.

La tradition et l'ignorance contribuaient tout autant à la mauvaise alimentation des enfants. Les découvertes bactériologiques de Pasteur avaient clairement démontré les avantages du lait bouilli. Cette révélation avait rapidement fait le tour des cercles plus aisés. Mais il était beaucoup plus difficile de convaincre l'homme de la rue de faire bouillir son lait avant de le boire. Le monde médical lui-même ne prônait pas unanimement la consommation de lait bouilli. Bon nombre de médecins pensaient que l'ébullition faisait perdre au lait ses composants vitaux. Il fallut attendre les premières décennies du 20e siècle pour que l'ensemble du corps médical reconnaisse d'une même voix les avantages du lait bouilli et soit convaincu que la stérilisation des biberons permettait de prévenir un grand nombre de maladies chez les bébés. Le lait tournait vite, une rapidité principalement due à l'absence de réfrigérateur ou d'ouvre-bouteille dans de nombreux foyers, ce qui incitait les gens à faire ouvrir les bouteilles directement au magasin.

[96] CSHP, *Rapports*, 27/08/1891, 209; 29/12/1892, 501-510; 2/10/1902,134.

De multiples publications aidaient à mieux informer les jeunes mères en matière de soins à prodiguer à leurs enfants.

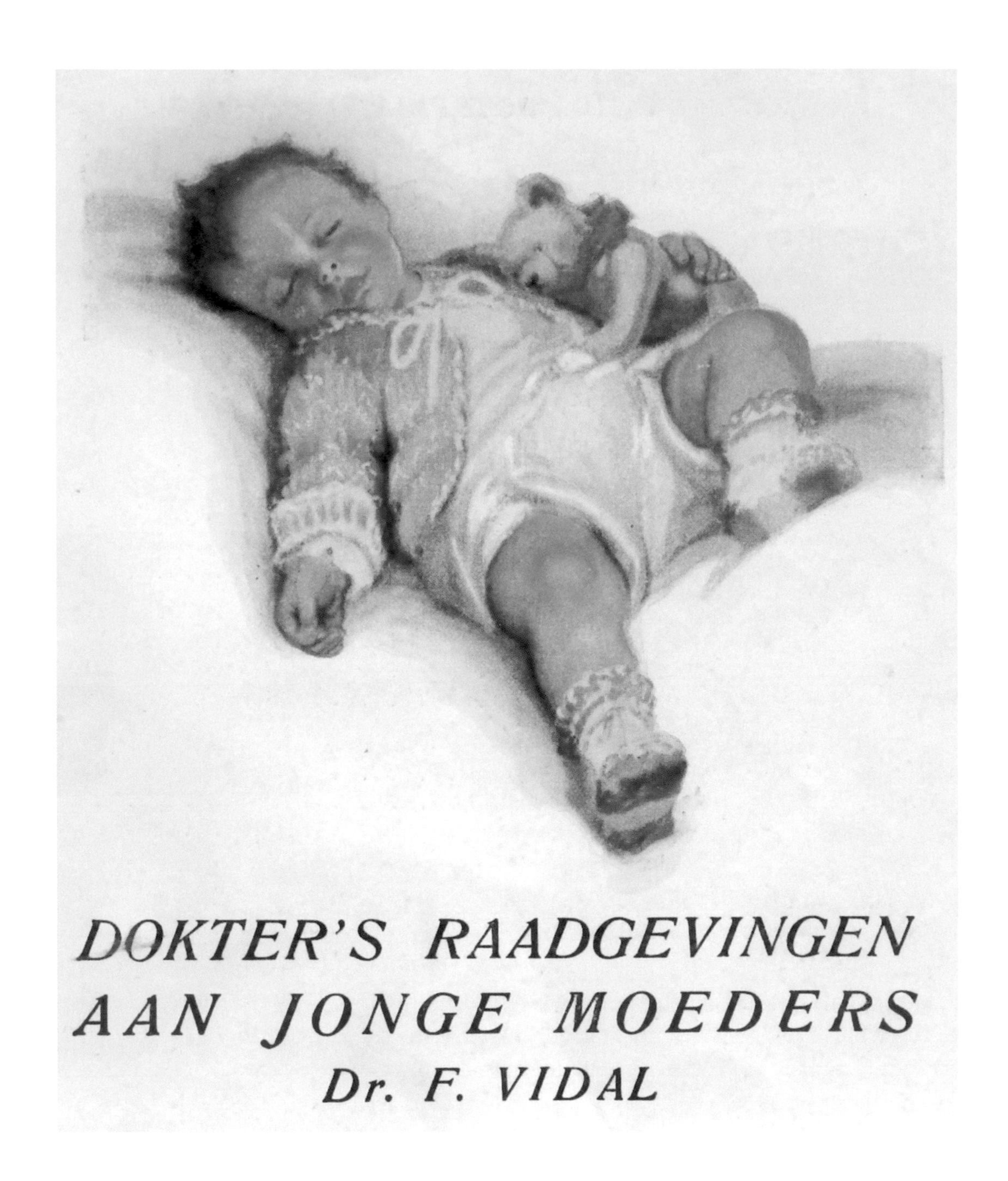

En outre, de nombreuses mères passaient très tôt à l'alimentation solide et donnaient à leurs bébés des panades ou des purées de pommes de terre difficiles à digérer. Selon la croyance populaire, la seule façon d'avoir un enfant robuste était de le nourrir substantiellement. Du coup, les bébés d'à peine cinq mois devaient déjà manger à la fortune du pot.[97]

Les conférences et les bureaux de consultation

Le Conseil supérieur d'hygiène publique souhaitait remédier aux connaissances lacunaires de la plupart des mamans en matière d'alimentation et de soins de qualité pour leurs enfants. Il recommanda au gouvernement d'organiser des conférences pour informer clairement les jeunes mères de ce que l'on attendait d'elles. Le gouvernement accéda à cette demande et fit essentiellement appel à des sages-femmes qualifiées pour remplir

[97] Jachowicz, *Met de moedermelk ingezogen of met de paplepel ingegeven*, 20-22.

Le bureau de consultation « de Melkdroppel », à Gand, accueillait les enfants pour un examen médical. Les mères qui ne pouvaient pas allaiter y recevaient du lait gratuit.

cette tâche. Il faut savoir que ces sages-femmes avaient établi une relation de confiance avec les mamans. Les médecins avaient moins de crédit auprès des classes inférieures, surtout lorsqu'il s'agissait d'accouchement et d'éducation des enfants. Le Conseil espérait informer les femmes, par la diffusion de pamphlets illustrés, sur la prévention de certaines maladies et sur tout ce dont leur progéniture avait besoin pour grandir en bonne santé. L'organisation de cours d'hygiène à tous les niveaux de l'enseignement était considérée comme une bonne stratégie à long terme. Après tout, les élèves d'aujourd'hui étaient les parents de demain. Le Conseil demandait également à l'État d'encourager la construction d'habitations ouvrières à la campagne. En effet, les enfants pouvaient y jouir de l'air pur et de l'espace de jeux qui leur manquaient tant dans les cours intérieures. Pour argumenter sa requête, le Conseil souligna qu'il s'agissait là d'un moyen de résorber la mortalité infantile.[98]

Les premiers bureaux de consultation pour nourrissons connurent un succès immédiat auprès des classes inférieures. La Ligue nationale belge pour la protection de l'enfance du premier âge, fondée en 1904, y joua un rôle de premier plan. La Ligue était une association qui, par le biais de ses services provinciaux, soutenait les activités des bureaux de consultation en faveur des nourrissons et coordonnait les centres d'approvisionnement en lait. Les consultations étaient l'occasion de contrôler l'état de santé et la croissance des enfants, mais aussi d'instruire les mères en matière d'alimentation et de soins nécessaires. L'allaitement maternel était très fortement recommandé. Les mères qui travaillaient à l'extérieur recevaient de la nourriture en guise d'incitant supplémentaire. Les mères incapables d'allaiter pour l'une ou l'autre raison repartaient chez elles avec du lait sain gratuit pour leur bébé. Munis de leurs faibles moyens, les bureaux de consultation œuvraient à l'amélioration de l'hygiène sociale et de l'information des familles de la classe

[98] Entre autres : CSHP, *Rapports*, 21/01/1902, 130-134 ; 24/11/ 1904, 144 ; 29/11/1906, 266 ; 30/06/1910, 77-186.

Les parents qui travaillaient confiaient leurs enfants aux voisins, aux membres de la famille ou à une gardienne rémunérée. Les conditions d'hygiène y étaient souvent déplorables.

populaire.[99] Peu avant la Première Guerre mondiale, la Ligue contrôlait 90 centres de soins néonatals répartis sur 62 communes, de même que 9 centres pour femmes enceintes.[100] Le mouvement féministe naissant et les mutualités diffusaient également pas mal de renseignements sur les soins à prodiguer aux enfants. Ces organisations sociales tentaculaires étaient à même d'atteindre de très nombreuses mères via leurs magazines et leurs conférences. Les cours d'art ménager, organisés à la fois par les organisations féminines et les mutualités, apprenaient aux femmes tout ce qu'il fallait savoir sur l'alimentation équilibrée, l'hygiène personnelle et l'entretien de la maison.[101]

Les crèches

En 1902, le Conseil supérieur d'hygiène publique tenta d'éradiquer les vieilles habitudes en matière d'accueil des enfants. Pendant qu'ils travaillaient, les ouvriers confiaient généralement leurs enfants à leurs voisins, aux grands-parents ou à une nourrice « rémunérée ». Le Conseil tenait le raisonnement suivant pour s'inscrire contre cette pratique : ce système transmettait les vieilles (et mauvaises) habitudes en matière d'alimentation et d'hygiène plutôt que de les interrompre. Le Conseil émettait essentiellement des réserves quant aux gardiennes avides d'argent. De nombreux enfants s'y retrouvaient dans des conditions d'hygiène déplorables et recevaient une nourriture bon marché et en quantité médiocre. En revanche, le Conseil se révéla un fervent adepte des crèches, qui offraient des conditions optimales aux enfants. Non seulement on pouvait y compter sur du personnel spécialisé, mais il était également facile d'y contrôler le respect d'une hygiène irréprochable.[102]

Les crèches connurent pourtant des débuts difficiles auprès des mères. Une enquête réalisée en 1904 par *Le Journal des mères* révélait que 67 % des mères gantoises interrogées ne voulaient pas entendre parler des crèches. Selon le gouvernement, cette hostilité des mères à l'égard de cette nouvelle initiative était due à la force de l'habitude.

[99] Vandenberghe, *Een eeuw kinderzorg in de kijker*, 6-7 en 14-15. De Vroede, « Consultatiecentra voor zuigelingen in de strijd tegen de kindersterfte in België voor 1914 », 459.
[100] Velle, « De overheid en de zorg over de volksgezondheid », 149.
[101] De Mayer en Dhaene, « Sociale emancipatie en democratisering : de gezondheidszorg verzuild »,156.
[102] CSHP, *Rapports*, 2/10/1902, 130-140.

Les crèches comme celle-ci, située à Anvers, garantissaient une bonne hygiène et une alimentation de qualité. Mais il fallut du temps pour changer les vieilles habitudes et la population ouvrière se montra particulièrement hostile à cette forme d'accueil.

Crèches

La plupart des crèches émanaient d'initiatives privées. Certaines familles nanties et des institutions telles que la Société Générale et la Banque Nationale donnaient de l'argent pour l'accueil des enfants d'ouvriers. Signalons toutefois quelques exceptions à la règle: la ville de Liège finançait des crèches publiques depuis 1879 et trois usines avaient organisé leur propre service de garde d'enfants, à Anvers (papeterie De Nayer, 1889), Seraing (Cockerill, 1895) et Morlanwelz (mine de charbon de Raoul Warocqué, 1901). Ces initiatives attirèrent les regards internationaux et servirent de modèle pour d'autres crèches. Les crèches ouvraient leurs portes pendant les heures de travail des ouvriers, soit généralement de 6 heures à 21 heures. Les enfants en bonne santé y étaient admis dès l'âge de 15 jours – intentionnellement le jour même où les ouvrières pouvaient reprendre le travail après leur congé de maternité – jusqu'à 3 ans. Le bureau de bienfaisance gantois ouvrit une crèche nocturne en 1906. Un an plus tard, une crèche pour enfants malades ouvrit ses portes à Charleroi, l'hôpital local n'acceptant pas les enfants de moins de 7 ans.[1]

Province	**Nombre de crèches**	**Nombre de lits**	**Nombre d'enfants**
Anvers	6	325	700
Brabant	20	631	1 179
Flandre occidentale	1	25	50
Flandre orientale	8	200	352
Hainaut	5	139	245
Liège	10	463	905
Limbourg	0	0	0
Luxembourg	0	0	0
Namur	1	39	77
Total	51	1 822	3 508

D'après: Plasky, *La protection et l'éducation de l'enfant du peuple en Belgique* et Saint-Vincent. Voir Vandenbroecke, *In verzekerde bewaring*, 40.

[1] Van Doorneveldt, *Laat de kinderen tot ons komen*, 59-63. Plasky, *La protection et l'éducation de l'enfant du peuple en Belgique*, Bruxelles, 1909.

Leur propre mère ne les ayant jamais confiées à une crèche, les femmes ne voyaient aucune raison d'y envoyer leurs enfants. Les mamans qui ne connaissaient personne préféraient payer 4,5 francs en moyenne par semaine pour ce que l'on appelait une « nourrice sèche » – une gardienne qui n'allaitait pas les enfants – chez qui, selon *Le journal des mères*, les soins étaient si mauvais que les bébés avaient 80 % de chance d'y mourir.[103]

Le gouvernement ne soutenait pas la création de crèches et n'y consentait aucun subside. Elles dépendaient donc entièrement de la charité de tiers. Ce qui expliquait

[103] Jachowicz Anneleen, *Met de moedermelk ingezogen of met de paplepel ingegeven*, 36. « Les crèches », *Le journal des mères*, 5e année, n° 5, 1, n° 6, 1, n° 7, 1.

aussi pourquoi les mères rechignaient à y envoyer leurs petits bouts. Leur amour-propre leur interdisait de faire appel à une initiative associée à l'« assistance publique ».[104] En 1926, le Conseil supérieur d'hygiène publique dut lui aussi concéder que la création des crèches avait connu peu de succès.[105]

Mais la mortalité des enfants n'était pas uniquement liée à l'ignorance des parents en matière d'alimentation et de soins. Une habitude largement répandue en Flandre consistait à contracter une police d'assurance qui versait une indemnisation en cas de naissance d'un enfant mort-né ou de décès d'un enfant âgé de moins de cinq ans. Cette tradition était à l'origine de situations intolérables, principalement dans les arrondissements d'Anvers, de Gand et de Bruxelles, où les parents laissaient délibérément mourir leurs enfants. Le Conseil supérieur d'hygiène publique entendait mettre un terme à ces pratiques et réclamait depuis des années que la cause du décès soit obligatoirement constatée par un médecin. Cette mesure profiterait également aux personnes âgées ne disposant plus de revenus.[106] Si le gouvernement n'accéda pas à cette demande, un débat intense anima la Chambre en 1906 sur le thème de la police d'assurance. Les partisans de son interdiction argumentaient que la police d'assurance entraînait des négligences et des avortements. De leur côté, les opposants prétendaient qu'en l'absence d'indemnisation, les parents ne pourraient même pas offrir un enterrement digne à leurs enfants. Finalement, la loi du 26 décembre 1906 déclara l'illégalité – et donc la nullité – des assurances contre les décès d'enfants.[107]

Les soins à la jeunesse scolarisée

Le Conseil supérieur d'hygiène publique ne s'intéressait pas uniquement aux tout-petits. Il accordait aussi beaucoup d'importance à la santé des jeunes scolarisés. Le Conseil avait d'ailleurs déjà fait entendre sa voix dans les années 1870, lorsqu'une inspection sanitaire systématique dans les écoles et un contrôle médical des enfants scolarisés avaient été envisagés pour la première fois. Le Conseil se concentrait avant tout sur l'hygiène des bâtiments scolaires et élaborait les directives nécessaires en la matière.[108]

Parmi les enfants, les maladies contagieuses – comme la rougeole, la coqueluche et la rubéole – faisaient encore près de 4 000 victimes par année à la veille de la Première Guerre mondiale.[109] Le Conseil montrait également un intérêt grandissant pour d'autres pathologies fréquentes parmi les jeunes scolarisés. Beaucoup d'enfants souffraient ainsi de scoliose consécutive à une alimentation mal équilibrée et à une mauvaise position assise. Les petits locaux, les programmes scolaires intensifs et le manque d'exercice physique occasionnaient parfois des problèmes mentaux chez les enfants. Malgré les risques pour la santé, les prescriptions du Conseil en termes de ventilation, de propreté et d'équipements sanitaires des bâtiments scolaires n'étaient pas suffisamment respectées. Le premier règlement organique de l'enseignement fondamental, daté du 15 août 1846, contraignait pourtant les communes à envoyer un médecin au moins une fois par mois à l'école communale. En pratique, c'était le médecin des pauvres qui était chargé de la corvée. Ce médecin devait non seulement soigner les malades qui ne pouvaient pas se payer un docteur « normal », mais aussi visiter l'école communale et renvoyer les enfants malades à la maison. Les élèves ainsi renvoyés ne pouvaient réintégrer l'école qu'après avoir été redéclarés en bonne santé par le médecin. Le docteur devait faire un

[104] Van Doorneveldt, *Laat de kinderen tot ons komen*, 58.
[105] CSHP, *Rapports*, 10/05/1926, 633.
[106] CSHP, *Rapports*, sur l'année 1891, 479 ; De Vroede, « Consultatiecentra voor zuigelingen in de strijd tegen de kindersterfte in België », 453.
[107] Vandenbroeck, *In verzekerde bewaring*, 31.
[108] CSHP, *Rapports*, 2 et 3/06/1874, 75-83. 17/12/1874, 131-133. Voir la 1re partie de cet ouvrage.
[109] De Vos, *Allemaal beestjes*, 69.

Les enseignants furent conscientisés au risque de scoliose découlant d'une mauvaise position assise des élèves.

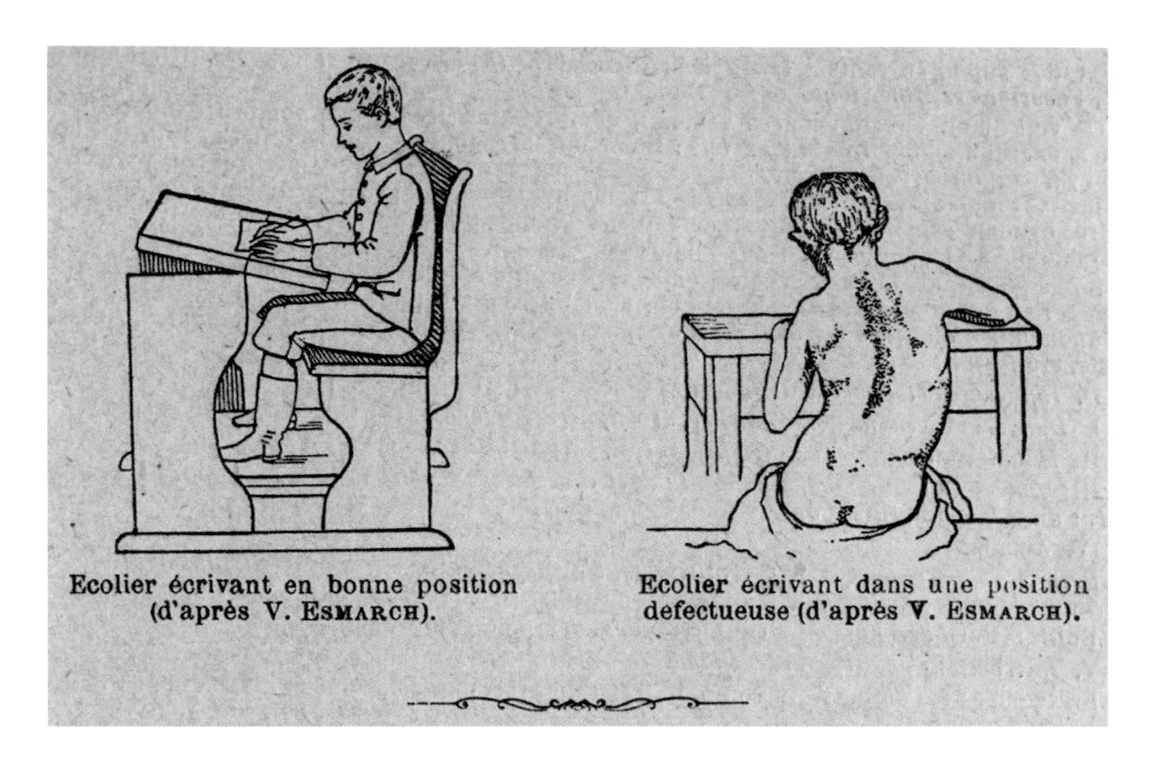

compte rendu au collège des échevins après chaque inspection. Mais le règlement restait lettre morte face à l'importante charge de travail et à la faible rémunération des médecins des pauvres. Sa bonne exécution était en outre rendue totalement impossible par la pénurie de personnel médical dans certaines zones rurales. Si inspection il y avait, le médecin de campagne se limitait par la force des choses à visiter rapidement l'école locale et à formuler des conseils en périodes d'épidémies.

La première directive officielle pour l'inspection sanitaire des écoles parut en 1884. Elle était l'œuvre d'A. Devaux, inspecteur du ministère de l'Intérieur et futur inspecteur général de l'Administration centrale de la santé. Son souhait initial était d'organiser, à l'échelle nationale, une inspection scolaire indépendante mais, au vu du coût d'un tel projet, la compétence resta du ressort des communes.[110]

En 1890, le duo de médecins Janssens-Kuborn rédigea de nouvelles directives pour l'inspection médicale scolaire, directives demandées par l'Académie royale de médecine et diffusées par le biais de l'arrêté ministériel du 30 octobre 1890. Entre-temps, quelques grandes villes avaient déjà organisé leurs propres services généraux d'inspection médicale grâce au soutien de médecins de renommée titulaires d'un mandat politique.[111] Les inspections minutieuses devaient permettre d'écarter les enfants malades ou convalescents avant qu'ils ne contaminent d'autres enfants. Les enfants non vaccinés devaient être dépistés.

Le Conseil supérieur d'hygiène publique croyait dur comme fer en l'utilité de l'inspection médicale scolaire. Le taux de mortalité baisserait fortement rien qu'en s'attachant davantage à l'hygiène scolaire. Le Conseil demeurait pourtant insatisfait des résultats enregistrés après la publication de l'arrêté ministériel. Après 1901, il dénonça régulièrement les lacunes des inspections médicales scolaires à cause desquelles les écoles demeuraient de véritables foyers de maladies contagieuses. Comme souvent, la faute en fut imputée au laxisme des administrations communales. Malgré tout, le Conseil

[110] Velle, « De overheid en de zorg voor de volksgezondheid, 146.
[111] Velle, « De schoolgeneeskunde in België (1850-1940) », 354-366.

Les maladies infantiles

En 1912, le Conseil supérieur d'hygiène publique se pencha longuement sur la rougeole, la coqueluche et la rubéole. Ces maladies infantiles hautement contagieuses étaient encore responsables de 20 à 25 % des décès chez les enfants de 1 à 7 ans durant la dernière décennie du 19e siècle. Les maladies se transmettaient par les particules diffusées dans l'air lorsqu'un malade toussait ou respirait.[1] Selon la maladie, les enfants contaminés présentaient une forte fièvre, une éruption cutanée, une inflammation de la gorge ou de graves problèmes respiratoires.

Le Conseil rédigeait des rapports circonstanciés, expliquant les symptômes dans les moindres détails pour que les enseignants et les parents puissent intervenir à temps. Les documents étaient également transmis aux communes par le biais des commissions médicales provinciales. Il ne faut pas oublier qu'il n'existait pas de médicaments. L'unique moyen efficace d'empêcher la maladie de se répandre était d'isoler les malades. La seule solution était de rester chez soi et de laisser la maladie suivre son cours. En cas de difficulté, le patient devait être hospitalisé ou la commune devait désigner une infirmière pour soigner le malade à domicile et prendre les mesures de désinfection nécessaires. Tous les enfants de la famille étaient consignés jusqu'à la fin de la quarantaine prescrite. Les visites étaient formellement interdites. Les enfants ne pouvaient reprendre le chemin de l'école qu'après avoir obtenu un certificat médical attestant de leur complète guérison.[2]

Les premiers vaccins contre la coqueluche firent leur apparition sur le marché peu de temps après 1906 et la découverte, par Jules Bordet et Octave Gengou, de la bactérie pathogène. Malheureusement, l'efficacité des vaccins développés dans divers pays laissait à désirer. Il fallut attendre 1948 pour que le vaccin combiné diphtérie-tétanos permette une vaccination à grande échelle. Depuis les années 1960, les nourrissons nés en Belgique reçoivent un vaccin trivalent contre la diphtérie, le tétanos et la coqueluche. Le premier vaccin contre la rougeole apparut en Belgique en 1975. L'administration du vaccin trivalent constitué de virus vivants atténués de la rougeole, des oreillons et de la rubéole est systématique depuis 1985. Entre 1982 et 1998, l'incidence de la rougeole par 100 000 habitants est passée de 714 à 10 en Flandre et de 1 281 à 32 en Wallonie. Les vaccins ne sont pas obligatoires – à l'exception de celui contre la polio – mais ils sont repris dans le programme de vaccination infantile recommandé par le Conseil Supérieur de la Santé.[3]

[1] Velle, *Hygiëne en preventieve gezondheidszorg*, 258-259.
[2] CSHP, *Rapports*, 28/031912, 336-340; 30/04/1912, 393-397; 3/04/1913, 87-102.
[3] Conseil Supérieur de la Santé, *Guide de vaccination*, 2007, 13 et 20.

supérieur d'hygiène publique ne souhaitait pas voir cette compétence transférée à l'État. Les communes restaient responsables de la santé de leurs administrés. Mais le Conseil était d'avis que le pouvoir central devait augmenter les moyens mis à la disposition de l'inspection médicale scolaire. Si le gouvernement pouvait consacrer de l'argent pour protéger le pays du choléra et de la peste, il devait aussi pouvoir le faire pour d'autres maladies contagieuses. Le Conseil souhaitait en outre l'instauration d'un contrôle permanent sur l'inspection médicale scolaire, ainsi que son introduction obligatoire dans l'enseignement libre.[112]

[112] CSHP, *Rapports*, 28/11/1901, 446-469 et 456-461.

Dans ses instructions destinées au personnel enseignant, le Conseil soulignait que les récréations devaient être consacrées au jeu, et non à des cours de gymnastique comme beaucoup d'écoles en avaient pris l'habitude.

En attendant une inspection médicale scolaire plus efficace, le Conseil décida que le personnel enseignant avait aussi une mission à remplir. Le 7 mai 1908, le Conseil supérieur d'hygiène publique publia des instructions détaillées pour aider le personnel enseignant à prévenir les maladies contagieuses chez les enfants. Les instituteurs et les institutrices avaient un rôle de tout premier plan à jouer. L'autorité et la confiance dont ils jouissaient auprès des parents en faisaient les personnes tout indiquées pour transmettre les connaissances élémentaires d'hygiène aux enfants et aux parents. Mais avant cela, il fallait naturellement qu'ils soient eux-mêmes parfaitement informés. Le Conseil supérieur d'hygiène publique leur expliqua donc dans les moindres détails comment les maladies contagieuses naissaient et pouvaient être évitées.

Les instructions comportaient de nombreux conseils d'hygiène. La classe devait être propre et bien aérée. Les portes et fenêtres devaient être ouvertes pendant les pauses. Seuls les enfants habillés correctement pouvaient accéder à l'école. Les enseignants devaient contacter les parents de tout enfant arrivant à l'école dans une tenue débraillée. Les familles qui n'avaient pas d'argent pour acheter de nouveaux vêtements devaient bénéficier de l'aide de la commune, qui devait également intervenir dans l'installation de douches à l'école. Pour le Conseil, il était important que les enfants apprennent à se laver le visage et les mains et à se brosser les dents tous les jours. Les mauvaises habitudes devaient être désapprises. Il était désormais interdit de lécher les stylos et tout à fait inacceptable de cracher au sol. Cette habitude était jugée non seulement grossière, mais aussi très malsaine en raison de la propagation des bactéries. Les élèves devaient s'asseoir à des pupitres propres, bien entretenus et adaptés à leur taille. Leur position dans

L'école jouait un rôle important dans l'apprentissage de l'hygiène indispensable. Les élèves répétaient certaines habitudes, comme se laver les mains et se brosser les dents, jusqu'à ce qu'elles deviennent systématiques.

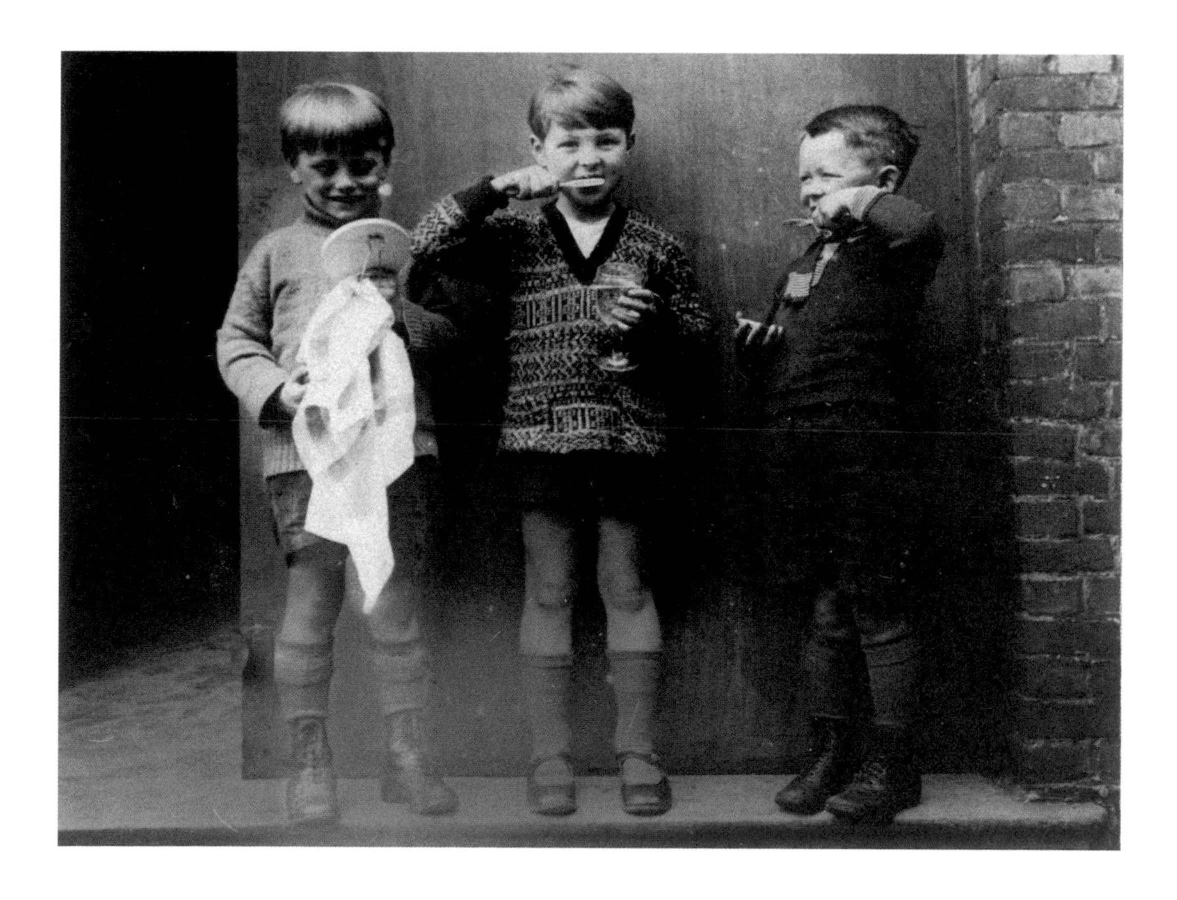

Prent 12.

Als ge niezen moet doe het dan gelijk Frits zoo stil mogelijk, ter zijde, **in uwen zakdoek.**

Prent 13.

Telkenmale dat het noodig is, gebruikt Julia haren zakdoek om netjes en zonder **gerucht** haren neus te snuiten. En zeggen dat er nog groote menschen zijn die zulks vergeten.

Pour nombre d'entre nous, il n'y a rien d'exceptionnel à éternuer dans un mouchoir. Toutefois, cet acte était beaucoup moins naturel au 19e siècle.

la classe devait être déterminée en fonction de leur vue et de leur ouïe. Les enseignants ne devaient jamais interdire aux enfants de s'adosser à leur chaise afin d'éviter tout surmenage du dos. Pour ménager les yeux des élèves, les livres scolaires ne devaient pas être imprimés en caractères trop petits. Les professeurs devaient inciter leurs élèves à respirer par le nez car c'était bien plus sain. Les pauses étaient réservées au jeu, elles ne pouvaient en aucun cas être utilisées pour les cours de gymnastique comme cela était souvent le cas. Les excursions devaient se dérouler le plus possible en plein air. L'alcool et le tabac étaient naturellement prohibés.

Les enseignants devaient également faire parler leur autorité en dehors des bâtiments scolaires. Ils avaient la possibilité de marquer de leur empreinte la politique sanitaire de leur village en informant les parents des règles d'hygiène à respecter en matière d'alimentation, d'eau potable, de voirie, de logement, etc. Le Conseil exigeait des enseignants une vigilance de tous les instants à l'égard des maladies. Si un enfant travaillait moins bien ou était physiquement affaibli, le professeur devait en informer le médecin responsable de l'inspection médicale. La famille était avertie lorsqu'il était nécessaire de consulter un médecin. Lorsqu'un enfant ne se sentait pas bien, le professeur devait le renvoyer chez ses parents. S'il restait à la maison parce qu'il n'était pas en forme, l'enseignant était chargé de s'enquérir de la maladie dont il souffrait. Et s'il s'agissait d'une maladie contagieuse, il devait en avertir immédiatement le bourgmestre ou la direction qui décidait, après avoir reçu l'avis des autorités sanitaires, si les autres élèves devaient aussi rester chez eux par mesure de précaution. Le cas échéant, l'école pouvait être entièrement évacuée. Les élèves ne pouvaient alors la réintégrer qu'après désinfection des locaux et échéance du délai d'incubation de la maladie. Il était interdit de rendre visite aux malades. Les enfants malades que l'on ne pouvait pas isoler correctement à la maison devaient être transférés dans un établissement de quarantaine ou dans un hôpital.[113]

Entre 1912 et 1913, le Conseil supérieur d'hygiène publique diffusa également une série d'instructions détaillées qui expliquaient en termes simples comment traiter les parasites tels que les vers et la gale et comment prévenir et guérir les maladies infantiles telles que la rubéole, le faux croup, la rougeole, la coqueluche et les oreillons. Le Conseil soulignait l'importance d'identifier rapidement les symptômes des maladies contagieuses, y compris du côté des parents.[114] Les enfants n'étaient pas les seuls à bénéficier d'un diagnostic rapide, la société en récoltait aussi les fruits. En effet, le développement des enfants qui voyaient ou entendaient mal, ou qui ne parvenaient pas à se concentrer en classe à cause de leur état, n'était pas optimal. Le retard physique ou intellectuel qui en découlait les rendait paresseux et nonchalants. Deux vilains défauts qui leur joueraient aussi de mauvais tours plus tard, et qui n'étaient pas bénéfiques pour la société.[115]

[113] CSHP, *Rapports*, 7/05/1908, 48-98.
[114] CSHP, *Rapports*, 28/03/1912, 336-346; 30/05/1912, 359-397; 27/06/1912, 398-404; 30/01/1913, 11-33, 27/02/1913; 49-55 et 87-102.
[115] CSHP, *Rapports*, 2/10/1902, 130-140; 29/10/1908, 154-175; 5/12/1912, 602.

3. Les recommandations aux professions médicales

3.1. Une âpre concurrence entre médecins et pharmaciens

Il va de soi que les nouvelles découvertes scientifiques dans le domaine de la bactériologie eurent également des conséquences pour le monde médical. Les nouveaux médicaments, les nouvelles méthodes antiseptiques et les nouveaux traitements exigeaient de nouvelles connaissances et compétences du personnel. Durant cette période, le Conseil supérieur d'hygiène publique se pencha surtout sur le métier de pharmacien et sur la formation des infirmiers et infirmières. Le Conseil se préoccupait beaucoup moins de la profession de médecin. En effet, la Fédération médicale belge (1863) veillait aux intérêts des docteurs, au même titre que les syndicats des médecins et la presse médicale. Toutefois, certaines idées émanant des médecins trouvaient aussi un écho auprès du Conseil supérieur d'hygiène publique, qui comptait un grand nombre de docteurs parmi ses membres. De nombreux médecins pouvaient faire part de leur opinion dans les rapports annuels des commissions médicales provinciales et des comités de patronage des habitations ouvrières. Mais le Conseil rassemblait aussi des pharmaciens, des architectes, des bactériologistes, des nutritionnistes, des hygiénistes, des scientifiques et des fonctionnaires. L'avis des médecins n'emportait dès lors pas toujours la majorité des suffrages au Conseil supérieur d'hygiène publique.

Vers 1890, le Conseil se sentit contraint de s'attaquer au problème du nombre sans cesse croissant de pharmaciens dans le pays. Leur nombre avait d'ailleurs connu une augmentation de 12 % entre 1887 et 1888. En 1892, la ville d'Anvers comptait par exemple 95 pharmaciens ou, pour reprendre la formule du pharmacien Leo Vandewiele, « *meer apothekers dan verlichtingspalen* ».[116] À l'origine de cette explosion, la loi du 20 mai 1876 qui avait ouvert grand les portes des universités aux candidats-pharmaciens. Tout le monde pouvait dorénavant s'inscrire à l'université, sans préparation ni examen d'admission préalable. Mais la plupart des pharmaciens voulaient seulement s'établir en ville. Peut-être y trouvaient-ils un plus grand confort, mais la majorité n'osait pas s'installer à la campagne principalement par crainte de la concurrence des médecins. En effet, la loi du 12 mars 1818 autorisait les médecins de campagne à délivrer les médicaments aux patients qui habitaient trop loin d'une pharmacie. Les intentions du gouvernement étaient nobles : chaque Belge avait ainsi accès aux médicaments, quel que soit son lieu de domicile. Mais la loi laissait place à une interprétation libre. Et en pratique, les médecins marchaient clairement sur les plates-bandes des pharmaciens, entraînant les débats passionnés que l'on peut imaginer.

Les médecins n'étaient pas seulement autorisés à délivrer les médicaments. Ils pouvaient même, moyennant une autorisation spéciale du Roi, ouvrir un dépôt de médicaments. Les médecins tenaient à ces droits acquis, que les pharmaciens considéraient comme une concurrence déloyale. Le Conseil supérieur d'hygiène publique souhaitait mettre un terme à cette confusion d'intérêts. Il faut dire que les médecins n'avaient pas

[116] « Plus de pharmaciens que de poteaux d'éclairage » ; Vandewiele, *Gedenkboek 150 jaar KAVA*, 60.

toujours les compétences requises pour préparer les remèdes. Les contrôles étaient en outre trop peu nombreux. Le Conseil offrit donc son soutien entier au projet de loi introduit le 1er mars 1888 par Joseph Devolder, alors ministre de l'Intérieur. L'objectif de ce projet de loi était de mettre fin au droit de cumul des médecins : quinze ans après l'instauration de la loi à la campagne, et cinq ans dans les villes. Le projet de loi de Devolder ne reçut toutefois pas l'approbation du Parlement. Nombre de médecins prenant part à la vie politique, le corps médical avait la possibilité de faire pression sur le Parlement afin que celui-ci refuse l'interdiction de cumul. Les pharmaciens durent attendre jusque tard au 20e siècle pour obtenir satisfaction. En effet, l'A.R. contraignant les médecins à fermer leurs dépôts de médicaments en présence d'un pharmacien dans un rayon de 5 kilomètres n'entra pas en vigueur avant 1976. L'A.R. prévoyait en outre que les médecins ne pouvaient désormais plus ouvrir de nouveaux dépôts, si bien que ces derniers disparurent progressivement.[117]

À bas les droguistes !

Les pharmaciens ne souffraient cependant pas uniquement de la concurrence des médecins ; ils devaient aussi compter avec les droguistes. Les pharmaciens intentaient régulièrement des procès aux droguistes qui se risquaient sur leur terrain et vendaient des remèdes faits maison aux médecins cumulards et à d'autres clients. Les droguistes vendaient aussi les produits pharmaceutiques de préparation industrielle – les « spécialités » – disponibles de plus en plus largement. Ils pouvaient en outre reprendre une officine existante lorsque le pharmacien cessait ses activités. Les gérants-droguistes étaient réputés pour leur appât du gain. Ils étaient connus pour leur manque de rigueur en termes de qualité des médicaments, de concoction des préparations et de conservation des produits.[118]

Ces pratiques étaient inadmissibles aux yeux du Conseil supérieur d'hygiène publique. La chimie avait enregistré de tels progrès que les herboristes étaient très loin de posséder les connaissances suffisantes pour l'analyse et la préparation des médicaments. Le Conseil était convaincu qu'aucun droguiste ne pouvait réussir l'examen de pharmacien sur la base de son expérience pratique. Du reste, le droguiste n'était même pas capable d'analyser lui-même les remèdes qu'il vendait. Le Conseil demanda dès lors plusieurs fois au gouvernement de supprimer la formation de droguiste.[119] L'A.R. du 28 février 1895 invita les commissions médicales provinciales à ne plus accepter les inscriptions au stage de droguiste. Plus aucun diplôme ne fut délivré depuis lors.[120]

Le Conseil avertit l'État que la qualité des remèdes souffrait parfois des luttes de concurrence entourant la vente de médicaments. Nombre de pharmaciens baissaient leurs prix pour attirer les clients. Mais pour continuer à faire des bénéfices, ils délivraient des médicaments de moindre qualité en économisant sur les ingrédients. Le Conseil entendait prévenir ce type d'abus en obligeant les pharmaciens à coller une étiquette sur les produits fournis par leurs soins. Cette étiquette devait clairement mentionner le nom du pharmacien qui avait préparé le médicament, ainsi que les substances qui le composaient. Les pharmaciens furent dès lors tenus d'apposer leur cachet nominatif sur les médicaments. Quant à la mention des composants du médicament, elle ne fut pas rendue obligatoire avant 1920.

La concurrence entre les pharmaciens et les droguistes donna lieu à une guerre des prix. Le Conseil supérieur d'hygiène publique craignait que les baisses de prix, telles que celles présentées sur cette annonce, influencent négativement la qualité des médicaments.

[117] CSHP, *Rapports*, 26/09 et 10/10/1889, 337-339 ; Vandewiele, *De geschiedenis van de farmacie in België*, 267-269 ; *Gedenkboek 150 jaar KAVA*, 60-61 et 75.

[118] Vandewiele, *Gedenkboek 150 jaar KAVA*, 60-61.

[119] Entre autres : CSHP, *Rapports*, 27/08/1891, 204.

[120] Schepers, « De opkomst van het medisch beroep in België », 179.

Le stage de pharmacien

Le Conseil voulait faire baisser le nombre de pharmaciens en prolongeant leur formation universitaire de quelques années et en liant le stage de pharmacien à un examen.[121] Une fois de plus, le pouvoir central ne suivit que partiellement l'avis du Conseil supérieur d'hygiène publique. Si les études de pharmacie connurent effectivement une grande réforme à la date du 10 avril 1890, leur durée resta inchangée. Le législateur mit toutefois fortement l'accent sur le stage de pharmacien. Les étudiants en pharmacie étaient désormais obligés de suivre un stage d'un an chez un pharmacien. Tous les trois mois, ils devaient demander une attestation de l'inspecteur du Service de santé de l'armée pour prouver qu'ils travaillaient effectivement dans une officine. Au terme de l'année de stage, les étudiants étaient enfin admis à l'examen final lors duquel ils devaient démontrer au jury leur capacité à préparer un médicament, sur prescription ou non.

Le pouvoir central suivit également la requête du Conseil pour un meilleur contrôle des pharmacies. Trop souvent, le Conseil recevait des plaintes relatives à des pharmacies mal ordonnées, des mauvais médicaments, des comptabilités inexactes, etc. Certains pharmaciens n'hésitaient pas non plus à poser des diagnostics, ce qui était rigoureusement interdit. Pour couronner le tout, il n'était pas rare qu'ils vendent des médicaments (potentiellement dangereux) sans ordonnance médicale.[122] La création d'un service d'inspection pharmaceutique, le 11 décembre 1893, devait mettre un terme à ces situations intolérables. Le gouvernement désigna des fonctionnaires chargés d'aller prélever des échantillons dans toutes les officines afin de contrôler la qualité des médicaments. Et les abus furent durement sanctionnés.[123]

Bien que les avis du Conseil supérieur d'hygiène publique aient débouché sur des résultats concrets dans certains sous-domaines, il apparaît clairement que le gouvernement ne suivait pas toujours ses recommandations. C'était surtout le cas lorsqu'on touchait aux intérêts des médecins. Les sources disponibles ne nous permettent pas d'en comprendre les causes. Mais la représentation massive du corps médical dans les cercles parlementaires pourrait, ici aussi, offrir une ébauche d'explication.

3.2. La professionnalisation des soins infirmiers (1900-1913)

Pendant des siècles, les soins prodigués aux malades dans les hôpitaux étaient principalement assurés par des religieuses. Pour les tâches pénibles et salissantes, celles-ci se faisaient aider par du personnel de salle mal rémunéré et sans formation spécifique : les infirmiers et infirmières. Ces gardes-malades recevaient le gîte et le couvert et n'étaient pas comptés parmi le personnel médical.

La demande de personnel qualifié

Les choses changèrent peu à peu après 1900. Les énormes progrès scientifiques requéraient une meilleure formation du personnel infirmier. Par ailleurs, le monopole de l'Église était également remis en cause dans les cercles libéraux. L'amour du prochain ne suffisait plus à une prise en charge optimale des patients. Le discrédit était jeté sur les religieuses. Le point de vue des libres penseurs était clair : les religieuses se montraient incompétentes et intolérantes à l'égard des non-conformistes. On leur reprochait un manque d'hygiène et de connaissance des dernières avancées scientifiques. Les religieuses

[121] CSHP, *Rapports*, 30/10, 7 et 14/11/1888, 248-249. CSHP, *Rapports*, 26/09 et 10/10/1889, 337-339. Vandewiele, *De geschiedenis van de farmacie in België*, 267-269.
[122] CSHP, *Rapports*, 1890-1892, 468-473.
[123] Vandewiele, *De geschiedenis van de farmacie in België*; *Gedenkboek 150 jaar KAVA*, 60-61 et 75.

Pour répondre à la demande d'un personnel infirmier mieux formé, le médecin bruxellois Antoine Depage créa deux écoles d'infirmières en 1907 et mit à leur tête deux « nurses » anglaises. La photo, datant de 1910, présente les premières diplômées en présence d'Antoine Depage et d'Edith Cavell, alors directrice de l'hôpital Saint-Pierre.

se construisaient, toujours selon les libéraux, une auréole de charité et de sainteté alors qu'elles ne contribuaient que très faiblement aux soins des malades. Les médecins étaient demandeurs de personnel infirmier qualifié et bien informé, notamment dans les domaines de la chirurgie, de l'anesthésie, de la radiographie et des indispensables techniques de désinfection. Les réformes touchant au recrutement, à la formation, aux missions et au statut des infirmières allaient cependant prendre des années.[124] Si le Conseil supérieur d'hygiène publique suivait avec grand intérêt les évolutions de la formation infirmière, il ne joua un rôle crucial dans sa refonte qu'après la Première Guerre mondiale.

La formation des infirmières bruxelloises connut une profonde réforme en 1907, sous l'impulsion du chirurgien libéral Antoine Depage. Les filles âgées de 18 ans ou plus et titulaires d'un diplôme de l'enseignement secondaire et d'un certificat de bonnes vie et mœurs étaient préparées au métier d'infirmière pendant deux à trois ans. Les écoles catholiques limitaient la formation à une petite année, selon un souhait exprès des congrégations religieuses. Ce n'est pas un hasard si c'est un gouvernement catholique qui officialisa généreusement la formation d'une année par les A.R. du 4 avril et du 22 juillet 1908.

La formation en soins infirmiers

Les commissions médicales provinciales étaient chargées de faire passer les examens aux aspirants-infirmiers. Ces examens, dont le lieu et l'horaire étaient publiés dans les journaux et les communiqués officiels, étaient généralement organisés deux fois par an, dans un hôpital public ou privé. Les candidats-infirmiers devaient être âgés d'au moins

[124] Jacques et Van Molle, « De verpleegkundigen : grenzeloos vrouwelijk », 203.

Infirmières laïques et religieuses de l'hôpital du Stuyvenberg, en 1907. La formation d'infirmière fit l'objet d'une réforme deux ans plus tard.

18 ans et avoir une bonne conduite. Deux possibilités s'offraient à eux pour être admis à l'examen. Soit ils suivaient au moins une année de cours théoriques et pratiques sous la houlette d'un médecin, soit ils produisaient un certificat attestant qu'ils avaient réalisé deux années de stage dans un hôpital public ou privé ou qu'ils avaient travaillé deux ans dans le secteur des soins à domicile. La deuxième possibilité fut abrogée en 1913. Les cours étaient entièrement libres. Tout le monde pouvait organiser une formation en soins infirmiers à condition de s'en tenir strictement au programme imposé.[125] Un certificat de capacité sanctionnait l'examen final.

Le Conseil supérieur d'hygiène publique ne fut pas impliqué dans les travaux préparatoires des A.R. relatifs à la nouvelle formation des infirmiers. Un rapport publié en mai 1908 indique que le Conseil se réjouissait des nouveaux développements. Le Conseil ne tarissait pas d'éloges sur les 398 femmes qui avaient décroché le certificat de capacité après une formation d'un an et les érigeait en exemples pour les aides-soignantes sans formation. Le Conseil soulignait toutefois deux points négatifs. La formation intellectuelle des infirmiers n'était pas jugée suffisamment exigeante. Le Conseil émettait des craintes quant au niveau des futurs infirmiers suite à l'ouverture de la formation aux hommes et femmes moins éduqués. Par ailleurs, le Conseil soulignait que l'année de formation théorique et pratique devait prévoir suffisamment de temps pour un stage en hôpital ou dans une autre institution médicale. Car seul le terrain permettait aux étudiants d'acquérir la pratique nécessaire en termes de soins, d'hygiène, de cures, etc.[126] Mais le gouvernement n'était pas du même avis. L'A.R. du 22 juillet 1908 se contenta de mentionner le nouveau programme d'études pour les infirmiers et infirmières psychiatriques. Les conditions d'admission demeurèrent inchangées. La formation attira du monde. La première année, 1 391 personnes se portèrent candidates, dont 1 311 furent admises. Cent nonante-trois étudiants décrochèrent le certificat d'infirmier ou d'infirmière psychiatrique. Quatre-vingt % des participants aux examens étaient des religieuses. Le Conseil supérieur d'hygiène publique ne tarissait pas d'éloges.[127]

[125] Jacques et Van Molle, « De verpleegkundigen : grenzeloos vrouwelijk. », 206-207. Velle, « De opkomst van het verpleegkundig beroep in België, 18-22.
[126] CSHP, *Rapports*, 7/05/1908, 407-409.
[127] CSHP, *Rapports*, 29/12/1910, 342-345.

4. Une loi sanitaire ambitieuse (1899-1911)

Que ce soit en termes d'habitations plus propres, d'hygiène accrue ou de lutte contre les maladies contagieuses, la limitation des compétences du pouvoir central en matière de santé entrava toujours la mise en œuvre des avis du Conseil supérieur d'hygiène publique. La réorganisation du service de santé, en 1880, n'y changea pas grand-chose. Or, les rapports annuels des commissions médicales provinciales permettaient au Conseil de signaler plus facilement les problèmes au gouvernement. Malheureusement, les solutions proposées n'étaient souvent pas mises en application. La dépendance aux communes représentait l'un des principaux obstacles. Ces dernières détenaient encore des pouvoirs très étendus en la matière. La plupart du temps, elles pouvaient passer outre aux avis ministériels relatifs à la santé publique, que ce soit par manque d'argent, par ignorance ou par négligence. Les rapports des comités de patronage des habitations ouvrières et des commissions médicales provinciales répercutaient de nombreuses plaintes à l'encontre d'administrations communales laxistes ou de particuliers coupables d'abus dans leur course au profit. Le Conseil supérieur d'hygiène publique faisait régulièrement montre de son mécontentement face aux limites d'une telle politique de santé décentralisée. En 1904, il lorgnait ouvertement sur le modèle britannique, où l'État possédait bien plus de compétences dans les matières de santé publique.[128]

En mai 1899, le Conseil supérieur d'hygiène publique se pencha pour la première fois sur un projet de loi de Léon De Bruyn, ministre de l'Agriculture et des Travaux publics – qui détenait aussi la compétence de la Santé publique – lequel devait constituer la première étape vers un élargissement des pouvoirs de l'État. Le projet de loi visait à rendre obligatoire la déclaration des maladies contagieuses[129], au même titre que le constat de la cause d'un décès par un médecin, la vaccination contre la variole et le règlement relatif à l'état de la voirie. La sensibilité des communes à toute tentative d'atteinte à leurs compétences se révéla immédiatement. En effet, le ministre De Bruyn avertit le Conseil supérieur d'hygiène publique que la seule possibilité de voir le projet aboutir était de respecter au mieux les privilèges des communes.[130] Bien que le Conseil tint compte de la mise en garde du ministre – et insistât largement, dans son rapport de mai 1899, sur les compétences communales maintenues – la proposition de loi ne fut pas votée.

Mais des voix s'élevaient de plus en plus, que ce soit au sein du Conseil supérieur d'hygiène publique, dans les commissions médicales provinciales ou parmi le corps médical, pour revendiquer une politique de santé plus efficace. Non seulement le Conseil supérieur d'hygiène publique réclamait plus de compétences et de poids financier pour l'État, mais il déplorait aussi la prolifération des institutions, lois et règlements. Selon le Conseil, les évolutions tumultueuses observées dans le secteur de la santé nécessitaient une politique solide, accompagnée d'une délimitation stricte des compétences aux niveaux central, provincial et communal et d'une simplification législative. La « loi sanitaire » devait remettre de l'ordre. Dès 1910, le Conseil supérieur d'hygiène publique plaça tous ses espoirs dans la loi sanitaire que le ministre de l'Intérieur de l'époque,

[128] CSHP, *Rapports*, 24/11/1904, 147-148.
[129] En plus du choléra, l'État souhaitait aussi que les maladies telles que la peste, la variole, la coqueluche, la diphtérie et le typhus fassent l'objet d'une déclaration obligatoire.
[130] CSHP, *Rapports*, 25/05/1899, 323-337.

En 1912, Paul Berryer – alors ministre de l'Intérieur – tenta sans résultat de faire voter au Parlement une loi sanitaire des plus radicales.

le catholique Paul Berryer, souhaitait initier. La commission mise sur pied par le Conseil pour assister Berryer se réunit pas moins de dix-sept fois pour rendre son avis sur l'avant-projet de cette loi mammouth. Il s'agissait pour le Conseil de la plus importante des missions qu'il ait jamais eu à mener à bien. Berryer suivit rigoureusement les avis du Conseil.

Le nouveau projet de loi visait à simplifier et à compléter la législation sanitaire morcelée, et à décrire précisément les compétences des nombreux organes actifs dans la santé publique. La première condition était d'étendre le pouvoir de l'État dans les matières de santé; un pouvoir indispensable pour atteindre les autres objectifs de la loi sanitaire. D'anciennes exigences refirent surface. Berryer voulait notamment que cette loi rende obligatoire la déclaration des maladies contagieuses[131], la vaccination contre la variole et le constat médical de la cause d'un décès.[132] Pour le reste, le projet de loi sanitaire prévoyait une structure plus efficace pour les soins obstétricaux à la campagne, une généralisation de l'inspection médicale scolaire et des subsides pour les dispensaires et autres établissements publics et privés luttant contre la tuberculose. L'État devait aussi avoir le pouvoir de prendre des mesures relatives à l'assainissement des habitations et à l'état des voiries si les communes manquaient à leurs devoirs.[133]

Certaines voix s'élevèrent contre ce type d'obligations prétendument contraires aux libertés individuelles. Mais le Conseil supérieur d'hygiène publique balaya ces protestations du revers de la main, les jugeant totalement loufoques. Personne ne pouvait nuire aux autres au nom de la liberté. Le Conseil estimait que les communes n'avaient pas seulement des droits, mais aussi des devoirs. Le fait que le Conseil plaide pour plus d'autonomie de l'État ne signifiait d'ailleurs pas qu'il ne soutenait pas les initiatives communales. Le projet de loi abordait la création d'un bureau sanitaire, les soins néonatals, l'extension accrue du réseau de distribution d'eau, la protection des cours d'eau et les assainissements au niveau communal. Il prévoyait aussi une amende ou une peine de prison – voire les deux – pour les contrevenants.

Soumettre un projet de loi général de ce type au Parlement était une entreprise très ambitieuse. D'autant plus qu'il régnait une tension politique et sociale inédite à l'approche des élections parlementaires de juin 1912. Socialistes et libéraux unissaient leurs forces dans un cartel afin de briser le monopole de la majorité conservatrice catholique. Majorité qui était opposée à l'instauration du droit de vote universel, de la scolarité obligatoire ou de lois sociales étendues. Une loi sanitaire générale s'annonçait également difficile d'un point de vue politique. L'ingérence de l'État et l'éventualité d'une loi-cadre garantissant le droit individuel à la santé étaient des idées proches du socialisme, qui effrayaient surtout la droite. Qui plus est, des organismes tels que la Ligue contre la tuberculose et la Ligue nationale pour la protection de l'enfance, qui possédaient souvent des porte-parole politiques au Parlement, n'étaient pas favorables à une plus grande ingérence étatique. Ils étaient habitués à pouvoir jouir d'une grande liberté de fonctionnement et de choix. [134]

Le ministre Berryer soumit le projet de loi à la Chambre le 5 décembre 1911. Le président de la Chambre, Monsieur Cooreman, décida immédiatement de créer une commission spéciale chargée d'étudier le projet de loi.[135] On ignore aujourd'hui si cette commission s'est seulement réunie. Les esprits étaient peut-être un peu trop échauffés durant la campagne électorale. Toujours est-il qu'il fallut attendre la fin des élections

[131] La déclaration obligatoire permettait aux communes de prendre le plus vite possible des mesures d'isolement et de désinfection efficaces.

[132] Berryer et le Conseil supérieur d'hygiène publique voulaient créer un Service central pour la Déclaration des causes de décès qui traiterait en toute discrétion les données relatives à la cause du décès, à la profession et au domicile du défunt, qui seraient envoyées par les médecins.

[133] Pour consulter le projet de loi dans son entièreté et ses commentaires, voir: *Documents parlementaires, Chambre sessions*, 1911-1912, I, n° 25, 1-199.

[134] CSHP, *Rapports*, 30/06/1910, 77-186. Velle, « De centrale gezondheids-administratie in België », 184-186.

[135] Cette commission se composait des parlementaires suivants: Delbeke, Delporte, du Bus de Warneffe, Fléchet, Liebaert, Melot, Persoons, Terwagne et Wauters. *Annales Parlementaires, Chambre*, Sessions 1911-1912, 153 et 169.

pour revoir le projet de loi sur la table. En dépit de la vigueur de l'opposition, le Parti catholique avait conquis une nouvelle victoire et un nouveau gouvernement 100 % catholique reprit les commandes du pays. Le 12 novembre 1912, le président de la Chambre Frans Schollaert décida à nouveau de mettre sur pied une commission spéciale chargée d'examiner le projet de loi. Les anciens membres ayant pratiquement tous été réélus, Schollaert redésigna les mêmes parlementaires pour siéger au sein de la commission.[136] De l'avis de ses détracteurs, la loi sanitaire « générale » portait atteinte aux libertés individuelles et menaçait l'autonomie des communes. Une autre difficulté émanait du fait que la déclaration obligatoire des maladies contagieuses était en contradiction avec le secret médical. Le corps médical avait pourtant clairement indiqué, dans la presse médicale, que le secret professionnel ne devait pas primer sur la menace représentée par de graves maladies contagieuses.[137] Découragée, la *Gazette Médicale Belge* déclara que les perpétuels amendements et débats au sein de la commission spéciale laissaient à penser qu'il faudrait encore patienter des années avant le vote de cette loi sanitaire si capitale.[138] Une fois encore, et au grand désespoir du Conseil supérieur d'hygiène publique, le projet de loi ne fit pas l'objet d'un débat à la Chambre. Malgré les protestations vigoureuses du corps médical, la loi sanitaire de Berryer resta lettre morte.

La création de l'Inspection générale de la santé, le 19 juillet 1911, fut la seule réforme importante. Cette inspection était chargée de contrôler tout ce qui touchait à la santé publique et qui relevait de la compétence du ministre de l'Intérieur. L'Inspection générale de la santé devait fournir des avis techniques en matière d'hygiène et de soins de santé, tant au niveau communal qu'au niveau provincial. Malgré les demandes persistantes d'uniformité accrue dans la politique de santé publique, la Belgique dut attendre le 13 juin 1936 pour connaître son premier ministère de la Santé publique à part entière.[139]

[136] Seul Wauters, qui ne faisait plus partie de la Chambre, fut remplacé par Visart de Bocarmé. *Annales Parlementaires, Chambre,* Sessions 1912-13, 7.
[137] *Gazette Médicale Belge*, 11/01/1912, n° 15, 141-142 ; 01/02/1912, n° 18, 171-173.
[138] *Gazette Médicale Belge*, 02/06/1913, n° 36, 351-352. Les rapports de cette commission spéciale n'ont pas été livrés.
[139] Velle Karel, « De centrale gezondheids-administratie in België », 187-188.

TROISIÈME PARTIE

Consolidation et ancrage (1914-1940)

COMMISSION SYNDICALE
DE BELGIQUE.

TRAVAIL ARBEID

LOISIRS UITSPANNING

REPOS RUST

SYNDIKALE
KOMMISSIE VAN BELGIË

LITH. O. DE RYCKER, BRUXELLES-FOREST

1. Un fonctionnement interne renouvelé

La Première Guerre mondiale joua un rôle de catalyseur dans de nombreuses matières sociales. La démocratisation politique se traduisit par l'avènement d'un secteur des soins de santé ouvert à toutes les couches de la population. Au début des années 1920, la législation sociale connut une grande expansion et les mutualités se virent attribuer un rôle central dans le développement des soins préventifs et curatifs. En 1920, le ministre socialiste Joseph Wauters fit voter une loi octroyant des subsides de l'État aux mutuelles et élargissant leur terrain d'action. Le gouvernement s'engagea en outre dans une vaste collaboration avec les organisations sociales. En les subventionnant, il stimula la création d'initiatives en matière de santé publique, de prévention et d'hygiène. Le début des années 1930 fut marqué par une grave dépression économique, accompagnée de son cortège de répercussions dans de multiples domaines de la société.[1]

Après la Première Guerre mondiale, le Conseil supérieur d'hygiène publique continua à traiter une série de thèmes intéressants, dont l'impulsion avait souvent déjà été donnée avant la guerre. C'est ainsi que la législation sociale revint au centre de l'attention, que le Conseil chercha des solutions pour la lutte contre la tuberculose et les maladies vénériennes et qu'il œuvra à l'amélioration de la formation du personnel infirmier et au développement de l'inspection médicale scolaire. Les infrastructures des établissements médicaux et la lutte contre l'adultération des denrées alimentaires restaient, elles aussi, à son ordre du jour. Malheureusement, les rapports publiés après la Première Guerre mondiale ne nous en apprennent guère plus sur le fonctionnement journalier du Conseil ou sur le déroulement de ses réunions. Il est dès lors difficile de se forger une idée des discussions intéressantes de l'époque. Les années 1930 se caractérisent par une forte diminution du nombre de rapports, sans raison apparente. L'intérêt porté à la santé publique était-il réduit en ces sombres années de crise et le Conseil était-il dès lors consulté moins souvent ? Ou tous les rapports ne nous sont-ils pas parvenus ? Les sources disponibles ne permettent pas de le dire.

Bien que le Conseil supérieur d'hygiène publique ne fût officiellement pas en fonction durant l'Occupation, il se réunit officieusement à quelques reprises, notamment pour préparer sa réorganisation. L'échec de la loi sanitaire en 1913 avait été une occasion manquée de placer le Conseil sous les feux des projecteurs. Celui-ci était toujours d'avis qu'il méritait une place dans une loi sanitaire générale, en tant que principal organe consultatif pour le pouvoir central en matière d'hygiène publique. En outre, le fonctionnement du Conseil avait fortement évolué au fil des années. Sa composition exacte et ses compétences se devaient donc d'être redéfinies dans une loi. Pour renforcer le Conseil, le ministre de l'Intérieur dégagea un budget supplémentaire pour sa réforme.[2]

En ses séances du 28 avril et du 4 août 1919, le Conseil rédigea un nouveau règlement d'ordre intérieur qui consistait essentiellement en une structuration accrue de son fonctionnement interne, favorisant une intervention plus rapide et plus efficace du Conseil. Depuis des années, les demandes d'avis étaient traitées par des sections compétentes

[1] Pour une littérature contextuelle sur l'entre-deux-guerres, voir: Bassyn, « Ziekenhuizen tijdens het interbellum », 72; *De Massa in verleiding*, 138-177, Vanthemse, Craeybeckx, *Politieke geschiedenis van België*, 151-199; Velle, « De overheid en de zorg voor de volksgezondheid », 130-150; De Maeyer en Dhaene, « De gezondheidszorg verzuild », 151-166.

[2] CSHP, *Rapports*, 30/06/1910, 96-98.

pour un domaine spécifique sans que cette pratique ne soit jamais officialisée. Le nouveau règlement d'ordre intérieur formalisa la procédure. La première section du Conseil se penchait sur les questions liées à l'hygiène personnelle et à celle de groupes cibles déterminés. La deuxième section traitait de la prévention des maladies contagieuses, tandis que la troisième section se chargeait de la lutte contre la tuberculose. La section quatre se concentrait sur l'hygiène alimentaire, la section cinq ciblait l'hygiène dans les habitations et les agglomérations et formulait des avis sur les infrastructures hospitalières, tandis que la section six se polarisait sur l'hygiène professionnelle et industrielle. Le président et le secrétaire du Conseil supérieur d'hygiène publique intégraient de plein droit toutes les sections. Chacune d'entre elles se composait par ailleurs de cinq à dix autres membres, élus par le Bureau du Conseil. Chaque section élisait elle-même son président. En cas d'empêchement de ce dernier, le doyen des membres présidait la réunion de la section. Le Bureau du Conseil se composait des présidents des différentes sections, du président général et du secrétaire. Les membres pouvaient faire partie de plusieurs sections.

C'était le président de section qui jugeait de la compétence de son équipe à se prononcer sur une demande d'avis spécifique. Si le sujet concernait plusieurs sections, le président pouvait également inviter les autres sections à participer à la réunion. Si aucune section spécifique n'était compétente pour un thème précis, le Bureau décidait de composer une commission spéciale. Il choisissait les personnes les mieux à même d'en faire partie. Les sections et les commissions pouvaient se réunir à discrétion. Le Bureau du Conseil se réunissait au moins une fois par mois pour coordonner les réunions et les avis et pour contrôler le bon déroulement des choses. Tous les membres du Conseil supérieur d'hygiène publique se rassemblaient une fois par trimestre, à l'occasion d'une séance plénière. Mais rapidement, les voix s'élevèrent pour dénoncer cette faible fréquence, qui ne permettait pas aux membres de maîtriser suffisamment les sujets traités par les différentes sections et les affaires courantes du Conseil supérieur d'hygiène publique. Bien que les réunions en petit comité fussent plus efficaces, le sentiment de cohésion allait décroissant.

Une commission interne pouvait être désignée au sein d'une section en vue d'analyser certaines questions précises. Cette commission délibérait sur un thème avant d'en faire rapport à la section. Toute demande de mise à l'ordre du jour devait d'abord être adressée par écrit au Bureau, qui l'attribuait à telle ou telle section. Si nécessaire, le Bureau pouvait également – de sa propre initiative ou à la demande d'une section ou d'une commission – admettre des personnes qui n'étaient pas membres du Conseil supérieur d'hygiène publique ou qui siégeaient habituellement dans une autre section. Sauf cas d'urgence, le secrétaire devait envoyer les invitations aux réunions au moins quatre jours à l'avance. Ces convocations mentionnaient clairement les points à l'ordre du jour. La moitié des membres de la section ou de la commission devaient être présents pour pouvoir ratifier une décision. L'approbation se faisait à la majorité des voix. En cas de partage, la proposition était rejetée.

Les avis des sections étaient envoyés au président du Conseil. Dans certains cas, celui-ci transmettait l'avis directement au ministre compétent. Dans d'autres cas, il soumettait d'abord l'avis au Bureau, qui se prononçait sur la nécessité de présenter l'avis en séance plénière. Les rapports des commissions spéciales devaient toujours être approuvés par le Bureau ou par les autres membres du Conseil supérieur d'hygiène publique. Tous les membres du Conseil recevaient d'ailleurs les rapports des sections et des commissions. Ils avaient ainsi la liberté de les lire et, s'ils le souhaitaient, de formuler leurs remarques au Bureau.

Le secrétaire du Conseil supérieur d'hygiène publique continuait de jouer un rôle central. Il examinait les dossiers et, le cas échéant, les complétait. Il s'occupait par ailleurs de la correspondance et des rapports et tenait les archives, le registre des procès-verbaux et le livre de présences aux séances. En son absence, il était remplacé par un membre désigné par le président général ou par un président de section. Le Bureau établissait le budget annuel du Conseil, approuvé par le ministre compétent, et s'assurait qu'il ne soit pas dépassé. Les dépenses consistaient essentiellement en jetons de présence, frais de transport et de logement des personnes assistant aux réunions, rétribution du secrétaire, frais de secrétariat et frais d'impression des rapports.[3]

Charles de Broqueville, alors ministre de l'Intérieur, ratifia officiellement le nouveau règlement d'ordre intérieur et la réorganisation du Conseil supérieur d'hygiène publique par l'A.R. du 14 septembre 1919. La mission du Conseil restait identique : étudier et analyser tout ce qui pouvait participer à l'amélioration de la santé publique. Il pouvait prendre des initiatives en ce sens, mais conseillait également les autorités centrales, provinciales et communales qui en faisaient la demande. L'A.R. du 24 octobre 1919 ajouta au Conseil les compétences liées au contrôle des sérums, vaccins, toxines et organothérapie.[4] Le Conseil pouvait se composer d'un maximum de 45 membres. Le Roi désignait non seulement les membres, mais il choisissait aussi le président et le secrétaire. Le président Emile de Beco et le secrétaire O. Velghe allaient conserver de nombreuses années les rênes du Conseil supérieur d'hygiène publique.[5] Deux vice-présidents étaient désignés tous les trois ans. Ceux-ci ne pouvaient pas être réélus directement au terme de leur mandat. Les premiers vice-présidents furent Félix Putzeys et Emile Van Ermengen, tous deux professeurs d'hygiène publique. Les anciens membres pouvaient être nommés membres honoraires.[6] Souvent, les membres restaient actifs au sein du Conseil jusqu'à un âge très avancé.[7]

[3] CSHP, *Rapports*, 1916-1919, II-VI.
[4] L'organothérapie consistait à traiter les maladies humaines au moyen de produits dérivés d'organes d'animaux.
[5] De Beco fut président de 1905 à 1929. Quant à Velghe, il fut secrétaire de 1907 à 1932.
[6] Les rapports ne font état de membres honoraires qu'à partir de 1955.
[7] Il n'était pas exceptionnel que le Conseil supérieur d'hygiène publique ouvre son rapport annuel par une série d'hommages rendus aux membres décédés durant l'année.

2. L'essor de la législation sociale

La première salve de lois sociales votées à la fin des années 1880 fut suivie par une période de relatif immobilisme. La majorité catholique conservatrice avait les capacités de rejeter les demandes socialistes visant une expansion de la législation sociale. Mais les choses changèrent peu après la Première Guerre mondiale. Le 22 novembre 1918, Albert Ier annonça dans son discours du Trône l'introduction du suffrage universel pur et simple réservé aux hommes, entraînant une explosion de l'électorat potentiel du Parti Ouvrier Belge. Après les premières élections d'après-guerre, plus aucun parti ne disposait de la majorité absolue au Parlement. Désormais, les gouvernements seraient formés par coalition. Le 21 novembre 1918, le parti socialiste intégra pour la première fois un gouvernement tripartite sous la houlette du catholique Léon Delacroix.[8] La désignation d'un socialiste – Joseph Wauters (1918-1921) – au poste de ministre de l'Industrie, du Travail et du Ravitaillement ramena la problématique sociale sur l'avant-scène politique.[9] Le Conseil supérieur d'hygiène publique en ressentit lui aussi les effets.

2.1. Le suivi médical des adolescents au travail

En 1919, le Conseil se pencha sur un projet de loi visant une meilleure protection de la santé des adolescents au travail. Le raisonnement sous-jacent était le suivant : le suivi médical dont de nombreux enfants bénéficiaient à l'école[10] ne pouvait pas cesser lorsqu'ils commençaient à travailler à l'âge de quatorze ans. Le Conseil souhaitait que chaque jeune fût soumis à un examen médical durant son premier mois de travail, examen pratiqué par un médecin compétent en la matière. Ceux qui refusaient de s'y soumettre ne pouvaient pas être embauchés. Cet examen médical devait ensuite être répété tous les ans. Si, lors du premier examen, le médecin constatait que la santé de l'adolescent n'était pas optimale, il devait l'astreindre à des contrôles plus réguliers. Les chefs d'entreprise étaient ainsi tenus d'observer les mesures que le médecin estimait nécessaires pour le développement physique de leurs jeunes travailleurs. Les ouvriers âgés de quatorze à dix-huit ans étaient en effet en pleine puberté. Et les circonstances spécifiques de l'après-guerre renforçaient ce raisonnement. Nombre d'enfants et de jeunes gens avaient souffert de sous-alimentation et enduré toutes sortes de privations pendant la guerre. Raison de plus pour surveiller la santé des jeunes ouvriers.

Concrètement, le Conseil proposait de tenir à jour une fiche médicale pour chaque jeune ouvrier, fiche reprenant toutes les données pertinentes sur sa santé (poids, ossature, maladies, etc.).[11] Alors qu'auparavant le médecin était uniquement chargé d'évaluer la capacité du jeune à travailler, il devait désormais tenter de délimiter les tâches accessibles au jeune en fonction de ses limites physiques. Peu à peu, l'orientation professionnelle des jeunes ouvriers gagna du terrain. L'expérience du passé avait montré l'utilité de tenir compte de la condition physique et psychologique du jeune

[8] Le Roi Albert Ier nomma 6 ministres catholiques, 3 ministres libéraux et 3 ministres socialistes.
[9] Witte, *Politieke geschiedenis van België*, 154-155.
[10] En principe, les communes étaient tenues d'envoyer une fois par mois un médecin chargé d'effectuer une inspection médicale à l'école communale. Cependant, toutes les communes ne respectaient pas aussi scrupuleusement cette obligation.
[11] La colonne vertébrale devait par exemple être examinée chez les jeunes effectuant des travaux manuels lourds. Le rachitisme était aussi en recrudescence depuis la Première Guerre mondiale.

BELGISCHE WERKLIEDENPARTIJ = LANDELIJKE RAAD

WETGEVENDE KIEZINGEN VAN JUNI 1912

M. WOESTE

EN DE

SOCIALE HERVORMINGEN

M. WOESTE. " In de orde der stoffelijke belangen, vraagt men de regeling van den arbeid; in de orde der verstandelijke belangen, den leerplicht en de school voor de armen; in de orde der politieke belangen, vroeg gisteren M. Jottrand het uitgebreid stemrecht, en verscheidene zijner vrienden scharen zich bij 't algemeen stemrecht, dit is de dwingelandij van het getal. In de orde der krijgsbelangen, verklaart men zich partijganger van verplichten dienst. Welnu, Heeren, WANNEER GIJ AL DIE DIENSTBAARHEDEN ZULT INGESTELD HEBBEN, GELOOF ME VRIJ, DAN ZAL HET LAND VOOR HET CÆSARISM RIJP ZIJN. „

" Wij, leden der rechterzijde, en gij leden der linkerzijde, die, MEESTENDEELS, NIET MEER DAN WIJ AANNEEMT DAT ER EENE SOCIALE KWESTIE OP TE LOSSEN IS, kunnen de regeling van den arbeid niet aanvaarden, omdat wij zonder verwering zouden staan tegenover de taal van den werkman, die arbeid en brood zou vragen, den nood van de zijnen inroepend.„

(Kamerzitting van 20 Februari 1878)

Gij allen die ernstige sociale wetten wilt, stemt tegen de klerikale regeering!

De Schoonmoeder der Regeering en haar pleegkind

ÉTABLISSEMENTS GÉNÉRAUX D'IMPRIMERIE, 14, RUE D'OR, BRUXELLES

M. WOESTE

EN

Het KIESRECHT

M. WOESTE. " Ik weet het, het meervoudig stemrecht stelt zekere waarborgen daar. Ik wil er het belang niet van miskennen, doch de vraag is, of die waarborgen zullen kunnen voortduren. Aan den arbeider zeggen: WIJ GEVEN U HET STEMRECHT, DOCH, GIJ ZULT SLECHTS VOOR EEN DERDE TELLEN, TERWIJL DE BURGER ZAL TELLEN VOOR DRIE, IS VOLGENS MIJ, HET GEBOUW DAT MEN WIL OPRICHTEN, IN ZIJNE GRONDVESTEN DOEN WAGGELEN....

" En verder, in ieder Kiesstrijd zal men diegenen die slechts over eene stem beschikken, diegenen welke in dien ondergeschikten toestand verkeeren, men zal ze zien optreden om te trachten aan de Kandidaten eene nieuwe herziening der Grondwet op te dringen ten einde eene barreel te doen verdwijnen die men terecht, eene BARREEL VAN KARTON GENOEMD HEEFT."

(Kamerzitting van 18 April 1893)

In 1893, veroordeelde M. Woeste het meervoudig stemrecht, heden klampt hij er zich aan vast, om de klèrikale regeering te redden.

Wilt gij het Zuiver Algemeen stemrecht, stemt voor de socialistische kandidaten!

L'élargissement du droit de vote créa un nouveau climat politique propice aux réformes sociales. La caricature représente « la belle-mère du gouvernement », le catholique ultra-conservateur Charles Woeste, opposé au droit de vote des ouvriers.

dans son choix professionnel. En examinant le métier le plus adapté pour telle ou telle personne, le Conseil espérait tirer meilleur profit de la main-d'œuvre et stabiliser le marché du travail.[12]

Par l'A.R. du 1er juin 1920, le gouvernement se rangea en tout point derrière l'avis du Conseil supérieur d'hygiène publique. Désormais, les établissements dangereux, insalubres ou incommodes étaient tenus de faire examiner leurs ouvriers âgés de moins de dix-huit ans par les médecins-inspecteurs de l'Office du Travail. Ils devaient établir une liste des jeunes occupés dans leur entreprise et informer le médecin-inspecteur en cas d'absentéisme anormalement élevé d'un travailleur. L'examen médical était comptabilisé dans le temps de travail effectif. Chez un ouvrier ou une ouvrière en bonne santé, l'examen était répété chaque année. Mais si un problème était identifié, le médecin-inspecteur décidait si l'adolescent(e) devait être examiné(e) tous les mois, tous les trimestres ou tous les semestres. Si le patron n'était pas d'accord avec les conclusions de l'inspection médicale, il pouvait désigner un autre médecin, à ses frais, pour faire appel de la décision. Toute violation de la loi était sanctionnée.[13]

[12] CSHP, *Rapports*, 27/12/1919, 321-334.

[13] *Bulletin du Service de Santé et de l'Hygiène*, 1920, 5 et 59.

Reconstruction laborieuse du pays

L'économie belge se releva péniblement de la Première Guerre mondiale. En 1918, le pays comptait environ un million de chômeurs. La crise touchait principalement les secteurs traditionnels, comme la métallurgie et le textile. La majorité des machines modernes avaient été envoyées en Allemagne à partir de 1917 pour y être transformées en armes. Les stocks d'avant-guerre avaient en outre disparu. Les investissements et les innovations technologiques avaient été suspendus pendant quatre ans. Après 18 mois de paix, la production totale du pays n'atteignait encore que 85 % de la production de 1913. Les salaires n'étaient pas adaptés à la dépréciation de la monnaie. En 1920, les grévistes étaient au nombre de 290 000, surtout en Wallonie. Le gouvernement tenta d'apporter un soutien à l'industrie en créant la Société nationale de crédit à l'industrie (1919), qui ne fut cependant capable d'allouer des crédits à l'industrie qu'à partir de 1924. Bénéficiant enfin d'une conjoncture favorable, les salaires repartirent à la hausse dans la deuxième moitié des années 1920.[1]

[1] Witte, *Politieke geschiedenis van België*, 174; Smets, *Volkswoningbouw*, 222-223.

2.2. Les restrictions sur le travail de nuit des jeunes travailleurs

En 1921, le Conseil examina, à la demande du ministre Joseph Wauters, la problématique du travail de nuit des adolescents et des femmes. Rapidement, il formula un point de vue unanime sur le travail de nuit des jeunes âgés de moins de seize ans dans les théâtres, les bars nocturnes et les cafés. Les heures tardives, le travail éprouvant et l'environnement malsain détérioraient la santé des jeunes. En outre, le Conseil craignait que les adolescents risquent davantage de sombrer dans l'alcoolisme ou de contracter une maladie vénérienne. Le travail de nuit devait donc leur être interdit dans ces établissements.[14] Mais le Parlement n'était pas encore prêt à accepter une telle perte de main-d'œuvre. Ce n'est que six ans plus tard que la loi fut approuvée, le 27 avril 1927.

L'avis du Conseil supérieur d'hygiène publique fut nettement plus modéré concernant le travail de nuit des adolescents dans les usines. En 1923 et 1924, le Conseil autorisa ainsi à diverses reprises l'intégration de jeunes de seize ans ou plus dans l'équipe de nuit, en réponse aux protestations de certains industriels contre l'interdiction de travail de nuit pour les adolescents. Une papeterie, une fonderie de zinc et une fonderie de fer se plaignirent par exemple d'être confrontées à une grave pénurie de personnel du fait de cette nouvelle interdiction d'affecter les jeunes au travail de nuit. À long terme, le problème menaçait d'atteindre des proportions encore plus grandes. En effet, nombreux étaient ceux qui cherchaient déjà du travail dès l'âge de quatorze ans. Les jeunes ouvriers restant souvent fidèles à leur première orientation professionnelle, l'interdiction du travail de nuit signait une perte définitive de bras pour certains secteurs industriels. Quant aux usines qui engageaient des adolescents, elles déploraient que les jeunes n'aient pas la chance de travailler la nuit, pourtant le moment le plus propice à leur apprentissage. Toutes les usines soulignaient que les jeunes se voyaient confier des tâches plus légères durant la nuit.

[14] CSHP, *Rapports*, 30/05/1921, 90.

En principe, la loi interdisait le travail de nuit des adolescents dans les usines. Mais, en ces années de crise consécutives à la Première Guerre mondiale, le Conseil se montra singulièrement tolérant et octroya moult dérogations.

Le Conseil supérieur d'hygiène publique accéda à toutes les demandes de travail de nuit concernant des adolescents, sous prétexte que les jeunes effectuaient des tâches moins lourdes et que le système de travail en équipes limitait le nombre de prestations de nuit.[15] Mais à vrai dire, les intérêts économiques pesaient au moins tout autant dans la balance. L'économie d'après-guerre se relevait difficilement des quatre années de conflit. Non seulement une grande partie des équipements industriels avait été démantelée ou dévastée, mais le pays devait aussi être reconstruit. Pleinement conscient de la nécessité de disposer d'une main-d'œuvre suffisante pour assurer le redressement économique, le Conseil consentait régulièrement à déroger à la loi relative au travail de nuit.[16]

2.3. La journée de huit heures

Le solide réflexe de protection dont le Conseil supérieur d'hygiène publique faisait preuve à l'égard de l'économie d'après-guerre se traduisit également dans ses avis relatifs à la journée de travail de huit heures. Son instauration, en date du 14 juin 1921, fut l'une des principales réalisations du ministre Wauters. Pour bon nombre d'ouvriers, les horaires interminables et inhumains allaient enfin faire partie du passé. La loi limitait la journée de travail dans l'industrie à huit heures, et la semaine à 48 heures. Seuls les patrons, les travailleurs occupant un poste de confiance, les ouvriers travaillant à domicile et les représentants de commerce étaient autorisés à dépasser ce plafond. Cependant, l'application de la loi ne se fit pas sans heurts. Les plaintes furent légion. Le ministre Wauters demanda au Conseil supérieur d'hygiène publique de peaufiner la loi et de mieux définir les « exceptions ». Pour ce faire, le Conseil utilisa les rapports des

[15] CSHP, *Rapports*, 03/1923, 272, 7/05/1923, 446, 4/02/1924, 46-47.

[16] Nauwelaerts, « De socialistische syndicale beweging na de Eerste Wereldoorlog », 343.

La loi du 14 juin 1921 limita la journée de travail dans l'industrie à 8 heures par jour et à maximum 48 heures par semaine. Cette affiche de propagande socialiste reflète clairement l'influence positive du temps ainsi libéré sur la vie de famille.

inspecteurs du travail, des commissions des mines et de la Commission nationale du port d'Anvers. Le Conseil put ainsi définir avec précision les « personnes de confiance » auxquelles la loi ne s'appliquait pas. Pour le Conseil, il s'agissait en fait des personnes auxquelles le chef d'entreprise cédait une partie de son autorité et de ses responsabilités. Et elles étaient légion. Les chefs d'équipe, les surveillants, les concierges, les ingénieurs... tous remplissaient cette condition.

Un grand nombre d'entreprises qui dépendaient des saisons pour leur production protestèrent contre la limitation des journées de travail à huit heures. Le ministre confia au Conseil la mission de définir les entreprises devant être autorisées à dépasser la durée de travail prescrite pendant une certaine période de l'année. Les établissements furent subdivisés en cinq catégories. Celles dont les activités se déroulaient en plein air, et dont les travailleurs ne pouvaient donc pas prester huit heures pendant les courtes journées d'hiver, pouvaient compenser durant les mois d'été. Les industries saisonnières étaient autorisées à dépasser les huit heures journalières pendant certaines périodes en vue d'éviter une baisse globale de la production ou une avarie de leurs produits. Les briqueteries, par exemple, pouvaient débuter la journée deux heures plus tôt entre juin et août, car il leur était impossible de fonctionner durant les périodes froides et humides.

Le secteur de la construction – fortement dépendant des conditions atmosphériques – était lui aussi autorisé à allonger certaines journées de travail en compensation. Autre exception : les chocolatiers qui devaient pouvoir faire face à une demande accrue durant les périodes telles que Pâques et la Saint-Nicolas. Enfin, une dérogation était également prévue pour les entreprises de certaines régions qui dépendaient également des saisons, comme les blanchisseurs de Flandre orientale et de Flandre occidentale.

Sans surprise, le nœud de la question portait sur le nombre d'heures supplémentaires à autoriser. Dans la majorité des cas, le Conseil supérieur d'hygiène publique proposait un dépassement de la limite journalière d'un maximum de quatre heures pour les ouvriers, avec un plafond absolu de 36 heures supplémentaires par trois semaines. Dans les usines où les travaux d'entretien devaient obligatoirement être effectués avant le début de la journée de travail, les ouvriers pouvaient commencer au maximum deux heures plus tôt le matin, moyennant une compensation en jours de congé. Concrètement, s'ils entamaient leur journée deux heures plus tôt, les ouvriers avaient droit à 26 jours de congé par an. Le temps de travail d'une personne exerçant un métier caractérisé par de nombreuses pauses – un garde-barrière par exemple – était fixé à maximum douze heures par jour. La durée du travail était également restreinte en cas d'environnement de travail malsain. Si un ingénieur constatait une hausse de la température ou du taux d'humidité dans une mine, les journées des ouvriers devaient être réduites.[17] La rédaction de ces dispositions n'avait décidément rien d'une sinécure. Le Conseil oscillait en permanence entre les intérêts économiques et le droit de disposer de temps libre. Il soulignait, fort à propos, qu'il était impossible de définir d'emblée un temps de travail maximal pour toutes les entreprises.

Le champ d'application de la loi fut étendu en 1923. La journée de huit heures entra désormais aussi en vigueur dans les hôtels, les restaurants, les cafés et pour les ouvriers et les employés actifs dans un commerce. À cet égard, le Conseil supérieur d'hygiène publique recommanda de comptabiliser les heures où les ouvriers ou employés fournissaient réellement des efforts. Car, contrairement aux ouvriers de l'industrie, ces catégories de travailleurs ne sont pas occupés en continu. Une fois de plus, les intérêts économiques interférèrent dans la décision. Le Conseil supérieur d'hygiène publique n'était pas vraiment satisfait de l'extension de la journée de huit heures à d'autres secteurs. Il faut savoir que les patrons annonçaient que l'application de la loi s'accompagnerait d'une hausse des prix. Selon leurs arguments, ils devraient embaucher plus de personnel et se verraient contraints de répercuter ce surcoût sur leurs tarifs. Au final, le client paierait une note plus salée pour un service de moindre qualité. Bref, tout le monde était perdant. Pour le Conseil, il était dès lors incompréhensible que le gouvernement impose de nouvelles charges aux commerces alors que le but recherché était précisément de maintenir les prix au niveau le plus bas possible.[18]

L'année 1925 fut marquée par une solide relance de l'économie et le Conseil adopta une position plus modérée. Au travers de ses avis, il se remit à s'intéresser davantage au bien-être des ouvriers et se fit moins réceptif aux demandes de dérogation des entrepreneurs.[19] Début 1926, le Conseil formula des prescriptions en matière d'hygiène et de sécurité dans les établissements dangereux, insalubres ou incommodes. Dans la même lignée, il ne réagit pas au flot de protestations des boulangers, dont les ateliers devaient être repensés suite à l'A.R. du 22 juillet 1925 qui préconisait une surélévation d'au moins

Seules les entreprises saisonnières obtinrent des dérogations à la loi relative au repos dominical (1905). En cette matière, le Conseil supérieur d'hygiène publique observait strictement les règles dans ses avis. Comme le montre l'affiche, le repos du dimanche fut rapidement considéré comme un droit acquis.

[17] CSHP, *Rapports*, 1920-1921, 261-276.
[18] CSHP, *Rapports*, 26/03/1923, 362-385.
[19] CSHP, *Rapports*, 18/01/1926, 527-529.

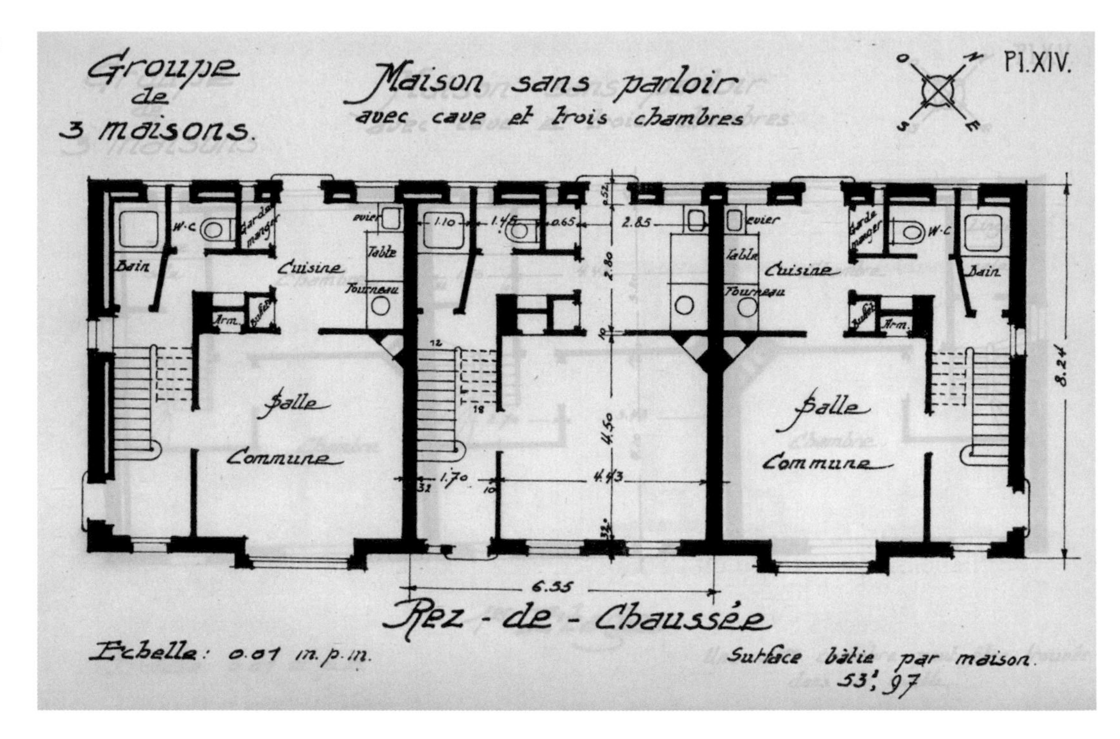

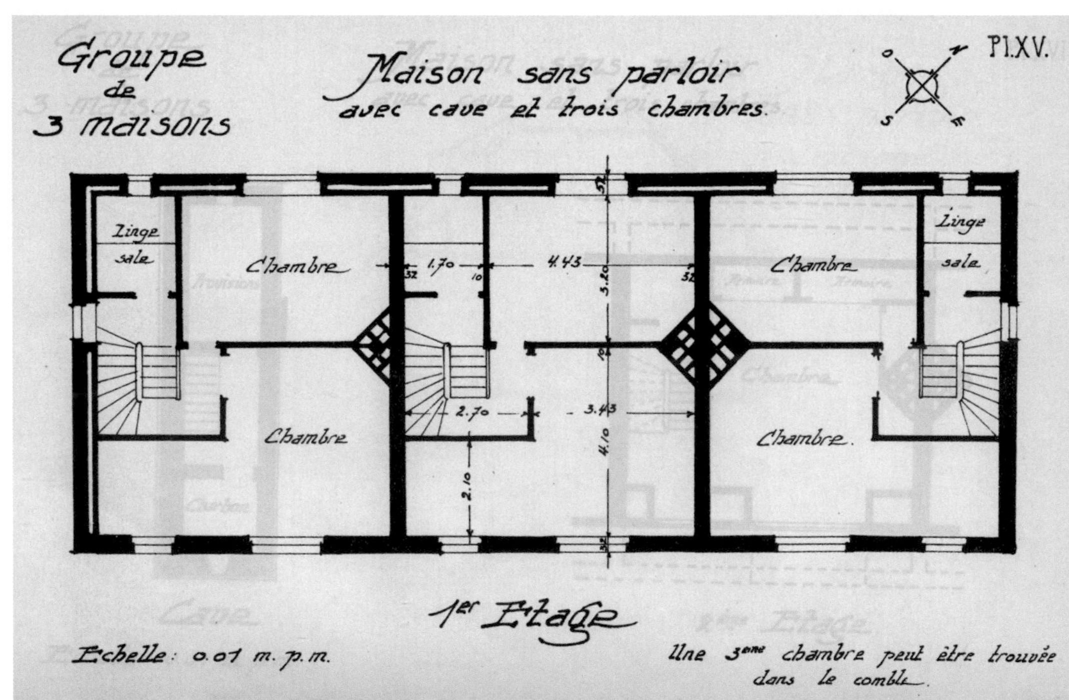

Le Conseil supérieur d'hygiène publique dessina ces plans pour des habitations ouvrières bon marché. L'objectif était de construire de beaux quartiers ouvriers à la campagne sur le modèle des cités-jardins limbourgeoises.

un mètre et l'installation de fenêtres. De l'avis du Conseil supérieur d'hygiène publique, cette mesure n'avait pas un coût exagéré comme les boulangers le prétendaient. Dans cette affaire, le Conseil prit le parti des ouvriers, qui devaient pouvoir bénéficier d'une lumière et d'une aération suffisantes dans les ateliers de boulangerie.[20] Il s'agissait toutefois des dernières affaires liées aux conditions de travail dans les entreprises traitées par le Conseil supérieur d'hygiène publique. Cette tâche fut ensuite reprise par d'autres organes publics, tels que l'Office du travail (1894) et l'Inspection médicale du travail (25/06/1919).

[20] CSHP, *Rapports*, 22/03/1926, 582-583.

2.4. Les projets de logements sociaux

Peu après la Première Guerre mondiale, le logement était au centre de toutes les préoccupations. Des milliers de maisons avaient été détruites, principalement dans le Westhoek. La pénurie sur le marché de l'immobilier prenait des proportions énormes. Si bien que le gouvernement décida d'intervenir en lançant un programme d'envergure, concernant notamment la construction d'habitations ouvrières bon marché. La Chambre consentit à débloquer d'importants montants dans ce cadre. La loi du 11 octobre 1919 signa la création de la *Société nationale des habitations à bon marché* (S.N.H.B.M.), supposée stimuler la construction d'habitations ouvrières par l'octroi de crédits à taux réduit à des sociétés locales de logement social.

Le Conseil supérieur d'hygiène publique assistait les sociétés de construction dans l'élaboration des plans des nouvelles habitations ouvrières. Pour la première fois, il ne s'agissait pas d'habitations ouvrières individuelles, mais de projets de construction à grande échelle. Le Conseil optait définitivement et explicitement pour la construction d'habitations bon marché en périphérie de la ville. Il suivait en cela l'exemple de la Campine, où les exploitants des mines de charbon avaient déjà construit des cités-jardins pour leurs ouvriers avant la guerre. Le Conseil rédigea des prescriptions détaillées pour la construction de ces nouveaux villages ouvriers implantés bien à l'écart des centres urbains et industriels et dotés d'une esthétique propre. Ceux-ci devaient absolument répondre à certaines conditions essentielles d'hygiène, être suffisamment spatieux et avoir un coût réduit.

Le plan prescrit par le Conseil prévoyait trois à cinq maisons par pâté, toutes étant dotées d'un jardin et raccordées à un système de distribution d'eau et – si possible – aux égouts. Il était en effet impossible de contrôler suffisamment le nettoyage des fosses d'aisances et des puits. L'utilisation de fosses d'aisances ne pouvant toutefois pas être interdite, le Conseil traita de manière approfondie leur construction et leur entretien. Chaque maison disposait de ses propres toilettes. Les prescriptions étaient particulièrement détaillées : superficie, agencement du logement, matériaux de construction, orientation, ventilation, chauffage... rien n'était laissé au hasard. Le Conseil insistait également sur le fait que les pièces ne pouvaient être utilisées qu'aux fins prévues. Ce qui était une nouveauté en soi. Les dimensions de la cuisine ne devaient pas dépasser le strict nécessaire pour pouvoir y cuisiner. L'espace commun du rez-de-chaussée ne pouvait en aucun cas servir de chambre à coucher. Le Conseil ne prônait pas la construction de cave sans toutefois l'interdire.[21]

Grâce aux subsides accordés, de nombreuses sociétés de logement social virent le jour. Partout dans le pays, les périphéries des villes se parèrent de nouveaux quartiers ouvriers caractérisés par leurs maisonnettes uniformes et leurs petits jardins coquets. Mais la construction connut un nouveau coup d'arrêt lors de la crise des années 1930.

[21] CSHP, *Rapports*, 24/04/1920, 59-98.

3. La généralisation des soins préventifs

3.1. Une vigilance soutenue face à la tuberculose

Dès la fin du 19e siècle, diverses instances se préoccupèrent de la lutte contre la tuberculose, qui demeurait – en dépit des nombreux efforts – la maladie la plus fréquente et la plus stigmatisée de l'époque. La sous-alimentation et les mauvaises conditions de vie sévissant durant la guerre entraînèrent en outre une hausse significative du nombre de patients tuberculeux. Dans ses séances officieuses tenues entre 1914 et 1918, le Conseil supérieur d'hygiène publique avança la prise en charge de la tuberculose parmi ses priorités absolues. Pendant la guerre, le Conseil tenta de formuler des avis pour les problèmes les plus préoccupants en matière de santé publique et d'hygiène afin que le gouvernement puisse se mettre au travail rapidement et efficacement dès la fin des hostilités. Une commission permanente de lutte contre les maladies infectieuses fut créée lors de la réforme du Conseil, en 1919.[22] Et en effet, le gouvernement s'attela rapidement après la guerre au problème de la tuberculose. Le 10 décembre 1919, Jules Renkin – alors ministre de l'Intérieur – demanda au Conseil de proposer de nouvelles mesures. Le Conseil se concentra à la fois sur la prévention et sur le traitement de la tuberculose, tout en cherchant des solutions susceptibles d'améliorer la qualité de vie des patients tuberculeux chroniques.

Colonies scolaires et enseignement de plein air

La prévention de la tuberculose revêtait plusieurs composantes. L'une d'entre elles visait à améliorer la condition physique des jeunes afin de renforcer leurs défenses. Le Conseil recommandait d'organiser au moins quatre séances d'exercices par semaine au grand air pour les jeunes scolarisés afin de favoriser le développement de leurs poumons et de leurs voies respiratoires. Il prônait par ailleurs la tenue de colonies scolaires à la mer ou à la campagne. Ces colonies s'adressaient aux enfants vivant dans des conditions précaires ou sous le même toit qu'un patient tuberculeux. En effet, dans la plupart des familles ouvrières, il était difficile d'isoler les malades. La colonie scolaire permettait aux enfants de suivre les cours dans des conditions d'hygiène optimales. Ils pouvaient y reprendre des forces en y profitant de l'air pur, de nombreuses activités sportives et de repas nourrissants. L'interaction entre les initiatives publiques et les organisations privées entraîna sur une forte croissance de l'offre de colonies scolaires dans l'entre-deux-guerres. À Gand, par exemple, l'administration communale loua deux grandes salles du sanatorium de Bredene qui furent aménagées en classes. Deux enseignants rémunérés par la ville s'y consacraient à l'éducation des enfants. Les médecins scolaires étaient chargés de sélectionner les élèves à y envoyer. Le séjour à Bredene pouvait durer tout le temps nécessaire, de quelques mois à plusieurs années.[23]

C'étaient souvent les mutualités et les mouvements féministes – dont l'une des missions premières était l'aide à l'enfance – qui prenaient l'initiative. Des séjours étaient organisés à la campagne ou à la mer pendant les vacances scolaires. En 1921, l'Union

[22] CSHP, *Rapports*, 15/09/1921, 192.
[23] *Inrichting eener bestendige Schoolkolonie. Werk der gezonde lucht voor de kleinen der stad Gent*, 8.

Les enfants en colonie scolaire à la campagne ou à la mer effectuaient des exercices physiques en plein air quatre fois par semaine.

nationale des mutualités socialistes créa par exemple une coopérative baptisée « Maison des mutualistes », chargée de la fondation et de la gestion de centres sociaux de vacances. Après des débuts hésitants, ce tourisme social connut le succès et de nouveaux centres de vacances furent régulièrement achetés. Des initiatives semblables virent également le jour du côté chrétien.[24]

En 1920, le Conseil exhorta le gouvernement à enquêter quant à l'efficacité des écoles de plein air dans la lutte contre la phtisie. Nous ne connaissons malheureusement pas la suite qui fut donnée à cette demande. Quoi qu'il en soit, les écoles de plein air remportèrent un vif succès entre les deux guerres. La colonie scolaire permanente du Diesterweg – construite en 1904 à Heide-Kalmthout – fut l'une des premières écoles belges de plein air. Ceux qui étaient le plus vivement encouragés à y séjourner étaient les enfants (d'ouvriers) de faible constitution, qui présentaient une sensibilité accrue à la tuberculose, et les enfants souffrant de problèmes de concentration. Dans ces écoles, les cours étaient donnés dehors la plupart du temps, les enseignants n'utilisant les locaux qu'en cas de mauvais temps. Les enfants pouvaient ainsi profiter au maximum de l'air pur et du soleil. Les professeurs qui enseignaient dans les écoles de plein air jouissaient en outre d'une bien plus grande liberté en ce qui concerne les programmes pédagogiques. Ils pouvaient ainsi mettre la nature au service de leurs leçons de biologie. Pour les cours de géographie, ils sortaient une carte de la région et partaient explorer les alentours. Selon Pierre Tempels – le « parrain » de l'école de plein air en Belgique – l'enseignement passant par des exercices d'observation directe était le moyen idéal pour garantir l'enrichissement intellectuel des enfants défavorisés. Leur esprit était stimulé par l'exploration de leurs sens : « observation » rimait avec « compréhension ». Par ailleurs, l'exercice physique faisait partie des priorités des écoles de plein air. Les enfants y passaient une grande partie de leurs journées à faire du sport, à jouer et à danser.[25]

[24] De Maeyer et Dhaene, « De gezondheidszorg verzuild », 164-166.
[25] CSHP, *Rapports*, 2/09/1920, 158 ; Van Durme, *De openluchtschool : van beweging tot architectuur*, 40 et 94 ; Vandenberghe, *Licht, lucht en zon voor iedereen*, 16-17.

Dans cette école de plein air, fondée par Gilles d'Asseler, les enseignants donnaient cours le plus souvent possible à l'extérieur.

Cure en sanatorium

Selon le Conseil supérieur d'hygiène publique, toute personne contaminée par la tuberculose devait être traitée dans un sanatorium. Les séjours en sanatorium possédaient non seulement un effet curatif, mais également une valeur éducative. En effet, les patients tuberculeux y glanaient de nombreuses informations sur l'hygiène, qu'ils pouvaient ensuite transmettre à leurs familles et amis. Cependant, un besoin urgent de sanatoriums supplémentaires se fit sentir dès après la Première Guerre mondiale. Le Conseil plaida surtout pour la construction de sanatoriums publics, ouverts aux moins nantis, et d'instituts spécialisés dans la prise en charge des malades chroniques. C'est que la guérison n'était pas toujours au rendez-vous pour les patients tuberculeux. Le Conseil supérieur d'hygiène publique distinguait les malades chroniques qui étaient encore capables d'effectuer certaines formes de travail, de ceux qui resteraient totalement inaptes au travail. Les malades jugés aptes profitaient du séjour au sanatorium pour acquérir les connaissances nécessaires en termes d'hygiène et d'évolution de la maladie, après quoi ils pouvaient intégrer l'une des colonies publiques que le Conseil voulait mettre sur pied. Il s'agissait de petits groupes de maisons bien entretenues, louées à un prix raisonnable à la campagne. Des écoles professionnelles étaient jumelées à ces colonies. Les patients qui n'avaient plus la capacité d'exercer leur profession ou qui souhaitaient changer d'orientation professionnelle avaient l'opportunité d'y apprendre un nouveau métier. Les formations de vannier, d'horticulteur et de menuisier faisaient notamment partie des possibilités. Les jeunes atteints de tuberculose osseuse pouvaient également y apprendre à se débrouiller seuls afin de retrouver leur autonomie.[26] Dans quelle mesure les idées du Conseil sur les colonies publiques furent-elles suivies dans la pratique ? Il est impossible de le dire. Le recensement général des dispensaires, sanatoriums, préventoriums et colonies scolaires de Belgique, publié en 1924 par la *Revue Belge de la Tuberculose*, ne faisait pas état de telles initiatives.[27] Une absence qui s'explique probablement par un manque de moyens financiers pour concrétiser ce projet.[28]

Un organe de coordination national

Depuis les années 1890, bon nombre d'organisations publiques et privées se consacraient à la lutte contre la tuberculose. Peu après la guerre, le Conseil jugea que ces initiatives éparses devaient gagner en cohésion. Il proposa au ministre des mesures générales, assorties d'une définition des conditions d'octroi des subsides.[29] En 1921, Renkin donna mission au Conseil de formuler un avis sur le fonctionnement de la Ligue nationale de lutte contre la tuberculose (LNLT), fondée en 1898. La LNLT était chargée de coordonner toutes les initiatives liées à la prévention et au traitement de la tuberculose. L'organisation avait pour but de soutenir, d'encourager ou de développer les institutions, qu'ils dépendent d'autorités publiques, de mutualités ou de particuliers. La LNLT contrôlait également le fonctionnement des sanatoriums, des colonies rurales et des écoles de plein air.

Le Conseil se montra extrêmement satisfait de la création de la LNLT car il n'était ni de son ressort ni de ses capacités de diriger et de coordonner le mouvement antituberculose. Le Conseil recommanda toutefois une nouvelle fois au gouvernement de créer un fonds pour que la LNLT puisse fonctionner de manière autonome et indépendante.[30] Le gouvernement n'accéda pas à cette requête. La Ligue continua à percevoir un subside annuel de 7 500 francs. L'État consacra davantage d'argent à la lutte contre la tuberculose à partir du début des années 1930. Il intervenait à hauteur de 70 % dans les frais de fonctionnement des dispensaires, de 5 francs dans le prix d'une journée d'hospitalisation d'un patient tuberculeux et de 30 % dans les frais de fonctionnement des sanatoriums intercommunaux.[31] L'existence d'un organe de coordination national ne signifiait pas que le Conseil supérieur d'hygiène publique allait cesser de s'occuper de la tuberculose. En février 1923, il diffusa à nouveau une publication expliquant avec moult détails comment prévenir et guérir la maladie.[32]

La même année, le Conseil publia aussi de nouvelles prescriptions pour la construction des sanatoriums. Les comptes rendus de la cinquième section du Conseil supérieur d'hygiène publique indiquent clairement que de très nombreux sanatoriums furent bâtis au cours des années suivantes. Le principal changement s'opéra au niveau de la prise en charge des patients tuberculeux. Autrefois, les malades souffrant de la forme dite « ouverte » de la tuberculose étaient séparés des autres patients tuberculeux. Désormais, le Conseil supérieur d'hygiène publique recommandait de les héberger dans le même sanatorium. En effet, les sanatoriums qui traitaient les pathologies les plus lourdes souffraient d'une mauvaise réputation qui, aux yeux du Conseil, avait des répercussions négatives sur le moral des patients qui y séjournaient, compromettant ainsi leurs chances de guérison.

[26] CSHP, *Rapports*, 02/09/1920, 147-176.
[27] La revue était publiée tous les trois mois par la LNLT.
[28] LNLT, «L'armement antituberculeux Belge», *La Revue belge de la tuberculose*, 08-09/1924, 240-289.
[29] CSHP, *Rapports*, 02/09/1920, 170.
[30] CSHP, *Rapports*, 15/09/1921, 192-236.
[31] Velle, « De overheid en de zorg om de volksgezondheid », 144.
[32] CSHP, *Rapports*, 02/1923, 314-315, 346-361.

Une deuxième tendance fut observée après la guerre : la construction en matériaux bon marché de sanatoriums de plus petite taille. Dans ses rapports, le Conseil soulignait l'importance de la simplicité des centres de soins. Il fallait réaliser des économies, y compris au niveau des installations sanitaires, du chauffage et de l'aménagement du bâtiment. Seuls les éléments absolument nécessaires au fonctionnement du service et à la guérison des patients pouvaient être conservés. D'une part, le Conseil stipulait textuellement qu'une restriction des dépenses était de rigueur au vu de l'économie défaillante. D'autre part, il insistait aussi sur l'importance de conserver la plus grande simplicité afin que les malades n'attribuent pas leur guérison au confort plutôt qu'à une meilleure hygiène et à un air plus pur. En d'autres termes, un environnement thérapeutique modeste était indispensable pour éviter que les malades ne considèrent le confort comme une condition *sine qua non* à leur santé. À long terme, ces économies permettraient en outre à l'État de construire encore plus de sanatoriums, d'écoles de plein air et de colonies.[33] Comme cela avait été le cas avec les hôpitaux, la volonté d'économiser déclina avec le redressement de l'économie. En 1926, les statistiques sanitaires recensaient 4 000 lits pour adultes dans les sanatoriums et 7 000 lits pour enfants dans les préventoriums. Chaque année, 50 000 patients tuberculeux étaient examinés et soignés dans une centaine de dispensaires.[34] L'introduction du vaccin BCG[35] et la commercialisation des premiers médicaments contre la tuberculose, après 1945, entraînèrent une disparition progressive de la maladie et l'inutilité des sanatoriums.[36]

3.2. La prévention et le traitement des maladies vénériennes

Dépistage et traitement

Au lendemain de la guerre, le Conseil supérieur d'hygiène publique se concentra davantage sur le problème des maladies vénériennes. Après la tuberculose et l'alcoolisme, elles représentaient aux yeux du Conseil le troisième plus grand fléau menaçant le pays. La fréquentation accrue des prostituées sur le front avait entraîné une véritable explosion du nombre de contaminations, qui continua d'ailleurs à augmenter après la guerre lorsque les partenaires des soldats furent à leur tour contaminées. Les cas de syphilis et de blennorragie étant souvent consécutifs à la fréquentation de prostituées, le Conseil se focalisa en priorité sur cette catégorie professionnelle. En 1864, le gouvernement – suivant l'avis du Conseil supérieur d'hygiène publique – avait déjà contraint les prostituées à se soumettre à un examen médical régulier afin de pouvoir continuer à exercer leur métier. En cas de contamination, elles étaient immédiatement placées en isolement dans un hôpital pour éviter la propagation de la maladie. Mais cette mesure s'avéra plutôt vaine. Un grand nombre de femmes, craignant de perdre leurs revenus professionnels, tombèrent dans la prostitution clandestine, ce qui ne favorisa pas le traitement des maladies sexuellement transmissibles.[37]

Après la Première Guerre mondiale, lorsque l'augmentation des maladies vénériennes, nécessita la prise de mesures, le Conseil supérieur d'hygiène publique décida de ne plus s'intéresser exclusivement aux prostituées. Les clients devaient, eux aussi, être traités. La syphilis, essentiellement, se propageait de manière inquiétante. Après les premiers symptômes, la maladie restait latente pendant des années et se propageait librement à l'occasion d'un rapport sexuel. La syphilis représentait donc un danger

[33] CSHP, *Rapports*, 3/05/1923, 401-423.
[34] Velle, De overheid en de zorg om de volksgezondheid, 144.
[35] Très controversé, le vaccin BCG est fabriqué à base d'un bacille de la tuberculose bovine vivant atténué. Les scientifiques pensent que le vaccin offre une protection à 50 % contre la tuberculose pulmonaire et une protection à 80 % contre la méningite tuberculeuse et la tuberculose miliaire, qui peut se manifester par l'apparition de nodosités partout sur le corps.
[36] Devos, *Allemaal beestjes*, 71.
[37] CSHP, *Rapports*, 1864, 209-212.

Pour endiguer la prostitution clandestine, les prostituées ne furent plus placées en isolement lorsque le médecin leur diagnostiquait une maladie sexuellement transmissible. Il fallait à tout prix éviter toute intervention policière telle qu'illustrée sur cette gravure de 1904.

non seulement pour les soldats qui avaient contracté la maladie au front, mais aussi pour leurs futures compagnes et épouses. Selon les estimations du Conseil, environ 15 % des adultes de Belgique étaient concernés. Un tiers des malades étaient des femmes d'ouvriers, contaminées par leur mari. Même les femmes mariées des classes plus aisées n'étaient pas épargnées par la maladie.

Le Conseil supérieur d'hygiène publique ne voulut pas attendre l'initiative de l'État. Il dressa lui-même une liste de mesures à prendre immédiatement pour donner un coup d'arrêt à la propagation des maladies vénériennes. Heureusement, la science avait entre-temps enregistré de nombreuses avancées. Grâce aux découvertes bactériologiques, le Conseil disposait d'une meilleure connaissance de la syphilis qui pouvait rapidement être dépistée. Qui plus est, un médicament efficace avait fait son apparition sur le marché. Depuis 1910, la syphilis était traitée par l'administration de Salvarsan, un composé à base d'arsenic découvert par Paul Ehrlich et Sahachiro Hata. Mais le remède occasionnait également de douloureux effets indésirables. Des années plus tard, le Salvarsan se révélerait bien loin d'être un outil thérapeutique idéal. Mais à cette époque, le Conseil supérieur d'hygiène publique le qualifia de remède miracle. Une fois traité au Salvarsan, le patient ne pouvait plus contaminer personne après quelques semaines à peine. Comme la bactérie ne se propageait ni par l'alimentation ni par l'air ni par l'eau, la maladie pouvait être stoppée par un dépistage et un traitement aussi rapides que possible des porteurs de la bactérie.

Garantie de discrétion absolue

Pour le Conseil, la tâche devait revenir à des bureaux de consultation encore à créer et à doter de personnel médical spécialisé. Les bureaux devaient être les plus accessibles possibles et recevoir des subsides publics. Les médicaments antisyphilitiques devaient être distribués gracieusement aux médecins et, dans la mesure du possible, les soins médicaux complémentaires devaient aussi être gratuits. Le malade devait franchir le moins d'obstacles possible pour accéder au bureau de consultation. Ce qui était tout sauf évident. Les maladies vénériennes étaient un sujet extrêmement tabou et le prix du médicament à base d'arsenic était très élevé. En garantissant une discrétion maximale aux malades, le Conseil espérait qu'ils oseraient faire le pas de se rendre dans un bureau de consultation. Le secret médical était rigoureusement observé. Pour éviter la prostitution clandestine, les prostituées devaient avoir la possibilité de se faire traiter sans être inquiétées par la police des mœurs. Contrairement à ce qui se passait autrefois, les prostituées contaminées n'étaient plus obligatoirement placées en isolement dans un hôpital. Mais la discrétion du bureau de consultation ne se limitait pas aux prostituées. Personne n'admettait volontiers se faire traiter pour une maladie sexuellement transmissible. Les bureaux de consultation restaient donc ouverts en dehors des heures de travail, ce qui évitait aux patients de devoir répondre à des questions embarrassantes au travail ou de devoir prendre congé. Le dossier ne mentionnait même pas le nom des personnes soignées. Le patient était littéralement un numéro.

Le bureau de consultation comportait un laboratoire, qui pratiquait les tests diagnostiques et contrôlait l'évolution de la maladie. Les examens, ponctions et injections nécessaires étaient réalisés dans la salle de soins. Les patients indigents ou affaiblis étaient placés en observation ou admis quelques heures pour se reposer au sein du service clinique, soit à leur demande soit sur ordonnance du médecin. Il était d'une importance cruciale que ce dernier parvienne à convaincre le patient de la nécessité de suivre un traitement pour guérir. C'est pourquoi médecin et patient devaient convenir de leurs modalités de contact. Un comité administratif contrôlait le fonctionnement des bureaux de consultation. Ce comité recevait les subsides, désignait les médecins et les infirmières et rédigeait, à l'attention du gouvernement, un rapport annuel détaillant l'affectation du budget. Le Conseil supérieur d'hygiène publique insistait sur l'impossibilité d'engranger

Traitement gratuit des maladies vénériennes

Année	Nombre de nouveaux patients traités pour une syphilis	Nombre de nouveaux patients traités pour une blennorragie
1920	6 791	3 364
Premier semestre 1921	8 373	3 012
Deuxième semestre 1921	3 216	1 394

des succès sans la collaboration active et délibérée des médecins. Ces derniers devaient être informés du fait que l'État mettait le Salvarsan gracieusement à leur disposition pour traiter la syphilis.[38] Cette information fut donc transmise aux commissions médicales provinciales et locales.

En 1921, le Conseil recommanda au ministre de la Défense nationale, Albert Devèze, d'organiser des conférences sur les maladies vénériennes pour les officiers et les soldats. Les maladies sexuellement transmissibles étaient en effet très fréquentes parmi les militaires. En petits groupes, ils apprenaient comment éviter la maladie et en quoi consistait le traitement. Le Conseil voulait principalement inciter les hommes à refuser les rapports sexuels en dehors du mariage, car la fréquentation des prostituées décuplait le risque de contamination.[39]

Les propositions du Conseil supérieur d'hygiène publique ne restèrent pas lettre morte. Le gouvernement libéra des moyens pour la lutte contre la syphilis et la blennorragie, moyens qui ne furent pas limités aux bureaux de consultation spécialement mis en place. Dans les années qui suivirent, plus de 300 cliniques, dispensaires, maternités et bureaux de consultation traitèrent, gratuitement et en toute discrétion, les maladies sexuellement transmissibles. Le Conseil supérieur d'hygiène publique dressa un bilan au bout de cinq ans. Il apparut clairement que l'attention accrue accordée à la syphilis par les pouvoirs publics amenait de plus en plus de personnes à se faire examiner et soigner. Le nombre de patients baissa systématiquement à partir de 1920, jusqu'à retrouver, en 1923, le niveau de 1918. Si bien qu'en 1925, tous les spécialistes étaient persuadés que le pire était passé. De l'avis du Conseil supérieur d'hygiène publique, la situation était même meilleure que celle connue avant la guerre, car la population connaissait mieux la symptomatologie et le traitement des maladies sexuellement transmissibles. Le Conseil pensait donc que l'aide publique n'était plus nécessaire. L'État n'avait plus à distribuer gratuitement aux médecins les médicaments si coûteux essentiels au traitement de la syphilis. La propagation de la maladie ayant retrouvé des proportions normales, l'heure était venue pour les communes de prendre leurs responsabilités. Le Conseil recommanda le maintien des subsides aux seuls instituts spécialisés dans le traitement de la syphilis à la demande du pouvoir central. En revanche, les patients victimes de blennorragie avaient moins de chance. Il n'existait encore aucun traitement efficace en 1925. Les rechutes étaient nombreuses. Le Conseil recommanda dès lors au gouvernement de ne plus apporter son soutien financier au traitement de la blennorragie dans des centres thérapeutiques spécifiques. Il proposa d'attendre l'arrivée de

38 CSHP, *Rapports*, 5/08/1920, 122-137.
39 CSHP, *Rapports*, 21 et 27/08/1921, 134-135.

nouvelles méthodes thérapeutiques, qui offriraient une garantie de guérison.[40] Le 18 juin 1925, le ministre de l'Intérieur et de l'Hygiène, Poullet, annonça que l'État n'interviendrait plus dans le paiement du traitement de la blennorragie à dater du 1er octobre 1925. Quant aux patients syphilitiques, ils devraient – à partir du 1er janvier 1926 – se tourner vers un établissement spécialement destiné à traiter les maladies vénériennes pour être soignés aux frais de l'État.[41]

3.3. La protection maternelle et infantile

L'allaitement sur le lieu de travail ?

Entre 1902 et 1910, le Conseil supérieur d'hygiène publique avait défini les grandes lignes d'un vaste réseau de bureaux de consultation où les mères pouvaient venir faire examiner leurs bambins, recevoir du lait sain et s'informer sur l'alimentation et les soins adéquats à donner aux enfants. Les rapports du Conseil pendant l'entre-deux-guerres ne font pratiquement pas état des soins néonatals. Dès 1919, la coordination de toutes les initiatives en matière de protection maternelle et infantile fut du ressort de l'Œuvre Nationale de l'Enfance (ONE), fondée le 5 septembre de la même année.[42] L'ONE constituait la suite logique du succès remporté avant la guerre par les bureaux de consultation pour nourrissons et des bons résultats enregistrés par le département spécial d'Aide et Protection aux Œuvres de l'Enfance (APOE) du Comité national de secours et d'alimentation. L'APOE avait veillé à la continuité des services de consultation durant la guerre, ainsi qu'à la création de nouveaux bureaux. Il organisait par ailleurs des cantines scolaires pour les enfants faibles ainsi que des cantines maternelles.[43] La loi du 5 septembre 1919 s'attaqua également aux mauvaises habitudes tenaces en matière d'accueil des enfants. Beaucoup de parents confiaient leur progéniture, contre rémunération, à une nourrice ou à une gardienne chez qui l'hygiène et l'alimentation laissaient à désirer.[44] Dorénavant, les nourrices et gardiennes rémunérées ne pourraient exercer qu'à la condition de disposer d'une autorisation du collège des échevins de leur commune. Pour la délivrance de ces certificats, le collège échevinal travaillait en étroite collaboration avec l'ONE.[45]

En ce qui concerne les soins néonatals, tant l'ONE que le Conseil supérieur d'hygiène publique encourageaient les mères à allaiter. L'allaitement prévenait les problèmes digestifs chez les bébés ; le lait maternel avait une composition idéale et fournissait aussi les anticorps nécessaires au bébé pour résister aux nombreuses maladies infectieuses. Toutes les mamans n'étaient toutefois pas prêtes à donner le sein. Les préjugés allaient bon train. Depuis des siècles, une rumeur circulait selon laquelle le nouveau-né ne devait pas être mis au sein les premiers jours suivant l'accouchement en raison de l'étrange couleur jaunâtre du premier lait, pourtant si bénéfique.[46] Quant aux femmes des classes aisées, elles trouvaient que l'allaitement maternel empiétait trop sur leur temps libre et choisissaient souvent de nourrir leur bébé au biberon en utilisant du lait en poudre ou du lait de bonne qualité. Les classes populaires n'avaient tout simplement pas le choix. Les femmes étaient contraintes de retourner travailler au plus vite pour ravitailler la maisonnée.[47]

Le Conseil supérieur d'hygiène publique passa également à l'action dans ce domaine. Il souhaitait mieux informer les femmes pour les inciter à allaiter leurs enfants et

[40] CSHP, *Rapports*, 2/04/1925, 370-377.
[41] *Bulletin de l'Administration de la Santé publique*, 1925, 18.
[42] L'actuel Office de la Naissance et de l'Enfance.
[43] En 1918, la Belgique comptait plus de 1 000 cantines scolaires, qui nourrissaient environ 1 million d'enfants. Les cantines maternelles offraient aux mères allaitantes un repas chaud et nourrissant à même de stimuler la production de lait.
[44] Voir la position du Conseil supérieur d'hygiène publique sur le sujet dans : CSHP, *Rapports*, 2/10/1902, 130-140.
[45] S.n., *Œuvre Nationale de l'Enfance*, 12.
[46] Le colostrum contient des anticorps qui protègent le bébé contre les bactéries et autres substances nocives. Il stimule en outre la digestion du bébé et l'élimination des toxines présentes dans ses organes.
[47] Jachowicz, *Met de moedermelk ingezogen of met de paplepel ingegeven*, 20-22.

Durant la consultation pour nourrissons organisée par l'ONE, de jeunes mères étaient encouragées à allaiter.

à prolonger la période de lactation. La plupart des ouvrières allaitaient un mois tout au plus car elles devaient généralement vite retourner au travail. Selon le Conseil, un mois était bien insuffisant. Il voulait encourager les femmes à prolonger l'allaitement d'au moins deux mois. Mais il était totalement impossible pour les ouvrières et les rurales de rester aussi longtemps à la maison. Le Conseil recommanda donc, en 1926, d'octroyer aux femmes qui reprenaient le travail après l'accouchement le droit de donner le sein au travail en leur réservant quinze minutes deux fois par jour. L'allaitement devait s'opérer dans de bonnes conditions d'hygiène. Dans les grandes usines, l'employeur devait mettre l'infirmerie à la disposition des ouvrières allaitantes. Dans les ateliers plus modestes, un paravent devait assurer l'intimité nécessaire. Le temps consacré à l'allaitement devait être comptabilisé dans le temps de travail effectif afin d'écarter tout préjudice financier.[48] L'application pratique de cet avis dans les entreprises demeure à l'état d'hypothèse. Quoi qu'il en soit, le gouvernement ne se donna pas vraiment la peine de conférer une force contraignante à l'avis. Il faudra attendre 2001 (!) pour que les femmes obtiennent le droit d'allaiter pendant leurs heures de travail (rémunéré) sous l'impulsion des réglementations internationales. Le Conseil supérieur d'hygiène publique était donc très en avance sur son temps...

L'inspection médicale scolaire devient obligatoire

Les avis du Conseil sur l'inspection médicale scolaire obligatoire reçurent un accueil plus favorable. Une étude de grande envergure avait été conduite en 1897 à la demande de Léon De Bruyn, alors ministre de l'Agriculture, de l'Industrie et des Travaux publics. Elle avait indiqué que sur les 73 000 enfants composant la population de l'enseignement primaire, seuls 12 777 (soit 17,5 %) avaient été soumis à un examen médical. Cette année-là, 495 cas de maladies contagieuses avaient été détectés, de même que 3 638 maladies des voies aériennes, 498 pathologies oculaires sévères, 2 775 maladies cutanées, etc. Par ailleurs, 222 enfants avaient reçu, à l'école, un vaccin contre la variole. Malgré tout,

[48] CSHP, *Rapports*, 10/05/1926, 632-637.

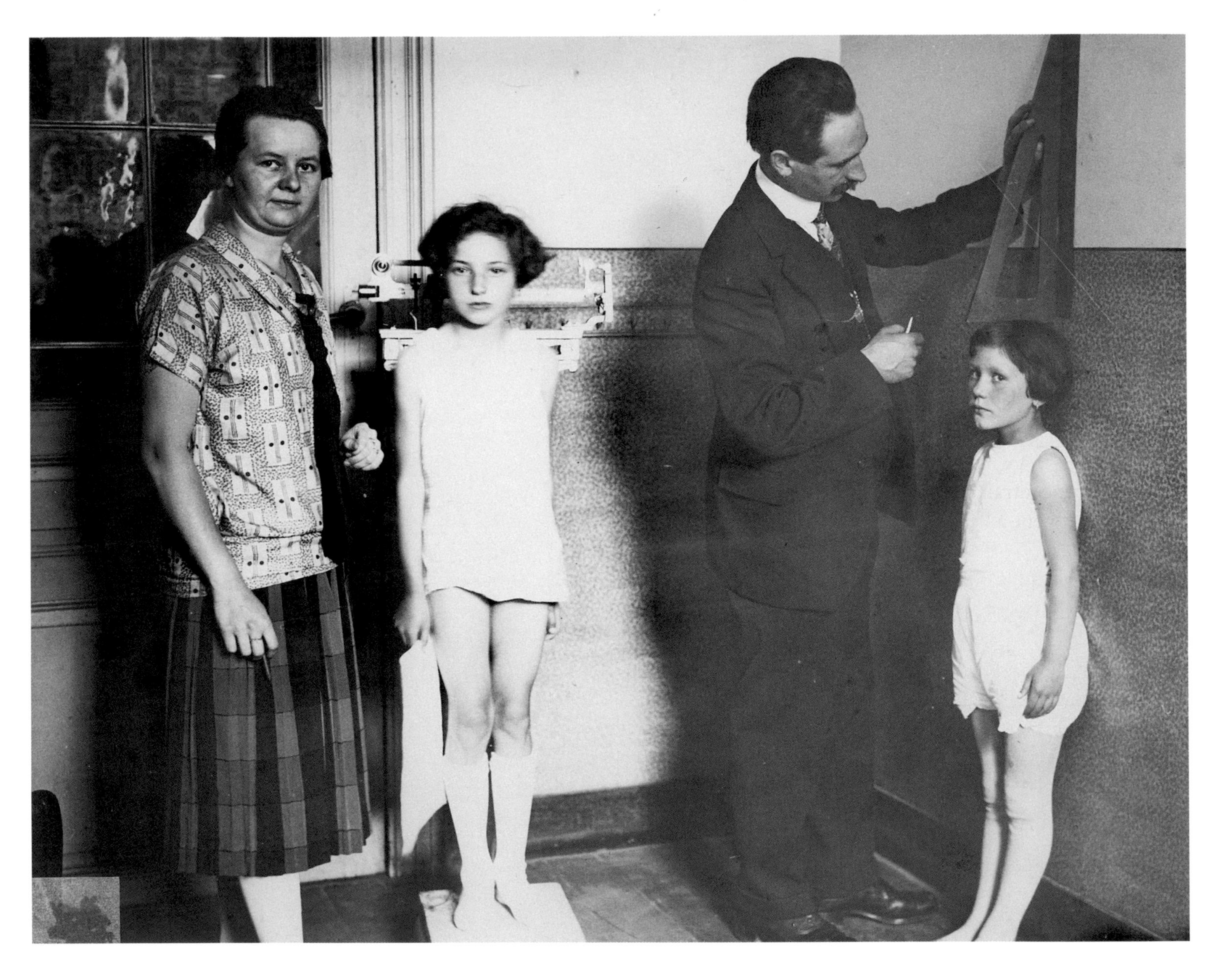

La loi du 19 mai 1914 rendit l'inspection médicale scolaire obligatoire dans l'enseignement fondamental.

en 1911, seules 2 090 écoles communales – sur les 7 590 écoles primaires du pays – étaient placées sous le contrôle de l'inspection médicale scolaire permanente.[49]

La loi du 19 mai 1914 instaura la scolarité obligatoire (jusqu'à l'âge de 12 ans), ainsi que l'inspection médicale scolaire obligatoire.[50] L'article 34 obligeait la commune à organiser une inspection médicale gratuite dans l'enseignement maternel et primaire, communal et subventionné. Chaque école primaire devait désormais recevoir la visite mensuelle d'un médecin. Les nouveaux élèves étaient soumis à un examen médical dès leur inscription. La nomination des médecins scolaires des écoles communales relevait de la compétence des conseils communaux. Dans les écoles libres, le directeur de l'établissement avait la liberté de choisir le médecin scolaire pour autant que ce choix soit approuvé par la commune. Bien que l'exécution de la loi ne fût définitivement réglée qu'en 1921, plusieurs provinces appliquèrent immédiatement l'art. 34. La majorité des écoles attendirent néanmoins l'arrêté d'exécution du 25 mars 1921 pour organiser

[49] Velle, « De schoolgeneeskunde in België », 362.

[50] Outre l'inspection médicale scolaire obligatoire, la loi du 19 mai 1914 instaura également l'instruction obligatoire pour tous les enfants de 6 à 12 ans. La loi stipulait en outre que la limite d'âge supérieure serait élevée à 13, puis à 14 ans.

effectivement l'inspection médicale scolaire. L'importante loi d'exécution de 1921 était essentiellement l'œuvre de deux membres du Conseil supérieur d'hygiène publique: le médecin et professeur universitaire Jean-Henri De Moor et O. Velghe, également secrétaire du Conseil.[51] L'A.R. reprenait le règlement organique de l'inspection médicale scolaire gratuite et définissait les compétences et les missions des médecins scolaires. Bon nombre d'éléments se retrouvaient déjà dans les instructions édictées par le Conseil en 1908 à l'attention des enseignants.

Le rôle central du médecin scolaire

Le Conseil était d'avis que, dans une société où le rôle de la famille dans l'éducation de l'enfant ne cessait de décroître face à l'industrialisation et à l'urbanisation galopantes, l'école devait endosser une part de cette responsabilité. La mission de l'école « moderne » ne se bornait plus à apprendre aux élèves à compter, à lire et à écrire. L'école avait désormais aussi un rôle à remplir dans le développement moral et physique des enfants

Le Conseil avait déjà souligné le rôle d'éducateur de l'enseignant en 1908. Maintenant, il se concentrait sur le médecin scolaire. Sa mission consistait non seulement à contrôler l'hygiène à l'école, mais aussi à surveiller de près chacun des élèves. Le médecin contrôlait la santé physique et l'état nutritionnel de l'enfant, en s'attardant sur ses besoins spécifiques. Le Conseil insistait toutefois fortement sur le fait que le médecin scolaire ne pouvait que constater les maladies ou problèmes éventuels. Le traitement médical relevait de la responsabilité du médecin personnel de l'enfant. Si un enfant avait besoin d'exercices spécifiques de gymnastique ou d'une cure d'air à la campagne, le médecin devait en discuter avec l'enseignant. Les enfants malades faisaient l'objet d'un suivi minutieux.

Le médecin rédigeait une fiche médicale pour chaque élève. Il y notait toutes les informations relatives à l'état physique et psychique de l'enfant, à ses vaccins, à ses antécédents médicaux, etc. Le Conseil refusait l'idée de demander aux parents de remplir un questionnaire médical. Une maladie contagieuse telle que la tuberculose, par exemple, était un sujet sensible, voire tabou, dans les familles. Il valait mieux s'en enquérir lors d'un entretien individuel entre l'enseignant ou le directeur de l'école et les parents. En cas de risque d'épidémie, le médecin scolaire décidait des précautions à prendre. Les avis du Conseil supérieur d'hygiène publique devaient être scrupuleusement respectés à cet égard. Le Conseil s'était ravisé et ne prônait désormais plus le renvoi à la maison de toute la classe lorsqu'un cas de maladie contagieuse était détecté. Le danger était trop grand de voir les enfants jouer en rue et transmettre la maladie. Les enfants malades devaient toutefois toujours être placés en isolement à domicile, et les frères et sœurs n'étaient plus admis à l'école jusqu'à la fin de la période d'incubation. Le Conseil supérieur d'hygiène publique prescrivait différentes périodes de quarantaine suivant la maladie. Le médecin scolaire ne pouvant constamment garder les élèves à l'œil, il devait informer les enseignants sur les symptômes des affections les plus fréquentes et sur les consignes générales d'hygiène personnelle. Le Conseil supérieur d'hygiène publique préconisait en outre l'embauche d'infirmières scolaires, souvent à même d'identifier les symptômes à un stade précoce et d'intervenir rapidement si les parents ne prodiguaient pas les soins nécessaires à leurs enfants. Ce dernier avis ne fut néanmoins pas repris dans le règlement.[52]

[51] Velle Karel, « De schoolgeneeskunde in België », 364.

[52] CSHP, *Rapports*, 21 et 24/02/1916, 41-59.

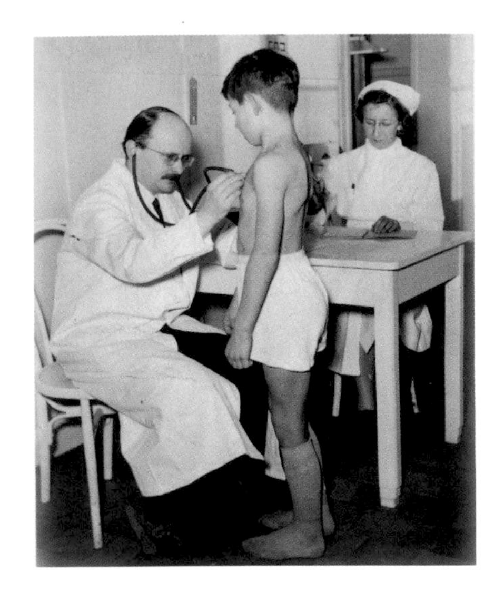

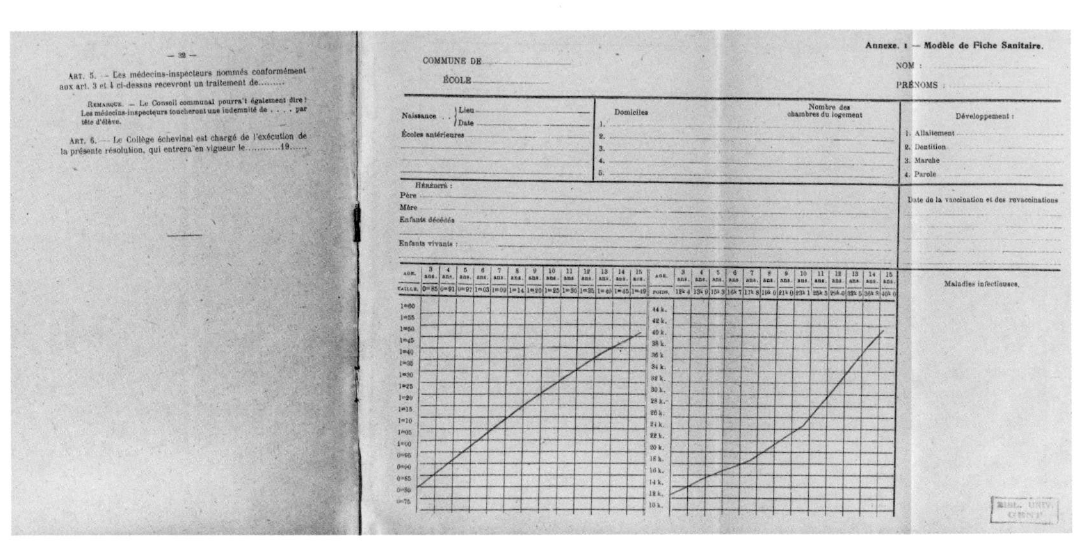

— 32 —

ART. 5. — Les médecins-inspecteurs nommés conformément aux art. 3 et 4 ci-dessus recevront un traitement de.........

REMARQUE. — Le Conseil communal pourra également dire : Les médecins-inspecteurs toucheront une indemnité de . . . . par tête d'élève.

ART. 6. — Le Collège échevinal est chargé de l'exécution de la présente résolution, qui entrera en vigueur le...........19......

Annexe. 1 — Modèle de Fiche Sanitaire.

COMMUNE DE ....
ÉCOLE ....

NOM : ....
PRÉNOMS : ....

Naissance . . Lieu ....
Date ....
Écoles antérieures ....

Domiciles — Nombre des chambres du logement
1. ....
2. ....
3. ....
4. ....
5. ....

Développement :
1. Allaitement ....
2. Dentition ....
3. Marche ....
4. Parole ....

HÉRÉDITÉ :
Père ....
Mère ....
Enfants décédés ....
Enfants vivants : ....

Date de la vaccination et des revaccinations

AGE.	3 ans.	4 ans.	5 ans.	6 ans.	7 ans.	8 ans.	9 ans.	10 ans.	11 ans.	12 ans.	13 ans.	14 ans.	15 ans.
TAILLE.	0m85	0m91	0m97	1m03	1m09	1m14	1m20	1m25	1m30	1m35	1m40	1m45	1m49

AGE.	3 ans.	4 ans.	5 ans.	6 ans.	7 ans.	8 ans.	9 ans.	10 ans.	11 ans.	12 ans.	13 ans.	14 ans.	15 ans.
POIDS.	12k4	13k9	15k3	16k7	17k8	19k0	21k0	23k1	25k5	[illegible]	32k5	36k8	40k6

Maladies infectieuses.

Gauche: Le médecin scolaire se vit attribuer un rôle de premier plan. Il contrôlait l'hygiène à l'école et surveillait de près l'état de santé des enfants.

Droite: La fiche médicale servait à consigner soigneusement le développement de l'enfant et ses éventuels antécédents médicaux.

Le Conseil estimait qu'un médecin scolaire pouvait prendre en charge plusieurs écoles. Il n'était en outre pas tenu de s'occuper exclusivement de l'inspection scolaire ; il était également autorisé à recevoir d'autres patients. Un médecin non spécialisé pouvait se charger de maximum 1 000 élèves. Selon les calculs du Conseil supérieur d'hygiène publique, ce nombre correspondait à quelque 200 heures de travail par an.[53]

Une exécution partielle de la loi

La généralisation de la loi de 1921 ne se déroula pas sans heurts. Si les comptes des communes affichaient une hausse des dépenses consacrées au service de l'inspection médicale scolaire[54], bon nombre d'entre elles manquaient à leurs devoirs. Relativement bien organisée dans les villes, l'inspection médicale scolaire n'était souvent que théorie à la campagne. Durant l'année scolaire 1925-1926, 218 communes belges n'avaient toujours pas organisé d'inspection médicale dans leurs écoles de crainte de voir leurs frais s'envoler. Les médecins se plaignaient du fonctionnement bureaucratique et du faible niveau de rémunération. En 1922, le Conseil recommanda l'extension de l'inspection médicale scolaire à l'enseignement secondaire.[55]

A partir de 1928, divers projets de lois furent introduits dans l'optique d'améliorer le financement de l'inspection médicale scolaire et d'encourager la collaboration entre le personnel pédagogique et les administrations communales. Les médecins étaient aussi demandeurs d'une réforme. Ils appelaient de leurs vœux l'extension de l'inspection médicale scolaire à l'enseignement secondaire, la nomination d'infirmières scolaires et la création de dispensaires scolaires. Deux avis antérieurs du Conseil supérieur d'hygiène publique – non suivis par le gouvernement – connaissaient donc un regain d'intérêt. Parmi les autres points à l'agenda, citons encore l'amélioration de la collaboration entre le personnel enseignant et l'Œuvre Nationale de l'Enfance ainsi que les organisations de lutte contre la tuberculose. Les médecins remportèrent une importante victoire en 1936, avec l'instauration obligatoire du « carnet de santé » qui était rempli lors de chaque examen médical. Ce carnet permettait au médecin scolaire de mieux surveiller la santé de l'enfant.[56] L'inspection médicale fut finalement étendue à l'enseignement secondaire et supérieur en 1969.

[53] CSHP, *Rapports*, 22/02/1917, 194-196.
[54] De 3,7 millions de francs en 1922 à 4,3 millions de francs en 1926.
[55] CSHP, *Rapports*, 31/07/1922, 185-187.
[56] Velle, « De schoolgeneeskunde in België », 365-366.

4. Les débuts de la spécialisation médicale

4.1. Place aux nouveaux concepts dans l'architecture hospitalière

Dans l'entre-deux-guerres, l'évaluation des plans de construction des établissements de soins demeura l'une des principales tâches du Conseil supérieur d'hygiène publique. Le Conseil était chargé de contrôler que les sanatoriums, dispensaires, maisons de repos, orphelinats et hôpitaux étaient bien conformes à toutes les normes d'hygiène.

Des hôpitaux simples

En 1875, le Conseil supérieur d'hygiène publique s'était déjà interrogé sur l'utilité de grands hôpitaux massifs.[57] Il souleva à nouveau la question en 1923. Pendant la guerre, les hôpitaux militaires avaient prouvé qu'il était possible de construire un établissement efficace en matériaux légers et bon marché. Les hôpitaux militaires se composaient généralement de planches de bois, de plaques de ciment et de cloisons d'amiante. Leur construction nécessitait peu de main-d'œuvre. Les bâtiments pouvaient en outre s'adapter facilement et sans grands frais pour répondre par exemple aux exigences posées par l'évolution de la médecine. De l'avis du Conseil, les médecins pouvaient être aussi efficaces dans une baraque aménagée que dans un traditionnel hôpital en briques.

Ce n'est pas un hasard si les hôpitaux mobiles bon marché connurent un regain d'intérêt peu après la guerre. La relance de l'économie et la réparation des infrastructures coûtaient énormément, ce qui nécessitait une compression des dépenses consenties pour la (re)construction d'établissements de soins. Le Conseil exhorta les architectes à concevoir des plans simples pour les nouveaux hôpitaux, comme ils l'avaient fait pour les sanatoriums. Les façades luxueuses et les détails coûteux étaient exclus. L'utilisation de matériaux bon marché devait aussi faire baisser les coûts. Le verre, le fer et le béton firent leur apparition dans les constructions hospitalières, d'autant plus que le prix des briques avait connu une hausse vertigineuse après la guerre, les briqueteries du pays ne parvenant pas à suivre l'énorme demande. Dans l'intérêt de l'économie belge, le Conseil supérieur d'hygiène publique déconseilla d'importer des briques de l'étranger. Il préféra le béton belge pour les remplacer valablement.[58]

L'hôpital-bloc

Mais le choix de bâtir de plus petits hôpitaux s'évanouit lorsque l'économie se redressa, au milieu des années 1920. Les infrastructures furent également adaptées pour répondre aux besoins engendrés par la spécialisation croissante de la médecine. De nouveaux services accueillirent de nouvelles disciplines. Le Conseil supérieur d'hygiène publique approuva ainsi notamment les demandes de services d'oto-rhino-laryngologie, de gynécologie et de radiologie.[59] Les architectes étaient de plus en plus nombreux à dessiner de hauts bâtiments compacts. Les développements en bactériologie et en microbiologie avaient définitivement rayé de la carte les vieux principes d'hygiène de l'air et

[57] CSHP, *Rapports*, 14 et 22/10/1875, 184-185.
[58] CSHP, *Rapports*, 14/07/1923, 485-486.
[59] Par ex.: CSHP, *Rapports*, 30/03/1931, 43, 6/07/1931, 83.

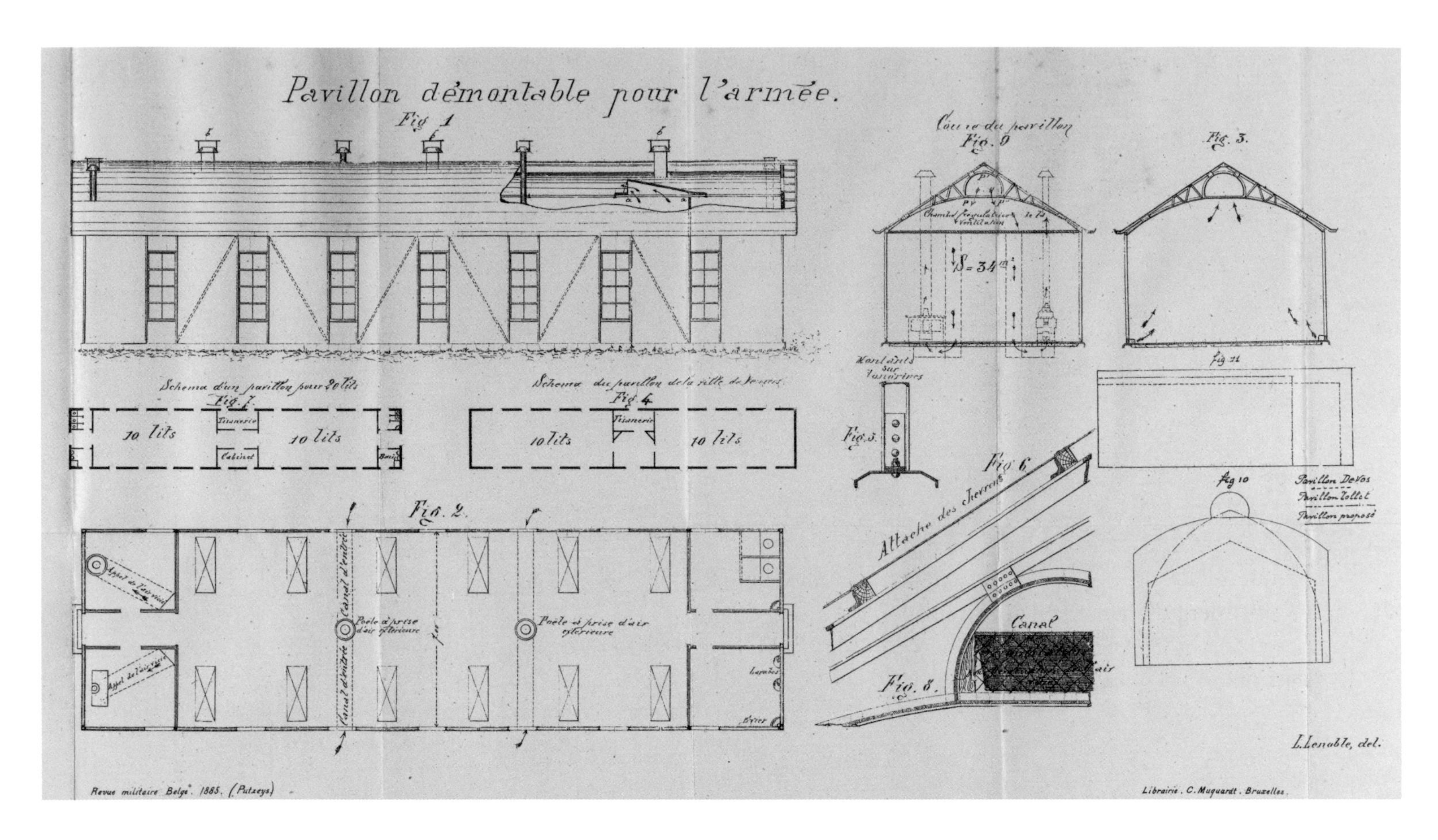

Au lendemain de la Seconde Guerre mondiale, le Conseil supérieur d'hygiène publique estimait que l'hôpital mobile tel que présenté sur ces plans constituait une alternative de qualité et bon marché aux traditionnels hôpitaux en briques.

de distance entre les services. Dans l'hôpital-bloc, toutes les fonctions étaient rassemblées dans une ou plusieurs ailes de plusieurs étages. La multiplication des niveaux était également rendue possible par les nouvelles perspectives techniques en matière de construction, et surtout par l'avènement de l'ascenseur, qui fit rapidement de la circulation verticale la plus rapide et la plus simple.[60]

Désormais, l'architecture de l'hôpital moderne était déterminée par sa « fonctionnalité ». L'hôpital du 19e siècle possédait encore une architecture urbaine et monumentale. Mais c'était la vue d'ensemble et la rationalisation verticale qui étaient au centre de la clinique d'entre-deux-guerres. D'après les architectes, l'hôpital-bloc possédait bien plus d'avantages qu'un hôpital composé de différents pavillons. Il se heurtait moins aux restrictions d'aménagement spatial, coûtait moitié moins cher et était nettement plus convivial puisque les distances à parcourir étaient beaucoup plus courtes, à la fois pour le personnel et pour les malades. De nombreux architectes plaçaient dorénavant la construction des hôpitaux entièrement sous le signe du fonctionnalisme, de l'organisation spatiale et des normes strictes d'hygiène. Des hôpitaux pavillonnaires continuèrent cependant d'être construits pendant l'entre-deux-guerres.[61] Il est difficile de déterminer dans quelle mesure le Conseil supérieur d'hygiène publique était pour ou contre l'hôpital-bloc. Dans les dossiers examinés, le Conseil ne se prononce pas expressément sur le sujet. Quoi qu'il en soit, les établissements sur lesquels le Conseil formulait un avis étaient tous pavillonnaires. Il se peut que les architectes chargés de concevoir des hôpitaux-blocs modernes ne demandaient pas l'avis du Conseil supérieur d'hygiène publique. En effet, le Conseil avait déjà montré par le passé qu'il n'était pas

[60] Meganck, *Bouwen te Gent in het interbellum*, 370.
[61] Basyn, « Ziekenhuizen tijdens het interbellum », 66-67.

toujours ouvert à l'innovation architecturale et s'était toujours présenté comme un fervent défenseur de l'hôpital pavillonnaire. Le Conseil supérieur d'hygiène publique consentait toutefois à l'ajout d'un deuxième étage dans le cadre de travaux de rénovation d'établissements existants, ce qui peut indiquer qu'il n'était pas farouchement opposé à l'hôpital-bloc.

L'hôpital en bloc sur plusieurs niveaux tenait compte de la spécialisation croissante des sciences médicales.

4.2. Une meilleure formation pour le personnel infirmier

Les expériences vécues durant la Première Guerre mondiale conférèrent une nouvelle dimension aux évolutions dans les soins infirmiers. Dans les hôpitaux ambulants, les infirmières belges côtoyèrent les *nurses* anglaises chevronnées, brillant par leur professionnalisme et leur discipline. Elles y apprirent aussi à manipuler certains instruments chirurgicaux qui leur étaient totalement inconnus jusqu'alors. Ces expériences intenses émancipèrent les infirmières. La profession gagna en prestige et en crédibilité. De plus en plus de petites filles issues de milieux aisés désiraient embrasser la carrière d'infirmière. L'étiquette souvent négative qui collait jusqu'alors au métier faisait désormais place à un sentiment d'estime et d'admiration.[62]

Durant la guerre, les membres du Conseil supérieur d'hygiène publique furent, eux aussi, amenés à découvrir comment travaillaient les infirmières anglaises, canadiennes, américaines et suisses qui disposaient d'une solide formation. Le Conseil en tira des enseignements. Après l'armistice, il se pencha sur la modernisation nécessaire de la formation du personnel infirmier. Les infirmières s'étaient en effet révélées être un maillon indispensable dans les soins préventifs et curatifs. Leurs activités ne se limitaient plus aux soins prodigués dans les hôpitaux. Elles avaient également un rôle plus large à jouer dans la société : elles informaient les personnes à domicile en matière d'hygiène et d'alimentation, elles travaillaient dans les bureaux de consultation pour patients tuberculeux ou nourrissons, dans les écoles, les compagnies d'assurances, les établissements psychiatriques, etc.

Une formation plus spécialisée s'imposait impérativement. Le Conseil supérieur d'hygiène publique se réunit à plusieurs reprises en vue de composer le programme d'études de la nouvelle formation du personnel infirmier. L'A.R. du 3 septembre 1921 qui en découla répartissait les infirmières en trois catégories. Les candidates étaient admises à se présenter à partir de l'âge de 17 ans pour suivre une formation d'infirmière hospitalière, d'infirmière-visiteuse – c'est-à-dire d'infirmière à domicile – ou d'infirmière des aliénés. Les étudiantes devaient être en possession d'un certificat de bonnes vie et mœurs et être en excellente santé (confirmée par un médecin). Les candidates devaient également réussir un examen d'entrée (baptisé « examen de maturité ») portant sur la matière de l'enseignement secondaire inférieur. La formation durait trois ans et remplaçait l'ancienne formation d'un an. Les étudiantes suivaient les mêmes cours les deux premières années avant de se spécialiser en dernière année dans l'une des orientations précitées. Les étudiantes étaient également obligées de séjourner à l'internat de l'école. Certains membres du Conseil craignaient toutefois que cette obligation fasse obstacle à la création d'écoles d'infirmières. Le Conseil souhaitait initialement que les écoles publiques soient les seules autorisées à organiser la formation, mais il dut rapidement renoncer à cette exclusivité sous le poids des protestations. Les cours étaient

[62] Velle, « De opkomst van het verpleegkundig beroep in België », 22-23.

La formation du personnel infirmier subit une refonte totale en 1921. Les futures infirmières devaient désormais assimiler une telle quantité de connaissances scientifiques durant leurs trois années de formation que certains médecins y voyaient une menace. Sur cette photo, une classe de 1953.

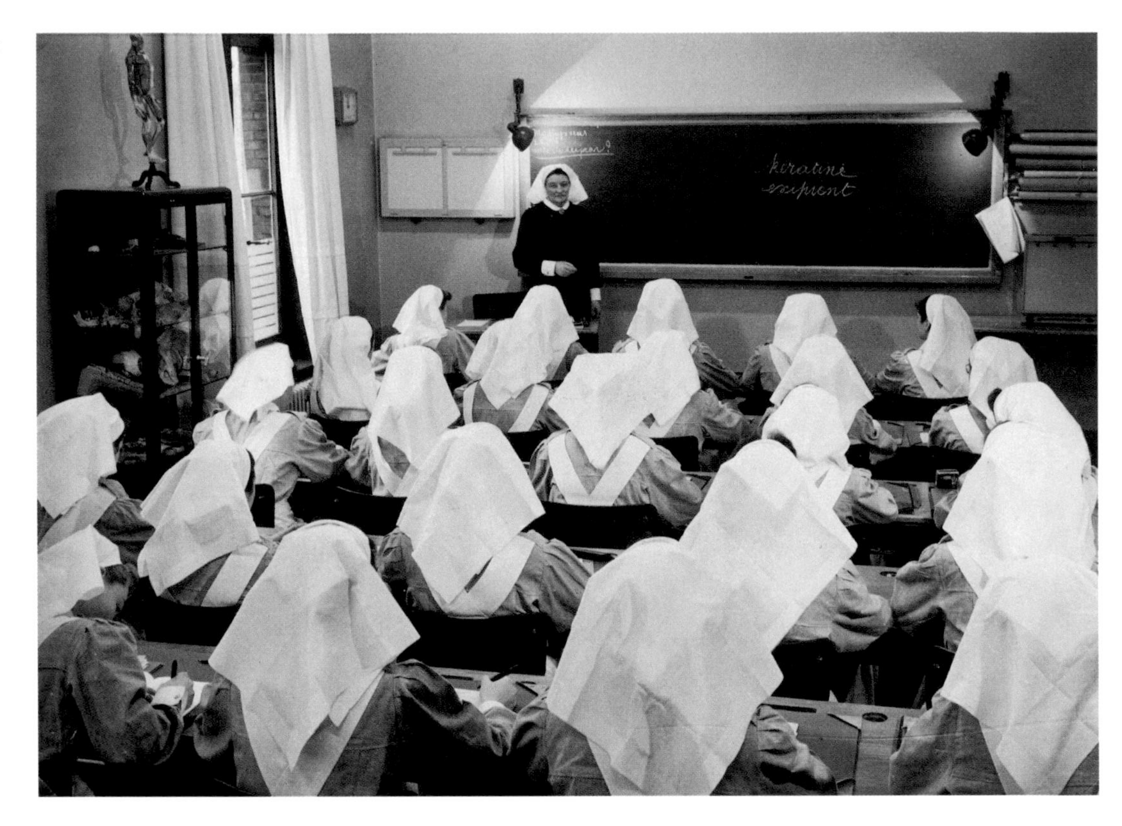

essentiellement prodigués par des médecins. La matière avait été considérablement étoffée, parallèlement aux nouveaux acquis scientifiques. Outre les cours d'hygiène et de soins aux malades, les étudiantes suivaient également des leçons de pédagogie, d'anatomie, de physiologie, de microbiologie, etc.[63]

Un an plus tard, le Conseil supérieur d'hygiène publique publia un nouveau programme détaillé des cours, accompagné de toutes les explications nécessaires. Le Conseil avait enregistré les critiques de certains médecins, selon lesquels les candidates-infirmières devaient absorber trop de matières inutiles. Le Conseil précisa que son intention n'était nullement de faire des infirmières des pseudo-médecins, mais bien de leur faire assimiler et mettre en pratique les notions médicales. Les professeurs avaient la liberté de décider jusqu'à quel point ils souhaitaient approfondir les sujets abordés aux cours.[64]

En dépit de ces paroles apaisantes, le corps médical continua à se méfier de la nouvelle formation en raison de sa longue durée et de son caractère spécialisé. Les intervenants des congrès de médecins organisés entre les deux guerres répétaient régulièrement que les infirmières voulaient étendre leur champ d'action aux dépens des médecins. Ils demandaient la définition d'un statut légal pour le personnel infirmier, la mise en place d'une surveillance efficace de l'exercice de la profession et la fixation de poursuites pour toute forme de pratique illégale de la médecine. Les syndicats médicaux visaient particulièrement les infirmières-visiteuses et les infirmières qui collaboraient étroitement avec les compagnies d'assurances.[65] Mais le Conseil supérieur d'hygiène publique persista à défendre son point de vue. Le programme de la deuxième année de la formation d'infirmière suscita aussi l'ire des médecins. Selon eux, une grande partie de la matière n'avait plus rien à voir avec les soins infirmiers.[66]

[63] CSHP, *Rapports*, 28/07/1921, 160-173.
[64] CSHP, *Rapports*, 3//04/1922, 53-80.
[65] Velle, « De opkomst van het verpleegkundig beroep in België », 22-23.
[66] CSHP, *Rapports*, 3/03/1924, 59-73.

La profession avait beau avoir acquis un prestige nouveau durant la guerre, l'enthousiasme retomba rapidement. Le maigre salaire, l'importante charge de travail et le dévouement absolu attendu des infirmières rendaient le métier peu compatible avec une vie de famille. C'était surtout le cas pour les infirmières hospitalières, une orientation qui restait essentiellement prisée par des religieuses. L'infirmière à domicile pouvait un peu mieux concilier travail et famille. Les infirmières-visiteuses jouissaient d'une plus grande autonomie et effectuaient des tâches plus variées. Peu avant la Seconde Guerre mondiale, environ 60 % des infirmières diplômées appartenaient à une communauté religieuse. Près de 20 % des religieuses étaient actives dans les soins de santé durant l'entre-deux-guerres.

Le besoin d'infirmières restait criant. En 1926, l'État organisa même une nouvelle formation d'un an pour garde-malade, qui était aussi ouverte aux élèves qui n'avaient pas dépassé l'école primaire. Dès 1931, les jeunes filles ne furent plus obligées de résider en internat durant leurs études. En 1934, la Belgique comptait 36 écoles d'infirmières. Il faudra attendre l'extension de la journée de huit heures au personnel soignant, en 1937 – près de 13 ans après l'instauration de la journée de huit heures pour les ouvriers – pour que le métier d'infirmière soit enfin compatible avec une vie de famille.[67]

[67] Jacques, Van Molle, « De verpleegkundigen : grenzeloos vrouwelijk. », 209-210.

5. Ralentissement des activités durant les années 1930

Le chômage prit des proportions énormes durant la crise des années 1930.

Le krach boursier de Wall Street, le 24 octobre 1929, sonna le début d'une dépression économique planétaire qui allait laisser des traces jusqu'au seuil de la Seconde Guerre mondiale. La crise se fit aussi cruellement ressentir en Belgique à partir de 1932. La production industrielle s'effondra, entraînant un chômage de masse. Le gouvernement commença par mener une politique déflationniste, sans grand résultat. Le gouvernement d'union nationale emmené par Paul van Zeeland tenta une autre approche, en optant pour une dévaluation du franc. Cette réforme monétaire permit à l'économie belge de lentement reprendre pied. De nouvelles mesures sociales purent alors être envisagées. Les salariés se virent octroyer le droit au congé annuel payé, les allocations familiales furent revues à la hausse et la possibilité fut offerte, dans l'industrie lourde, de passer à la semaine de 40 heures. Celle-ci était d'ailleurs déjà une réalité dans certains secteurs depuis 1937-1938.[68] La fin des années 1930 fut surtout dominée par le conflit menaçant, qui engendrait des dépenses supplémentaires pour le réarmement et la défense du pays. À l'instar des autres nations européennes, la Belgique s'orienta de plus en plus vers une économie de guerre. Elle ne sortira plus de ce climat paralysant de dépression avant la Seconde Guerre mondiale.[69]

Le Conseil supérieur d'hygiène publique fit preuve d'une inactivité étonnante durant les années 1930. Le nombre de rapports publiés déclina en force. La profonde dépression économique y contribua peut-être de manière importante. En effet, le gouvernement avait d'autres priorités. Les périodes antérieures caractérisées par de graves problèmes économiques et politiques avaient toujours vu les soins de santé relégués à l'arrière-plan. Selon toute vraisemblance, le Conseil supérieur d'hygiène publique recevait beaucoup moins de demandes d'avis des autorités. Chaque année, le ministre compétent en matière de santé publique publiait un bulletin regroupant toutes les circulaires ministérielles (C.M.) et leurs éclaircissements, les A.R. et les avis du Conseil supérieur d'hygiène publique en vigueur au sein de l'administration de la santé. À la lecture de ces publications, nous pouvons affirmer que le nombre de C.M. et d'A.R. relatifs à la santé publique a effectivement chuté durant les années 1930.

L'érosion des tâches du Conseil supérieur d'hygiène publique est probablement aussi à l'origine de cette diminution. Si l'A.R. du 14 septembre 1919 conférait au Conseil la compétence d'étudier tout ce qui touchait à la santé publique, il s'agissait en pratique d'un dénominateur très vaste. Depuis la création du Conseil en 1849, de nombreux autres institutions et organes publics spécialisés avaient vu le jour pour s'atteler à certains aspects spécifiques de la santé publique. Il y avait ainsi des conseils spécialisés dans la tuberculose, la protection de l'enfance, le sport à l'école, les ouvriers, les établissements dangereux, insalubres ou incommodes, l'inspection médicale scolaire, etc. Le Conseil supérieur d'hygiène publique traitait encore ces thèmes, mais le terrain était occupé par de nombreux autres acteurs, souvent plus spécialisés que lui. Une réorientation s'imposait pour l'avenir.

[68] Veraghert, « Verbijstering, wanhoop, twijfel », 140-147. Pour davantage d'information sur la baisse du pouvoir d'achat : Coppieters et Hendrix, « De koopkrachtevolutie », 275-368.
[69] Veraghert, « Verbijstering, wanhoop, twijfel », 1947-1950. Vanthemsche, « Arbeid in België. », 172. Pour davantage d'information sur les mesures prises par le gouvernement durant la crise, voir : Henkens, « De vorming van de eerste regering van Zeeland », 209-261.

HUMORISTISCH WEEKBLAD VAN VOORUIT

Koekoek

0,50 FR. PER NUMMER

Abonnement 1 jaar .... fr. 25.00
Abonnement 6 maanden fr. 12.50
Abonnement 3 maanden fr. 6.25
Postcheck « Het Licht » nr. 56733

REDAKTIE
64, St. Pietersnieuwstraat
Gent — Telefoon 157.40

Verschijnt den DONDERDAG — VIERDE JAARGANG — Nummer 7 — 14 JUNI 1934

DE KLOEKE REGEERING DE BROQUEVILLE

La crise économique perdura en dépit de la politique déflationniste menée. Le gouvernement emmené par Charles De Broqueville tomba en 1934.

Durant les années 1930, le Conseil se rabattit clairement sur une série de vieilles routines et de vieux sujets déjà traités de longue date. L'activité la plus développée revint à la commission chargée d'approuver les plans de construction des maisons de repos, hôpitaux et sanatoriums. La plupart des rapports avaient trait à cette matière. La sécurité et le repos dominical des ouvriers restaient aussi à l'ordre du jour, bien que dans une moindre mesure. Dans ce cadre, le Conseil contrôlait en priorité le bon respect des règlements imposés aux établissements dangereux, insalubres ou incommodes.[70] En 1937-1938, le gouvernement chargea le Conseil de visiter un panel d'établissements dangereux, insalubres ou incommodes afin d'examiner la possibilité d'y instaurer la semaine de 40 heures. Une délégation du Conseil se rendit ainsi notamment dans diverses goudronneries, zingueries et verreries. Tous les ouvriers de ces usines furent déclarés en bonne santé, et le Conseil estima que le travail n'y était pas suffisamment lourd pour adapter l'horaire de travail. Les choses restèrent donc en l'état. Le Conseil évitait à tout prix de mettre des bâtons dans les roues d'une économie déjà chancelante.[71]

Le Conseil se penchait aussi régulièrement sur les doléances en matière d'adultération des denrées alimentaires. De nombreux producteurs et négociants trafiquaient leurs produits dans l'espoir d'augmenter leurs profits. Le lait et le vin, par exemple, étaient souvent dilués à l'eau. Les producteurs et les revendeurs tentaient de prévenir la putréfaction en ajoutant des conservateurs et vendaient donc des produits moins frais. Le pouvoir central édicta d'innombrables règlements relatifs à la composition et à la vente des denrées alimentaires dans l'espoir de prévenir ces abus. Bien que le Contrôle alimentaire ait rédigé le règlement définitif, il fit préalablement appel à l'expertise du Conseil supérieur d'hygiène publique. Ce dernier participa donc activement à la définition des normes à appliquer aux denrées telles que le beurre, les rollmops, la bière, le yaourt, le miel, etc. et à la fixation des modalités de vente de ces produits.[72]

Le Conseil adopta une position particulièrement sévère à l'encontre des agents conservateurs. En 1908, il avait déjà émis un avis négatif sur l'utilisation de produits antiseptiques en vue de prolonger la durée de conservation de la viande. Non seulement le Conseil craignait des problèmes de santé à long terme, mais il était en outre convaincu que la technique était utilisée pour masquer la qualité douteuse de la viande. Au cours des années suivantes, le Conseil supérieur d'hygiène publique s'opposa encore à l'ajout de conservateurs. Le Conseil rétorqua ainsi un « non » catégorique aux marchands de beurre anversois qui lui demandèrent, en 1937, l'autorisation d'ajouter un conservateur – prétendument inoffensif – à leur beurre. Le beurre pasteurisé de bonne qualité n'avait pas besoin de conservateurs selon le Conseil.[73] L'année précédant la Seconde Guerre mondiale, le nombre de rapports chuta à un minimum absolu. Le Conseil se contenta de ratifier quelques dossiers sur l'utilisation de nitrates dans les préparations de viande, de fluor dans l'eau potable et sur les plans de quelques hôpitaux. Les nouvelles initiatives allaient devoir attendre la fin de la guerre.

[70] Entre autres : CSHP, *Rapports*, 1932, 290, 1933, 318, *Bulletin du ministère de la Santé publique*, novembre 1938, 373-374, décembre 1938, 377.
[71] *Bulletin du ministère de la Santé publique*, avril 1938, décembre 1938, 377, 467.
[72] Entre autres : CSHP, *Rapports*, 22/01/1931,1-2, 4/02/1932, 208-211, 1935, 41, 16/01/1936, 46-49.
[73] CSHP, *Rapports*, 30/04/ 1908, 34-47 ; *Bulletin du ministère de la Santé publique*, 16/12/1937, 56-57.

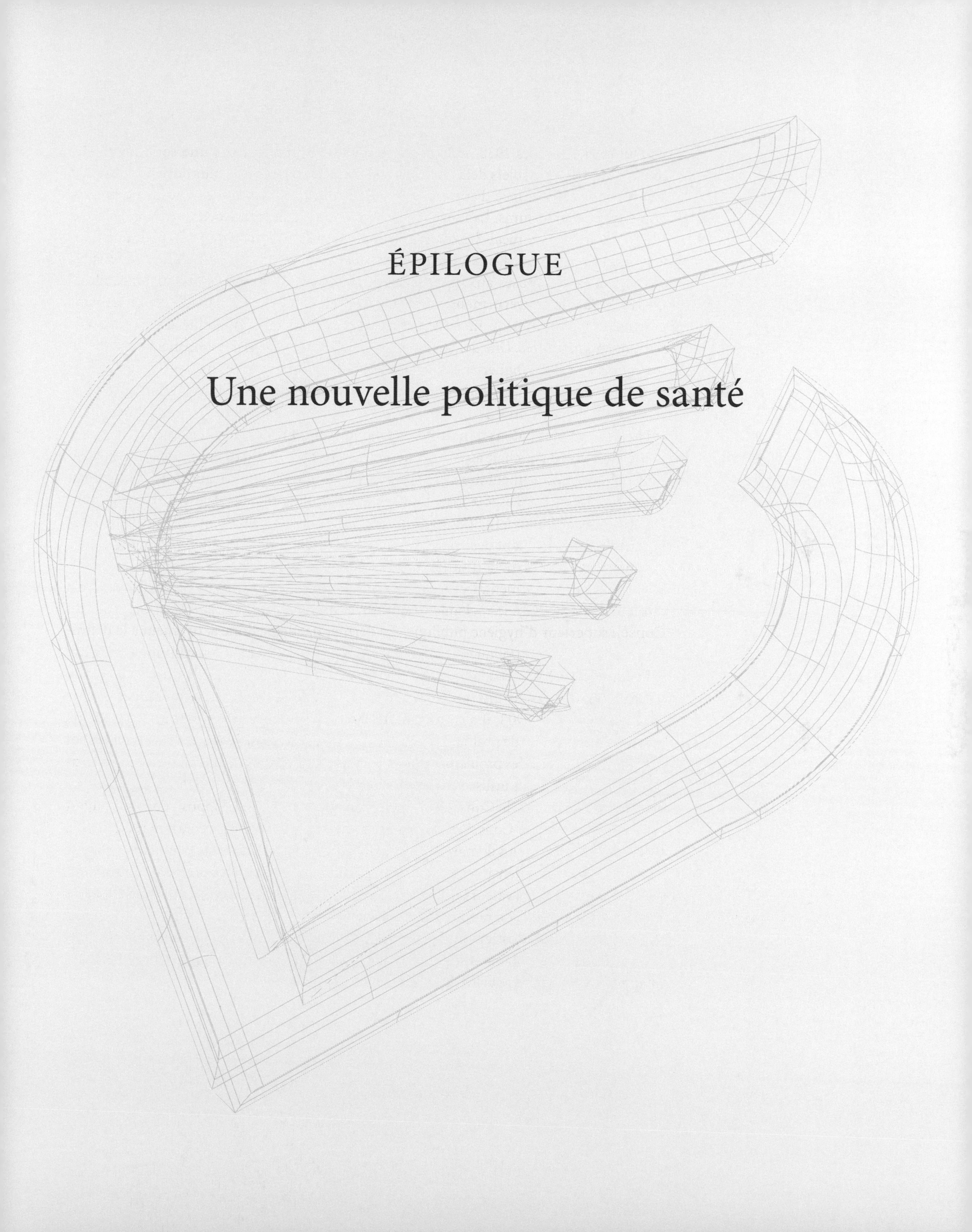

ÉPILOGUE

Une nouvelle politique de santé

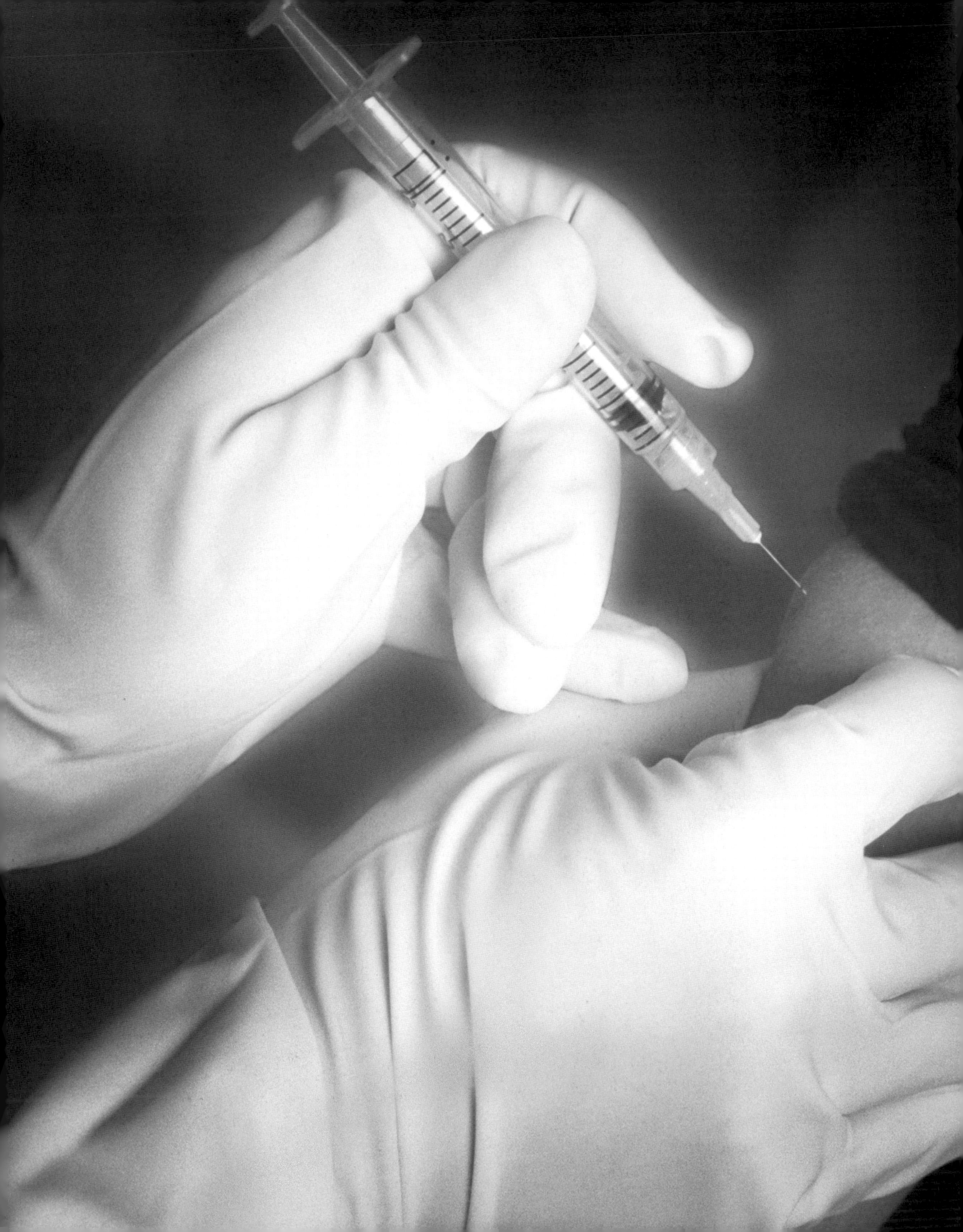

En 1946, les représentants de 61 Etats signèrent la Charte de l'Organisation mondiale de la santé (OMS). Celle-ci énonçait une importante définition innovante de la notion de « santé », qui ferait également autorité pour la politique sanitaire belge d'après-guerre. Désormais, la « santé » ne se limiterait plus à la seule « absence de maladie », elle impliquerait aussi un « état de complet de bien-être physique, mental et social ». La population devait donc non seulement être protégée contre les bactéries et les virus, mais aussi contre les « risques environnementaux » tels que la pollution, les produits toxiques et certains comportements faisant peser une menace sur la santé.[1] Cet intérêt accru pour le bien-être social se traduisit dans les services et structures étatiques en matière de santé publique, de même que dans les sections du Conseil supérieur d'hygiène publique (cf. infra).

De nouvelles structures administratives

Le premier ministère de la Santé publique à part entière fut créé en 1936. Mais tous les services publics n'en furent pas pour autant transférés au sein du nouveau ministère. La plupart des ministres et des administrations ne voyaient pas d'un bon œil la perte de fonctionnaires et de compétences, qui s'accompagnait d'une perte de pouvoir et de prestige. La nouvelle administration ne connut pas une grande expansion et fut même brièvement rattachée au ministère de l'Intérieur en 1938. Ce n'est qu'au lendemain de la Seconde Guerre mondiale que le ministère de la Santé publique acquit une véritable autonomie. En exil à Londres, le gouvernement avait découvert la vaste législation sociale que les Britanniques avaient instaurée pour créer un « État-providence ». Le ministère de la Santé publique devant favoriser la mise en place de l'État-providence belge, la structure de l'administration de la Santé publique fut améliorée en 1946.

Jusqu'à la réforme de l'État de 1980, le ministère de la Santé publique se composait d'une Administration de la Santé publique (dont faisaient partie l'inspection de l'hygiène publique, l'inspection des denrées alimentaires, l'inspection de la pollution atmosphérique, l'inspection du commerce des viandes, l'inspection de la pharmacie et l'administration du génie sanitaire), une Administration de l'Art de guérir, une Administration de la Médecine sociale (regroupant l'inspection médicale scolaire, l'éducation sanitaire, l'office médico-légal, le service de santé administratif, les établissements médico-sociaux), une Administration de l'Assistance publique, une Administration de l'Aide aux familles et du Logement, une Administration des Établissements de soins (service des hôpitaux, inspection des écoles d'infirmières, établissements d'État pour malades mentaux et enfants anormaux) et une Administration des Victimes de la guerre.[2]

La sécurité sociale, moteur d'une plus grande intervention de l'État

Une étape importante vers l'État-providence fut franchie lors de l'introduction de l'assurance maladie-invalidité obligatoire. Dès la fin de l'année 1944, tous les salariés furent contraints de s'affilier à une mutualité, qui remboursait les dépenses liées aux maladies et versait des allocations en cas de maladie, d'invalidité ou de congé de maternité. Les cotisations étaient perçues par l'Institut national d'assurance maladie-invalidité (INAMI).

[1] Doms en Hertecant, « Het gezondheidsbeleid », 273.

[2] Vandeweyer, *Het ministerie van Volksgezondheid*, 29-31 en 42-43 ; Doms en Hertecant, « Het gezondheidsbeleid », 273.

[3] Doms en Hertecant, « Het gezondheidsbeleid », 274 ; Dhaene en Timmermans, « De privé-ziekenhuizen », 338-339.

La consommation médicale connut une hausse spectaculaire. Les hôpitaux et les traitements médicaux étaient accessibles à tous, et le paiement des soins dépendait moins des circonstances économiques. Les conséquences furent également bouleversantes pour les prestataires de soins. Par le passé, les hôpitaux et les médecins bénéficiaient d'une liberté quasi totale en matière de tarifs, d'équipements techniques, d'infrastructures, etc. C'en était désormais fini. L'arrêté du Régent du 21 mars 1945, précisant l'organisation de l'assurance obligatoire en cas de maladie ou d'invalidité, stipulait que l'assuré social avait la liberté de choisir l'hôpital dans lequel il souhaitait être traité, à condition que l'établissement soit agréé par le ministère de la Santé publique et qu'il soit accessible à tous au même prix. La majorité des hôpitaux demandèrent leur agrément. Le gouvernement utilisa les normes d'agrément comme moyen de pression majeur pour améliorer la qualité des hôpitaux. Les traitements médicaux prodigués dans les hôpitaux ou dans les cabinets de médecins devinrent un droit social acquis.[3]

La ratification de la loi sanitaire, le 1er septembre 1945, permit une ingérence encore plus grande de l'État dans la politique de santé en signant la fin de l'autonomie extrême des communes. La loi faisait suite à un avis du Conseil supérieur d'hygiène publique[4] et trouvait son origine dans le projet de *loi sanitaire* précitée, soumise sans succès au Parlement par le ministre Berryer en 1911. La loi sanitaire conférait au Roi la compétence de la prise des mesures pour la prophylaxie des maladies contagieuses, la propreté des voiries et des habitations – principalement en ce qui concerne l'alimentation en eau potable et l'évacuation des détritus et des eaux usées – et le comblement des eaux stagnantes malsaines. Si les communes ne s'acquittaient pas correctement de ces tâches, l'autorité centrale pouvait faire exécuter les travaux aux frais des fautives. Les personnes atteintes d'une maladie contagieuse[5] pouvaient être contraintes à l'isolement.

De nouveaux acteurs sur le terrain

En matière de politique de santé, le gouvernement se focalisa de plus en plus sur la prévention. La lutte contre la tuberculose, les maladies vénériennes et le cancer était au centre de toutes les attentions. Les consciences s'éveillaient en outre quant à la nécessité de mieux coordonner les différentes consultations. Ce processus mena à la création de Centres de santé.[6] L'A.R. du 21 mars 1961 fixa officiellement le statut du Centre de santé. En principe, toutes les consultations préventives pouvaient avoir lieu dans un Centre de santé, mais l'inspection médicale scolaire restait la base, complétée par au moins deux autres consultations à choisir parmi les bureaux de la médecine du travail, de la protection de l'enfance ou du contrôle médico-sportif.[7]

Au fur et à mesure de l'évolution de la médecine, il apparut clairement que le gouvernement avait surtout un rôle à jouer dans le volet social de la pratique médicale. En effet, les médecins se tournaient principalement vers une médecine individuelle, ce qui ne suffisait pas aux yeux des autorités. L'intérêt croissant que l'État portait à la santé publique s'exprima dès lors par la création d'une foule de nouveaux organes consultatifs et d'organismes actifs dans le domaine de la santé publique. Les groupes de pression tels que les prestataires de soins, l'industrie pharmaceutique et les mutualités, qui défendaient les intérêts des patients, furent associés à la politique de santé au travers de conseils et commissions en tous genres. Furent ainsi notamment créés : un Comité de l'allaitement maternel (1941), un Conseil supérieur de l'éducation physique, des sports et des œuvres

[4] Il ne nous reste malheureusement aucune source dans laquelle le Conseil supérieur d'hygiène publique se prononce sur la loi sanitaire, mais le Conseil est explicitement cité dans l'A.R. du 1er septembre 1945.

[5] L'arrêté d'exécution du 01/03/1971 reprend la liste des maladies visées.

[6] L'arrêté du Régent du 30/10/1948 organisait la base juridique, tandis que l'A.R. du 07/05/1951 autorisait la demande de subsides pour la construction et l'équipement de centres de santé.

[7] Doms en Hertecant, « Het gezondheidsbeleid », 279.

de plein air (1945), un Conseil supérieur de nursing (1947), une Commission d'anti-dopage (1965) et un Conseil supérieur de la génétique humaine (1973). En 1992, lors de l'inventaire des archives du ministère de la Santé publique, l'historien Luc Vandeweyer recensa pas moins de 133 conseils et commissions chargés d'assister le gouvernement.

Par ailleurs, le gouvernement mit également en place une vaste politique de subventionnement visant à encourager les organismes privés à améliorer l'état de santé général. Des organisations telles que la Croix-Rouge, la Ligue contre le cancer, la Ligue d'hygiène mentale ou l'Œuvre nationale belge de défense contre la tuberculose jouèrent un rôle précurseur grâce à l'aide financière de l'État, tout en rassemblant les données statistiques nécessaires aux autorités pour se forger une idée de la situation sanitaire du pays.[8]

Les développements rapides et la complexité grandissante de la médecine requirent davantage de connaissances techniques au sein de l'administration de la santé. Ce besoin déboucha, à l'automne 1951, sur la création de l'Institut d'hygiène et d'épidémiologie,[9] perpétuant ainsi officiellement la collaboration entre les scientifiques et les laboratoires existants. L'institut reçut pour mission première de mener des recherches scientifiques afin de soutenir la politique de santé. Concrètement, les scientifiques allaient désormais se consacrer à la recherche dans les domaines des maladies (non) transmissibles, de la sécurité des denrées alimentaires, des médicaments et des produits chimiques, de l'environnement et de la santé.[10]

Evolution de la mission du Conseil supérieur d'hygiène publique

Il va de soi que l'arrivée de tous ces nouveaux organes consultatifs et instituts eut d'importantes conséquences pour le Conseil supérieur d'hygiène publique. Au moment de sa création, en 1849, le Conseil s'était vu confier la mission particulièrement vaste « d'informer le gouvernement sur tout ce qui touchait à la santé publique ». Dès la fin du 19e siècle, et le rythme s'accéléra encore après la Seconde Guerre mondiale, cette tâche fut de plus en plus reprise par d'autres instituts aux missions spécifiques et mieux délimitées. Sans oublier de nouveaux acteurs qui ont fait leur apparition dans un passé moins lointain. En 2002, par exemple, la fondation du Conseil scientifique des rayonnements ionisants établi au sein de l'Agence fédérale de contrôle nucléaire entraîna une diminution radicale des avis demandés au Conseil sur le thème de la radioactivité.

Après 1945, le Conseil connut donc une évolution aussi fondamentale qu'incontestable. Malheureusement, il nous a été particulièrement difficile, vu le manque de sources, de retracer les principales étapes de la réorientation du Conseil supérieur d'hygiène publique. Les procès-verbaux, concis à l'extrême, ne mentionnent le plus souvent que le thème abordé lors des séances du Conseil. La liste des sujets traités nous permet d'ores et déjà de conclure que le Conseil dut essentiellement se contenter de travaux de routine et de thèmes connus au cours des premières décennies suivant la Seconde Guerre mondiale. Jusqu'en 1963, ses activités se limitèrent principalement à des avis relatifs à l'infrastructure des établissements de soins et à l'alimentation. D'autres sujets, comme les dérogations au repos dominical obligatoire ou l'hygiène et la sécurité au travail, n'apparurent que sporadiquement. Après 1963 – il nous est difficile de comprendre pourquoi cette date marque une telle rupture – le Conseil supérieur d'hygiène publique se concentra progressivement sur de nouveaux thèmes. Des groupes de travail furent mis sur pied pour se prononcer sur les rayonnements (non) ionisants, les pesticides, les nuisances

[8] Vandeweyer, *Het ministerie van Volksgezondheid*, 79, 126-127.
[9] L'actuel Institut scientifique de la Santé publique-Louis Pasteur.
[10] Vandeweyer, *Het ministerie van Volksgezondheid*, 45; Rapport annuel 2004, Institut scientifique de la Santé publique, 8.

sonores et différentes vaccinations. Cette tendance se renforça dans les années 1980. Les scientifiques siégeant au sein du Conseil supérieur d'hygiène publique se penchèrent notamment sur les pesticides, les transfusions sanguines et les transplantations d'organes, les désinfectants, la qualité de l'air, la pollution, la sécurité de l'habitat, le sida, l'abus d'alcool, le tabagisme et l'insémination artificielle.

La réorganisation du Conseil

Sous la pression des activités accrues et des nouvelles missions et matières, l'A.R. du 4 décembre 1990 réorganisa le Conseil supérieur d'hygiène publique. De nouveaux membres, possédant les connaissances techniques nécessaires pour faire face aux nouvelles tâches, étaient nécessaires. Les membres furent nommés par le Roi. Alors que par le passé, les membres pouvaient en principe rester en place à vie, les mandats furent désormais limités à six ans, bien que renouvelables. L'A.R. fixa une limite d'âge de maximum 70 ans. En 1995, une deuxième réorganisation porta notamment le nombre de membres de 45 à 70. En outre, l'A.R. stipulait que le Conseil supérieur d'hygiène publique devait promouvoir et organiser des conférences de consensus, des conférences pour les acteurs de la santé et des réunions d'experts. Bien que la pratique fût déjà courante depuis de nombreuses années, comme en témoignent les sources de manière irréfutable, le Conseil supérieur d'hygiène publique fut désormais officiellement subdivisé en sections, moyennant l'approbation du ministre de la Santé publique. Le règlement d'ordre intérieur, approuvé le 15 décembre 1995 dans un A.M. du ministre de la Santé publique Marcel Colla, alla encore plus loin. Dorénavant, le Conseil se composait de sept sections qui, à leur tour, pouvaient être subdivisées en sous-sections :

- Section I : Maladies de civilisation (Dépendances, Aspects psychosociaux des maladies).
- Section II : Prophylaxie des maladies transmissibles et usage des produits et organes d'origine humaine (Sang et moelle osseuse, Vaccinations, Commission mixte Conseil supérieur d'hygiène – Commission des médicaments, Vaccins vétérinaires, Tissus et organes d'origine humaine).
- Section III : Protection contre les agents chimiques, physiques et biologiques (Pesticides à usage (non) agricole, Désinfectants, Radiations, Évaluation des risques).
- Section IV : Hygiène de l'alimentation, de la nutrition et problèmes connexes – Sécurité alimentaire (Microbiologie des denrées alimentaires, Alimentation humaine, Alimentation animale). L'A.R. du 31 mai 1996 transféra les compétences du Conseil national de la nutrition (19/06/1991) au Conseil supérieur d'hygiène publique.
- Section V : Hygiène du milieu.
- Section VI : Indicateurs de santé.
- Section VII : Hygiène dans les soins de santé (Dispositifs médicaux).
- Unité logistique d'évaluation médicale.

Le Bureau[11] désignait, pour chaque dossier, la(les) section(s) ou sous-section(s) compétente(s). Il pouvait, de sa propre initiative ou à la demande d'une section ou sous-section, confier l'étude d'un problème ou d'un dossier à un groupe de travail au sein duquel siégeait au moins un membre du Conseil supérieur d'hygiène publique. Un membre du Conseil pouvait également siéger dans les commissions mixtes en

[11] Le Bureau se composait du président, de deux vice-présidents et du secrétaire du Conseil.

qualité de représentant du Conseil. Le Bureau fixait les termes de la collaboration avec les autres conseils et commissions et décidait quels membres participaient à ces réunions. Le Bureau élargi[12] déterminait quant à lui la politique du Conseil. L'unité logistique d'évaluation médicale avait pour mission de développer l'évaluation et l'amélioration du contrôle de qualité dans la santé publique.

La collaboration d'experts était devenue indispensable au bon fonctionnement du Conseil. L'ancienne réglementation avait toujours prévu la possibilité de s'informer auprès d'experts non membres du Conseil supérieur d'hygiène publique. Mais cette possibilité n'avait été exploitée qu'à de très rares occasions avant la Seconde Guerre mondiale. Les membres du Conseil étaient supposés posséder de larges connaissances, couvrant l'ensemble de leur champ d'action. Les progrès scientifiques enregistrés après la Seconde Guerre mondiale entraînèrent également une spécialisation sans cesse croissante, qui contraignit le Conseil supérieur d'hygiène publique à recourir à davantage d'experts. La complexité accrue, au niveau tant administratif que scientifique, nécessitait par ailleurs un plus grand soutien de la part de collaborateurs de formation scientifique. C'est pour répondre à cet objectif que le Conseil fut pourvu en 1994-1996 d'un secrétariat administratif et d'un secrétariat scientifique.

Fédéralisation

La fédéralisation de la Belgique et la constitution de l'Union européenne eurent toutes deux des conséquences sur le fonctionnement du Conseil supérieur d'hygiène publique. A la suite de la réforme d'État de 1980, les Communautés devinrent responsables des « matières personnalisables », dont la politique de santé fait partie. Concrètement, l'autorité fédérale demeurait exclusivement compétente pour les matières explicitement citées dans la législation, tandis qu'en matière de soins et de prévention, les Communautés développaient leur propre politique. Le Parlement flamand se fit assister dès janvier 1997 par un conseil de la santé flamand (*Vlaamse Gezondheidsraad*). Le Plan National Nutrition Santé (2005) – à la base duquel se trouvent les recommandations nutritionnelles du Conseil Supérieur de la Santé – et le Plan National Cancer (2008) prouvent toutefois que la répartition des compétences n'est pas toujours très claire en matière de santé publique. Le Conseil s'est toujours montré prêt à conseiller les Communautés, bien que l'imbroglio actuel des attributions ne lui facilite pas la tâche.

Union européenne (1993)

L'A.R. du 20 juin 1994 sanctionna la collaboration entre le Conseil supérieur d'hygiène publique et l'Union européenne. Désormais, le Conseil devait aider la Commission européenne dans la recherche scientifique sur les denrées alimentaires. Ses principales tâches consistaient à évaluer l'adéquation nutritionnelle du régime alimentaire, à élaborer des protocoles pour l'évaluation des risques en rapport avec les composants des denrées alimentaires et à réaliser des enquêtes de consommation et de composition alimentaire.

Le développement de l'Union européenne entraîna également la nécessité de transposer les directives européennes en droit belge. Aujourd'hui encore, l'avis du Conseil Supérieur de la Santé est souvent demandé lorsque les directives ont trait à la santé publique. Cependant, la politique européenne de santé publique limite aussi l'autonomie du

[12] Le Bureau élargi se composait des présidents de département, du Bureau et du président de l'unité logistique d'évaluation médicale.

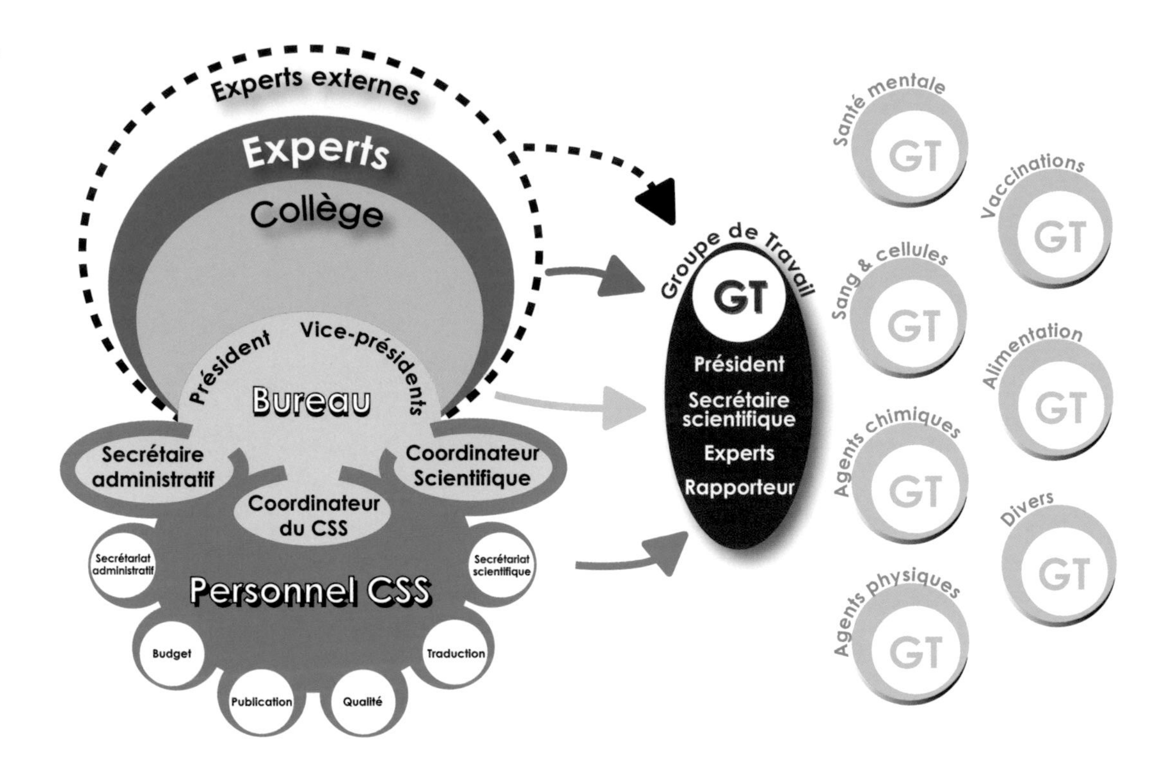

L'organigramme du Conseil Supérieur de la Santé.

Conseil, contraint de conformer ses avis aux directives européennes et bénéficiant dès lors de peu de liberté pour prendre l'initiative et définir ses propres mesures. Ces dernières décennies, divers organes consultatifs ont en outre été créés au niveau européen en vue de se pencher sur des sujets déjà étudiés au sein des conseils consultatifs nationaux : un double emploi, donc, qui accouche parfois de conclusions incohérentes. Dans un avenir proche, le Conseil Supérieur de la Santé entend toutefois jouer un rôle significatif dans l'optimisation de la politique de santé européenne. Le réseau EuSANH, lancé en février 2009, est un instrument pour y parvenir. Le Conseil Supérieur de la Santé y travaille avec 11 autres conseils consultatifs nationaux. À l'avenir, ce réseau européen devrait servir de plate-forme pour l'échange d'agendas, l'application des avis mutuels et l'éventuel développement commun d'avis, au bénéfice d'une politique de santé européenne plus efficace.

Un nouveau Conseil supérieur d'hygiène publique

L'A.R. du 5 mars 2007 inaugura un Conseil Supérieur de la Santé entièrement remanié. La réorganisation du Conseil découla du plan Copernic, élaboré sous le premier gouvernement Verhofstadt (1999-2003) et visant la réforme de la fonction publique. Un constat fait à l'époque fut que le « Conseil supérieur d'hygiène publique » n'existait plus en tant que tel. Il était devenu un collectif qui regroupait différentes sections, opérant toutes individuellement. Chaque section avait développé sa propre méthode de travail et fonctionnait comme un îlot au sein d'un ensemble plus vaste formé par le Conseil supérieur d'hygiène publique. Il n'y avait plus ni interaction ni concertation entre les différentes sections. La plupart d'entre elles ne savaient d'ailleurs pas grand-chose des activités des autres sections.

Une réforme en profondeur du Conseil devait y remédier. L'A.R. de mars 2007 abrogea toute la législation existante relative au Conseil supérieur d'hygiène publique et ébaucha la création d'un nouveau Conseil, désormais rebaptisé Conseil Supérieur de la Santé en français (l'appellation néerlandophone resta inchangée). Cette dénomination convenait mieux aux vastes compétences du Conseil en matière de santé publique. Les tâches en matière d'émission d'avis furent consignées dans la loi-programme du 27 avril 2007. Un nouveau règlement d'ordre intérieur fut publié au Moniteur Belge le 8 mai 2007. Toutes les sections existantes furent supprimées. Un système de groupes de travail fut préféré à celui des sections. Il pouvait s'agir de groupes de travail permanents, traitant les avis de routine, ou de groupes de travail *ad hoc*, mis sur pied à la suite d'une demande d'avis ou dans le cadre d'un avis formulé de sa propre initiative par le Conseil. Les demandes d'avis peuvent émaner du ministre de la Santé publique et de l'Environnement et de son administration, en appui de sa politique. Mais les services du Service Public Fédéral Santé publique, Sécurité de la Chaîne alimentaire et Environnement, de l'Institut scientifique de la Santé publique, du Centre d'étude et de recherches vétérinaires et agrochimiques, de l'Agence fédérale des médicaments et des produits de santé, de l'Agence fédérale pour la sécurité de la chaîne alimentaire et de l'Agence fédérale de contrôle nucléaire, de même que tous les services légalement habilités, peuvent aussi demander un avis. Le Conseil traite les avis relatifs à la santé mentale, aux facteurs physiques environnementaux, aux facteurs chimiques environnementaux, à la nutrition, à l'alimentation et à la santé (y compris la sécurité alimentaire), au sang et dérivés sanguins et aux cellules, tissus et organes d'origine humaine et animale, à l'infectiologie, à la vaccinologie et à l'hygiène.

L'A.M. du 21 mars 2008 instaura un nouveau système important en réponse à la demande croissante d'expertise. Désormais, le Conseil peut faire appel aux connaissances de 200 experts officiellement nommés. Ces experts sont nommés pour six ans, leur mandat étant renouvelable. Parmi ceux-ci, 40 experts nommés par l'A.R. du 11 janvier 2009 forment le Collège. Leur mandat a une durée de trois ans et peut être prolongé deux fois. Un tiers du Collège est remplacé tous les trois ans. Le Collège est présidé par le président du Conseil Supérieur de la Santé et deux vice-présidents. Il se réunit une fois par mois. Le Collège choisit les membres des groupes de travail parmi les 200 experts officiels, mais peut aussi inviter des experts qui ne font pas partie du Conseil. En 2009, le Conseil peut compter sur un total de 500 experts, issus de tous les instituts scientifiques du pays. Le Collège assume la responsabilité du bon déroulement des travaux des groupes de travail et ratifie tous les avis, recommandations et rapports approuvés au sein des groupes de travail.

Son fonctionnement journalier fait l'objet d'une discussion bihebdomadaire au sein du Bureau, composé du président du Conseil Supérieur de la Santé, des deux vice-présidents, du coordinateur, du coordinateur scientifique et du secrétaire administratif. Alors qu'il œuvrait autrefois principalement en coulisse, le Conseil se manifeste aujourd'hui par une politique de communication transparente et un nouveau style maison. Les avis qui peuvent être rendus publics sont consultables sur son site Internet.

Le Conseil Supérieur de la Santé considère qu'il est de son devoir d'exploiter son réseau d'experts et ses collaborateurs internes pour réagir au maximum aux thèmes d'actualité et produire des avis impartiaux et indépendants de manière scientifiquement étayée. En ce sens, le Conseil souhaite se profiler davantage à l'avenir comme un centre d'expertise scientifique de haut vol pour les décideurs politiques et les professionnels de la santé.

Conclusion générale

En 1849, le ministre Charles Rogier constitua un conseil d'experts chargé de lui apporter un éclairage scientifique sur diverses questions liées à la santé publique. 160 ans plus tard, le Conseil Supérieur de la Santé poursuit toujours le même objectif. Sa création consacra l'intérêt naissant de l'État pour les soins de santé, un intérêt notamment suscité par les épidémies récurrentes et les excès de la société industrielle balbutiante. Initialement, le Conseil était supposé aider le pouvoir central et l'assister dans la réalisation des travaux d'assainissement dans les communes. Au fil des décennies suivantes, son champ d'action s'élargit et le Conseil se pencha sur un vaste éventail de thèmes, déterminés par les progrès scientifiques et les développements politiques et socio-économiques. D'une part, le Conseil donnait suite aux demandes d'avis du gouvernement et, d'autre part, il prenait lui-même des initiatives et formulait des propositions de mesures politiques.

Longtemps, la politique de santé fut dominée par la lutte contre les maladies infectieuses telles que le choléra, le typhus et la variole. Conformément à la théorie des miasmes alors très largement répandue, le Conseil œuvra essentiellement à des mesures visant l'assainissement des villes et villages, l'amélioration des maisons ouvrières et l'implantation de cimetières. Il imagina l'hôpital idéal et se prononça sur de nombreux projets de construction d'établissements de soins. Les progrès scientifiques, notamment en bactériologie, révolutionnèrent la politique. Ils promurent la vaccination antivariolique et permirent au Conseil d'élaborer des mesures efficaces contre la propagation du choléra. Dès les dernières décennies du 19e siècle, priorité fut donnée à la lutte contre la tuberculose, puis à celle contre les maladies vénériennes. Le Conseil se concentra sur la promotion de nouvelles méthodes de désinfection, sur les techniques de soins professionnelles et sur l'amélioration des infrastructures hospitalières, mettant ainsi un terme à la mauvaise réputation des établissements de soins, souvent considérés comme des mouroirs. Le Conseil joua un rôle de premier plan dans la politique de santé préventive menée par le gouvernement. Il formula des avis sur l'hygiène personnelle, les soins néonatals, l'inspection médicale scolaire et une pratique suffisante du sport à l'école. Le Conseil se prononça également sur la formation et l'exercice de certaines professions médicales. Ce fut notamment le cas pour les pharmaciens ou pour l'organisation de la formation des infirmières.

Les faits de société et autres changements survenus dans le climat politique déterminèrent également les thèmes traités. Les violentes grèves dans les mines wallonnes, en 1886, et l'instauration du suffrage universel pur et simple, en 1919, donnèrent ainsi un sérieux coup de projecteur sur la problématique ouvrière. Le Conseil fut consulté dans la réalisation des lois sociales : l'interdiction du travail des femmes et des enfants, l'instauration du repos dominical, la journée de huit heures, les conditions de travail dans les entreprises, les nuisances causées par les établissements dangereux et insalubres, l'inspection médicale des jeunes ouvriers. Souvent, le Conseil n'était pas directement impliqué dans la formulation des lois, mais il devait veiller à leur exécution et définir d'éventuelles dérogations.

Après des années 1930 caractérisées par un ralentissement considérable des activités du Conseil, la deuxième moitié des années 1940 marqua le début d'un tout nouveau chapitre. L'instauration de l'assurance maladie-invalidité obligatoire révolutionna totalement la politique de santé belge. Le rôle du Conseil devint très différent, d'une part en raison de l'accès fortement accru aux soins et de l'attention qui en découlait pour le bien-être général et le cadre de vie, et d'autre part, à la suite des développements médico-technologiques et à la spécialisation croissante de la médecine. De nouveaux sujets – tels que les nuisances sonores, la santé mentale, les pesticides et l'insémination artificielle – furent abordés, nécessitant la création de nouveaux groupes de travail.

Dans ses avis relatifs à la santé publique et à l'hygiène, le Conseil était souvent demandeur de nouvelles mesures politiques ou rédigeait – à la demande du ministre compétent ou de sa propre initiative – des projets de nouvelles mesures que le ministre pouvait ou non mettre en œuvre. La nature du sujet déterminait fortement dans quelle mesure le ministre compétent tenait compte des recommandations du Conseil. Le ministre adopta ainsi sans sourciller les avis organisant, par exemple, l'inspection médicale scolaire, les prescriptions nutritionnelles ou les normes de construction des sanatoriums. La plupart du temps, celles-ci étaient transposées rapidement et intégralement dans un arrêté royal ou une circulaire ministérielle. En revanche, les propositions qui impliquaient plus de compétences pour l'État, c'est-à-dire qui portaient atteinte à l'autonomie des communes, étaient nettement moins bien suivies. Il s'agissait là, jusqu'à la Seconde Guerre mondiale, du principal obstacle à la politique de santé du gouvernement : les communes possédaient la plupart des attributions en matière de soins de santé. L'exécution de nombreuses mesures dépendait donc de leur bonne volonté. Pour couronner le tout, le pouvoir de sanction des autorités centrales était plus que limité. En 1911, le ministre Berryer tenta de changer les choses par sa *loi sanitaire*, mais le Parlement la rejeta. Le vent tourna en 1945. La loi sanitaire conféra enfin au gouvernement le pouvoir de prendre des mesures lorsque les communes manquaient à leurs devoirs en matière de santé publique.

Il ne fut pas toujours évident, dans la présente étude, de mesurer l'impact des recommandations formulées par le Conseil. La portée d'un avis apparaissait bien sûr très clairement lorsque le Conseil supérieur d'hygiène publique était cité dans un arrêté royal ou une circulaire ministérielle et qu'un rapport était partiellement ou entièrement retranscrit. Mais nous n'avons pu évaluer dans quelle mesure le mérite d'un nouvel arrêté revenait au seul Conseil. D'autres institutions, comme l'Académie royale de médecine, influencèrent aussi le processus décisionnel. Il semble par exemple peu probable que le Conseil ait été le seul à prôner l'organisation de consultations pour les nourrissons. L'impact du Conseil fut encore plus difficile à estimer lorsqu'une longue période s'était écoulée entre la publication d'un avis du Conseil et la mise en œuvre finale, le temps de réaction des autorités étant fortement variable. Une étude historique plus poussée pourrait nous éclairer sur le sujet.

Le Conseil était aussi « sensible à la conjoncture ». Les préoccupations économiques constituent une sorte de fil rouge à travers ses rapports. Très souvent, les intérêts des entrepreneurs primèrent sur la santé des ouvriers et sur la qualité de l'environnement. Le Conseil ne s'opposa par exemple pas à l'utilisation de la céruse pour le blanchissage de la dentelle – en dépit des nombreuses plaintes faisant état de graves maladies causées par ce produit toxique chez les ouvriers – par crainte d'une baisse de la demande de cet or blanc. Il ne prôna pas davantage de mesures radicales contre les eaux polluées, afin de ne pas trop nuire aux usines. A la suite des protestations des patrons, le Conseil ne vit pas non plus d'inconvénient au travail de nuit des adolescents. Et la position du Conseil Supérieur n'était pas plus progressiste en ce qui concerne le travail des enfants. Mieux valait les faire travailler dès l'âge de quatorze ans que de les voir s'adonner à la débauche. Le Conseil se montra très conciliant envers les entrepreneurs, particulièrement en temps de crise. Plusieurs crises sévères eurent de grandes répercussions sur son fonctionnement. Dès lors que l'économie entrait dans une spirale descendante, le gouvernement reléguait les soins de santé et l'hygiène au second plan. Ces périodes se caractérisaient donc par une baisse significative du nombre de rapports émis par le Conseil.

Au moment de sa création, le Conseil se vit confier une mission très vaste, en l'occurrence conseiller le gouvernement sur « tout ce qui avait trait à la santé ». Dans la jeune Belgique, le Conseil traça les grandes lignes de la politique de santé naissante et développa des idées sur de grands thèmes de société. Dès la fin du 19ᵉ siècle, mais surtout durant l'entre-deux-guerres, de plus en plus d'organes spécialisés virent le jour pour assumer une partie des tâches du Conseil, comme l'Inspection du travail, l'Œuvre nationale de l'enfance, la Ligue contre la tuberculose, etc. Cette tendance se poursuivit, à un rythme effréné, après la Seconde Guerre mondiale. Le Conseil fut en outre confronté aux conséquences des réformes successives de l'État, qui se traduisirent par un important morcellement des compétences en matière de santé entre les différents gouvernements. Sans oublier le facteur Europe, venu se rajouter depuis peu. Les directives européennes doivent désormais être transposées dans la législation belge et l'avis du Conseil Supérieur de la Santé est fréquemment demandé dans ce cadre. La recherche du bon équilibre et la collaboration avec tous les niveaux de compétence et autres organes consultatifs alimentent un processus en perpétuel mouvement.

Le projet EuSANH, lancé en février 2009, implique la collaboration du Conseil Supérieur de la Santé avec d'autres organes consultatifs nationaux en vue d'optimaliser la politique sanitaire européenne. La réforme en profondeur du Conseil Supérieur de la Santé, amorcée en 2007, a confirmé les tâches du Conseil et a rencontré les besoins accrus en expertise scientifique. En 2009, le conseil peut faire appel à un réseau de plus de 500 experts. Le Conseil Supérieur de la Santé considère qu'il relève de sa mission de formuler des avis actuels et indépendants à l'intention des décideurs politiques et des travailleurs de la santé.

Bibliographie

1. Sources archivées

Archives générales du Royaume

- Archives non publiques comprenant des compte rendus, des ordres du jour du Conseil supérieur d'hygiène publique : 1922-1940,1971-1993.

2. Publications du Conseil Supérieur de l'Hygiène publique

- *Rapport général sur les travaux du Conseil Supérieur d'Hygiène Publique*. Bruxelles, 1850-1852.
- *Manuel d'hygiène publique et privée*. Bruxelles, 1851.
- *Congrès d'hygiène publique*. Bruxelles, 1852.
- *Deuxième rapport général sur les travaux du Conseil Supérieur*. Bruxelles, 1852.
- *Mémoire sur la révision de la législation des cours d'eau non navigables ni flottables en réponse à la question suivante, proposée par le Conseil supérieur d'hygiène publique*. Bruxelles, 1853.
- *Rapports*. Bruxelles, 1856-1887.
- *Recueil des rapports*. Bruxelles, 1888-1936.

3. Autres sources publiées

- André (J.B.). *Enquête sur les eaux alimentaires*. Bruxelles, 1906.
- Deltombe. *Rapport général résument les principaux travaux du Conseil supérieur d'hygiène publique durant la première année de son institution*. Bruxelles, 1850.
- *Gazette médicale belge*. Liège, 1849, 1898-1913.
- *Geneeskundige courant voor koninkrijk der Nederlanden*. Tiel, 24/10/1852.
- Hayez (F.). *Habitations ouvrières*. Bruxelles, 1887.
- *La Santé : journal d'hygiène publique et privée*. Bruxelles, 1849-1857.
- *Le Scalpel : journal belge des sciences médicales*. Bruxelles, 1849-1945.
- Maukels et Putzeys. *Instruction concernant les projets d'hôpitaux et d'hospices à construire en matériaux légères*. Bruxelles, 1923.
- Ministère de l'intérieur et de l'hygiène. *Bulletin de l'Administration de l'Hygiène*. Bruxelles, 1921.
- Ministère de l'intérieur et de l'agriculture. *Bulletin du service de Santé et de l'Hygiène*. Bruxelles, 1895-1908.
- Ministère de la Santé publique et de la Famille. *Bulletin van het ministerie van Volksgezondheid*. Bruxelles, 1936-1964.
- Putzeys (F.), Putzeys (E.). *Les installations sanitaires des habitations privées et collectives : commentaire du règlement sur les installations sanitaires privées élaboré par le Conseil supérieur d'hygiène publique*. Bruxelles, 1910.
- *Rapport sur l'organisation de l'inspection médicale scolaire*. Bruxelles, 1916.
- Van Boeckel en Holemans. *Voordrachten over schoolhygiëne, voorafgegaan van het KB betreffende de inrichting van medisch schooltoezicht en het verslag van den Hoogen gezondheidsraad*, Bruxelles, 1921.

- Van Oye (M. R.). *Membre du congrès d'hygiène publique.* Bruxelles, 1851.
- Weissenbruch. *Rapports du Conseil supérieur d'hygiène publique et de la commission permanente des sociétés de secours mutuels.* Bruxelles, 1855.

4. Littérature

- Balthazar Herman. *Onderzoek naar de Gentse beluiken. Bouwfysische, sociologische historische en kunsthistorische evaluatie.* Gand, 1978.
- *Baron Charles A. Liedts (1802-1878) : inventaris van het archief (1823-1877).* Liberaal Archief. Gand, 05/2008.
- Basyn Jean-Marc. « Ziekenhuizen tijdens het interbellum ». *Architectuur van de Belgische hospitalen.* Bruxelles, 2004, 66-75.
- Beets-Anthonissen Maggy. « Antwerpen, Stuyvenberg ». *Architectuur van Belgische hospitalen.* Bruxelles, 2004, 92-96.
- Bracke Nele. « De vrouwenarbeid in de industrie in België omstreeks 1900. Een 'vrouwelijke' analyse van de industrietelling van 1896 en de industrie- en handelstelling van 1910 ». *Revue belge d'Histoire contemporaine.* Gand, 1996, XXVI, 1-2, 165-207.
- Bruneel Claude. « Ziekte en sociale geneeskunde : de erfenis van de verlichting », Dans : Jan De Maeyer, Lieve Dhaene, Gilbert Hertecant et Karel Velle, eds. *Er is leven voor de dood.* Kapellen, 1998, 17-31.
- Bruyère Christine. « Organisatie van de tuberculosebestrijding in de regio Brussel vóór 1914 ». *Geschiedenis der Geneeskunde.* Louvain, 1996, 4, 28-36.
- Canipel Sara. « De bedrijfsgeschiedenis van de Orfèvrerie Wiskeman. Concurrentiestrategie en concurrentievoordeel tijdens hun cruciale expansiefase (1928-1945) ». *Revue belge d'Histoire contemporaine.* Gand, 2003, XXXIII, 3-4, 455-483.
- Coppieters Bruno en Hendrix Guy, « De koopkrachtevolutie voor loontrekkenden in periodes van economische depressie : een vergelijking voor de jaren 1929-1939 en 1974-1984 ». *Revue belge d'Histoire contemporaine.* Gand, XVII, 1986, 3-4, 275-368.
- Craeybeckx Jan et Witte Els. *Politieke geschiedenis van België.* Anvers, 1997.
- Decavele Johan, Van Coile Christine e.a. *Gentse torens achter rook van schoorstenen : Gent in de periode 1860-1895.* Gand, 1984.
- Deferme Jo. « Geen woorden, maar daden. Politieke cultuur en sociale verantwoordelijkheid in het België van 1886 ». *Revue belge d'Histoire contemporaine.* Gand, 2000, XXX, 1-2, 131-171.
- Deferme Jo. *Uit de ketens van de vrijheid : het debat over de sociale politiek in België.* Louvain, 2007.
- Defoort Paul et Thiery Michel. « De vroedvrouwen ». Dans : Jan De Maeyer, Lieve Dhaene, Gilbert Hertecant et Karel Velle, eds. *Er is leven voor de dood.* Kapellen, 1998, 214-223.
- Dehaeck Sigrid et Van Hee Robrecht. « Van hospitaal naar virtueel ziekenhuis ? ». *Architectuur van de Belgische hospitalen.* Bruxelles, 2004, 66-75.
- Dèle Ed. « L'enfouissement, la crémation, etc. appliqués aux cadavres des animaux atteints de maladies contagieuses ». *Journal de médecine, de chirurgie et de pharmacologie.* Bruxelles, 1872, 55, 115-121.
- Dhaene Lieve et Timmermans Ruth. « De privé-ziekenhuizen ». Dans : Jan De Maeyer, Lieve Dhaene, Gilbert Hertecant et Karel Velle, eds. *Er is leven voor de dood.* Kapellen, 1998, 331-343.
- De Mayer Jan et Dhaene Lieve. « Sociale emancipatie en democratisering : de gezondheidszorg verzuild ». Dans : Jan De Maeyer, Lieve Dhaene, Gilbert Hertecant et Karel Velle, eds. *Er is leven voor de dood.* Kapellen, 1998, 151-166.

- De Mey Raf. « Charles Rogier (1800-1885) en de Vlaamse beweging. De beeldvorming herbekeken ». *Wetenschappelijke tijdingen*. Gand, LXIV/4/2005.
- Demedts M. et Gyselen A. « Tuberculose vroeger en nu in rijke landen ». *Geschiedenis der geneeskunde*. Louvain, 1/04/1996, 4-13.
- De Neve Mieke. *Kinderarbeid te Gent (1830-1914)*. Mémoire de licence. Université de Gand, 1991.
- Denys Luc. *Bijdrage tot de studie van de sociaal-economische toestand van de arbeiders rond 1886*. Gand, 1969, II.
- Deneckere Gita. *Sire, het volk mort. Collectieve actie in de sociale geschiedenis van de Belgische staat, 1831-1940*. Gand, 1994.
- De Schaepdryver André. *Gids, Het pand*. Gand, 1995.
- De Smet George. *Gentse maatschappij voor goedkope woningen : historisch overzicht ter gelegenheid van de vijftigste verjaring van de stichting der maatschappij*. Gand, 1954.
- Devos Isabelle. « Ziekte een harde realiteit ». Dans : Jan De Maeyer, Lieve Dhaene, Gilbert Hertecant et Karel Velle, eds. *Er is leven voor de dood*. Kapellen, 1998, 117-130.
- Devos Isabelle. *Allemaal beestjes : mortaliteit en morbiditeit in Vlaanderen, 19de -20ste eeuw*. Gand, 2006.
- De Vroede M. « Consultatiecentra voor zuigelingen in de strijd tegen de kindersterfte in België voor 1914 ». *Tijdschrift voor geschiedenis*. Groningen, 1981, 94, 451- 460.
- de Stoppelaar F. « De tering of witte pest ». *Geschiedenis der geneeskunde*. Louvain, 1/04/1996, 20-27.
- De Wilde Bart. *Witte boorden, blauwe kielen. Patroons en arbeiders in de Belgische textielnijverheid in de 19de en de 20ste eeuw*. Gand, 1997.
- Dierckx Paul. « Geschiedenis van de sanatoria ». *De architectuur van de Belgische hospitalen*. Bruxelles, 2004, 76-77.
- Dhont Marlies. *Opgroeien in een beluik : levensloopanalyse van de generatie geboren in 1867 en 1868 in de Gentse Bataviawijk*. Mémoire de licence. Université de Gand, 2004.
- Doms Annemie et Hertecant Gilbert. « Het gezondheidsbeleid. Algemene ontwikkelingen ». Dans : Jan De Maeyer, Lieve Dhaene, Gilbert Hertecant et Karel Velle, eds. *Er is leven voor de dood*. Kapellen, 1998, 271-284.
- *Inrichting eener bestendige Schoolkolonie. Werk der gezonde lucht voor de kleinen der stad Gent*. Gand, 1911.
- Hansen Inge. « De vrouwelijke artsen ». Dans : Jan De Maeyer, Lieve Dhaene, Gilbert Hertecant et Karel Velle, eds. *Er is leven voor de dood*. Kapellen, 1998, 224-232.
- Henkens Bregt. « De vorming van de eerste regering van Zeeland (maart 1935). Een studie van het proces van een kabinetformatie ». *Revue belge d'Histoire contemporaine*, Gand, 1996, XXVI, 1-2, 209-261.
- Jachowicz Anneleen. *Met de moedermelk ingezogen of met de paplepel ingegeven. Een onderzoek naar de houding tegenover borstvoeding in België tijdens de eerste helft van de twintigste eeuw*. Mémoire de licence. Université de Gand, 2002.
- Jacquemyns G. *Histoire de la crise économique des Flandres (1845-1850)*. Bruxelles, 1929.
- Jacques Catherine et Van Molle Leen. « Vrouwelijke aanwezigheid. De verpleegkundigen : grenzeloos vrouwelijk ». Dans : Jan De Maeyer, Lieve Dhaene, Gilbert Hertecant et Karel Velle, eds. *Er is leven voor de dood*. Kapellen, 1998, 214-223.
- Janssens Luc. *Vrouwen- en kinderarbeid en sociale wetgeving (1890-1914)*. Mémoire de licence. Université de Gand, 1974.
- Juste Théodore. *Charles Rogier. 1800-1885. D'après des documents inédits*. Verviers, 1885.
- Kuborn Hyacinth. *Aperçu historique en hygiène publique à Belgique*. Bruxelles, 1897.

- Langerock Hubert. *De arbeiderswoningen in België*. Gand, 1894.
- Lannoo Lien. *En de boerin, zij zwoegde voort. De vrouw in het Vlaamse landbouwbedrijf, 1850-1810*. Mémoire de licence. Université de Gand, 2006.
- Laporte Willy. « De lichamelijke opvoeding in het onderwijs in België van 1842 tot 1990 : een vak apart ». Dans : Mark D'hoker, Jan Tolleneer (red.). *Het vergeten lichaam. Geschiedenis van de lichamelijke opvoeding in Nederland en België*. Louvain, 1995.
- Lis Catherina. « Proletarisch wonen in West-Europese steden ». *Revue belge d'Histoire contemporaine*. Gand, 1977, VIII, 3-4, 325-366.
- *Le journal des mères*. « Les crèches ». Années de publication : 5, 6, 7.
- Luyckx Theo. *De politieke geschiedenis van België : 1789-1944*. Bruxelles, 1973.
- Mareska J. et Heyman J. *Enquête sur le travail et la condition physique et morale des ouvriers employés dans les manufactures de coton à Gand*. Gand, 1843.
- Meganck Leen. *Bouwen te Gent in het interbellum (1919-1939). Stedenbouw, onderwijs, Patrimonium. Een synthese*. Thèse de doctorat. Université de Gand. 2002, II.
- *Nationaal werk voor kinderwelzijn 1919-1969*. Bruxelles, 1969.
- Nationale Liga ter Bestrijding van Tuberculose. « L'armement antituberculeux Belge ». *La revue Belge de la Tuberculose*. Bruges, 08/09/1924.
- Nauwelaerts Mandy. « De socialistische syndicale beweging na de Eerste Wereldoorlog (1919-1921) ». *Revue belge d'Histoire contemporaine*. Gand, 1973, IV, 3-4, 343-376.
- Parmentier Sabine. « Het liberaal staatsinterventionisme in de 19de eeuw ». *Revue belge d'Histoire contemporaine*. Gand, 1986, XVII, 3-4, 379-420.
- Plasky Elise. *La protection et l'éducation de l'enfant du peuple en Belgique*. Bruxelles, 1909.
- *Recensement général des industries et des métiers. Bruxelles*, XVIII, 10/1896.
- Reynebeau Marc. « De kiescijnsverlaging van 1848 en de politieke ontwikkeling te Gent tot 1869 ». *Revue belge d'Histoire contemporaine*. Gand, 1980, XI, 3, 1-46.
- Roels Nele. « In Belgium, women do all the work. De arbeid van vrouwen in de Luikse mijnen. Negentiende - begin twintigste eeuw ». *Revue belge d'Histoire contemporaine*. Gand, 2008, XXXVIII, 1-2, 45-86.
- Roose Marc (red.). « Dempen, slopen en saneren. De cholera-epidemie van 1866 en de grote openbare werken ». *De kranten van Gent (1860-1914)*. Gand, 1996, III.
- Röttger Rik. *Charles A. Baron Liedts*. Gand, 2002.
- Schepers Rita. *De opkomst van het medisch beroep in België. De evolutie van de wetgeving en de beroepsorganisaties in de 19de eeuw*. Amsterdam, 1989.
- Smets Marcel. *De tuinwijkgedachte, Internationaal, nationaal en de provincie Limburg*. Hasselt, 1982.
- Steensels Willy. « De tussenkomst van de overheid in de arbeidershuisvesting te Gent, 1950-1904 ». *Revue belge d'Histoire contemporaine*. VIII, 1977, 3-4, 447-500.
- Steensels Willy. *Proletarisch wonen*. Gand, 1974.
- Van Damme Dirk. « Onderstandswoonst, sedentarisering en stad-plattelands-tegenstellingen : Evolutie en betekenis van de wetgeving op de onderstandswoonst in België (einde achttiende tot einde negentiende eeuw) ». *Revue belge d'Histoire contemporaine*. Gand, VXXI, 3-4, 484-534.
- Vandenberghe Hélène. *Licht, lucht en zon voor iedereen : het hoe en waarom van de openluchtschool en haar architectuur*. Mémoire de licence. Université de Gand, 2000.
- Vandenberghe Lieven. *Een eeuw kinderzorg in de kijker. De consultatiebureaus voor het jonge kind*. Bruxelles, 2004.
- Vandenbroeck Michel. *De kinderopvang als opvoedingsmilieu tussen gezin en samenleving*. Thèse de doctorat. Université de Gand, 2004.

- Vandenbroeck Michel. *In verzekerde bewaring. Honderdvijftig jaar kinderen, ouders en kinderopvang.* Amsterdam, 2004.
- Van der Meij-De Leur A.P.M. « De geschiedenis van de verpleging van de tuberculose-patiënt ». *Geschiedenis der geneeskunde.* Louvain, 1/04/1996, 36-45.
- Vandevijver Dirk. « Architectuur die heelt. Paviljoenziekenhuisbouw in het 19de-eeuwse België ». *Architectuur van de Belgische hospitalen.* Bruxelles, 2004, 54-65.
- Vandeweyer Luc. *Het ministerie van Volksgezondheid (1936-1990). Organisatie en bevoegdheden.* Bruxelles, 1995.
- Vandewiele Leo. *Gedenkboek 150 jaar KAVA. Geschiedenis van de Koninklijke Apothekers-vereniging van Antwerpen.* Anvers, 1985.
- Vandewiele Leo. *De geschiedenis van de farmacie in België.* Beveren, 1981.
- Van Doorneveldt Wendy. *Laat de kinderen tot ons komen : kinderopvang als onderdeel van sociale politiek in de lange 19de eeuw. Een onderzoek met de nadruk op Gent.* Mémoire de licence. Université de Gand, 1999.
- Van Durme Steven. *De openluchtschool : van beweging tot architectuur. Oorsprong van de Diesterweg's bestendige schoolkolonie, gebouwd in 1904.* Mémoire de licence. Université de Gand, 2001.
- Vanhaute Erik. *Economische en sociale geschiedenis van de nieuwste tijden.* Gand, 2002.
- Van Hee Robrecht. *In de voetsporen van Yperman : heelkunde in Vlaanderen door de eeuwen heen.* Bruxelles, 1990.
- Vanthemsche Guy. « Arbeid in België tijdens de jaren 1930 ». Dans : *De massa in verleiding. De jaren '30 in België.* Bruxelles, 1994, 154-177.
- Velle Karel. *Hygiëne en preventieve gezondheidszorg in België (ca. 1830-1914) : bewustwording, integratie en acceptatie. Mémoire de licence*, Université de Gand, 1981.
- Velle Karel. *Lichaam en hygiëne.* Exposition de Bijloke. Gand, 21/12/1984 -17/02/1985.
- Velle Karel. « De centrale gezondheidsadministratie in België voor de oprichting van het eerste ministerie voor Volksgezondheid (1849-1936) ». *Revue belge d'Histoire contemporaine.* Gand, 1990, XXI, 1-2,162-210.
- Velle Karel. *De nieuwe biechtvaders : de sociale geschiedenis van de arts in België.* Louvain, 1991.
- Velle Karel, « De opkomst van het verpleegkundig beroep in België ». *Geschiedenis der geneeskunde.* Louvain, 1994, 6, 17-26.
- Velle Karel. *Begraven of cremeren. De begrafeniskwestie in België.* Gand, 1992.
- Velle Karel. « De schoolgeneeskunde in België (1850-1940) ». *Geschiedenis der Geneeskunde.* Louvain, 1998, 6, 354-366.
- Veraghert Karel. « Verbijstering, wanhoop, twijfel ». Dans : *De massa in verleiding. De jaren '30 in België.* Bruxelles, 1994, 139-153.
- Verbruggen Christophe. *De stank bederft onze eetwaren, de reacties op industriële milieu-hinder in het 19de-eeuwse Gent.* Gand, 2002.
- Verhaeghe J. « De ordehandhaving bij de sociale onlusten in maart-april 1886 in Luik en Henegouwen ». *Revue belge d'Histoire militaire.* Bruxelles, 1885, XXVI- 9, 17- 40.
- Verhaeghe J. « De ordehandhaving bij de sociale onlusten in maart-april 1886 in Luik en Henegouwen ». *Revue belge d'Histoire militaire.* Bruxelles, 1984, XXVIII- 4, 269-298.
- Verhoeven Wiebe. « La Hulpe, sanatorium Les Pins ». *De architectuur van de Belgische hospitalen.* Bruxelles, 170-171.
- Willems Hans. « De lijdensweg van een rustdag : de wet op de zondagsrust (1905) ». *Revue belge d'Histoire contemporaine.* Gand, 2002, XXXII, 73-118.
- Witte Els. *Politieke geschiedenis van België. Van 1830 tot heden.* Anvers, 1999.

Sources des illustrations

Malgré des recherches approfondies, il n'a pas été possible de retrouver toutes les personnes possédant un droit d'auteur sur les illustrations utilisées. Les ayants droit peuvent prendre contact avec le Conseil supérieur de la Santé.

P. 16 Musée de la Photographie, Charleroi.
P. 17 Kadoc, Louvain.
P. 18 Site du Grand-Hornu, Hornu.
P. 19 AMSAB Instituut voor sociale geschiedenis, Gand.
P. 21 Kadoc, Louvain.
P. 23 Liberaal Archief, Gand.
P. 25 Moniteur belge, 17/04/1849.
P. 26 Liberaal Archief, Gand.
P. 27 Bibliothèque royale de Belgique, Bruxelles.
P. 28 Bibliothèque royale de Belgique, Bruxelles.
P. 29 Deuxième rapport général sur les travaux du CSHP, 1852.
P. 34 Kadoc, Louvain.
P. 36 Congrès d'Hygiène publique, session de 1851.
P. 38 Kadoc, Louvain.
P. 39 (boven) AMSAB Instituut voor sociale geschiedenis, Gand.
P. 39 (onder) Musée de la Vie wallonne, Liège, Gustave Marissiaux.
P. 41 Musée de la Photographie, Charleroi, Gustave Marissiaux.
P. 43 School van Toen, Gand.
P. 44 Liberaal Archief, Gand.
P. 45 Bibliothèque universitaire de Gand.
P. 51 Kadoc, Louvain.
P. 54 Institut scientifique de Santé Publique belge, Etterbeek.
P. 55 (boven) Musée d'histoire de la médecine, « *Het Pand* », Gand.
P. 55 (onder) CPAS de la Ville d'Anvers.
P. 56 CPAS de la Ville d'Anvers.
P. 58 Musée de la Vie wallonne, Liège, Gustave Marissiaux.
P. 59 MIAT, Gand.
P. 60 (dessus) Kadoc, Louvain.
P. 60 (en bas) Musée de la Photographie, Charleroi.
P. 61 MIAT, Gand.
P. 62 MIAT, Gand.
P. 65 MIAT, Gand.
P. 66 MIAT, Gand.
P. 67 Liberaal Archief, Gand.
P. 70 Liberaal Archief, Gand.
P. 72 School van Toen, Gand.
P. 73 CSHP, *Rapports*, 1874-1879.
P. 75 Collection museumgoudA, prêt de l'Instituut Collectie Nederland, photo: Tom Haartsen.
P. 76 Musée d'histoire de la médecine, « *Het Pand* », Gand.

P. 77 Repro K.U.Leuven, Centrale Bibliotheek, Tabularium.
P. 79 Wiertzmuseum, Bruxelles.
P. 80 AMSAB Instituut voor sociale geschiedenis, Gand.
P. 81 Archives de la ville de Bruxelles.
P. 82 Bibliothèque royale de Belgique, Bruxelles.
P. 83 Bulletin de l'administration du service de santé et de l'hygiène, 1912.
P. 85 Bibliothèque royale de Belgique, Bruxelles.
P. 90 Collection privée, Bart de Wilde.
P. 91 Musée d'histoire de la médecine, «*Het Pand*», Gand.
P. 92 CPAS de la Ville d'Anvers.
P. 93 CPAS de la Ville d'Anvers.
P. 98 UGent, Fonds Vliegende Blaadjes.
P. 100 Musée de la Vie wallonne, Liège.
P. 101 Archives privées, Frédéric Gobbe.
P. 102 Oth, *Manifestation en l'honneur de monsieur Emile de Beco.* Bruxelles, 1906.
P. 103 (dessus) Archives de la Ville de Gand, «*De zwarte doos*».
P 103 (en bas) AMSAB Instituut voor sociale geschiedenis, Gand.
P. 105 Musée de la Photographie, Charleroi, Willy Kessels.
P. 109 Musée de la Vie wallonne, Liège.
P. 111 Kadoc, Louvain.
P. 113 Collection Buelens Augustijn, Museum Rupelklei, Rumst.
P. 114 MIAT, Gand.
P. 115 Kadoc, Louvain.
P. 117 Kadoc, Louvain.
P. 118 Musée de la Vie wallonne, Liège.
P. 119 Archives de la Ville de Bruges.
P. 120 Musée de la Photographie, Charleroi, Gustave Marissiaux.
P. 122 Collection Museum Rupelklei, Rumst.
P. 124 (à gauche) AMSAB Instituut voor sociale geschiedenis, Gand.
P. 124 Bibliothèque et archives de l'Institut Emile Vandevelde.
P. 125 Kadoc, Louvain.
P. 126 Collection privée, Bart De Wilde.
P. 128 (dessus) Musée d'histoire de la médecine, «*Het Pand*», Gand.
P. 128 (en bas) Musée d'histoire de la médecine, «*Het Pand*», Gand.
P. 129 Liberaal Archief, Gand.
P. 130 Bibliothèque universitaire de Gand, Fonds « *Vliegende Blaadjes* ».
P. 131 Bibliothèque universitaire de Gand, Fonds « *Vliegende Blaadjes* ».
P. 131 Bibliothèque universitaire de Gand, Fonds « *Vliegende Blaadjes* ».
P. 132 Bibliothèque universitaire de Gand, Fonds « *Vliegende Blaadjes* ».
P. 132 Bibliothèque universitaire de Gand, Fonds « *Vliegende Blaadjes* ».
P. 133 Bibliothèque universitaire de Gand, Fonds « *Vliegende Blaadjes* ».
P. 134 Musée de la Vie wallonne, Liège.
P. 135 Musée d'histoire de la médecine, «*Het Pand*», Gand.
P. 135 Musée d'histoire de la médecine, «*Het Pand*», Gand.
P.136 (gauche)Musée d'histoire de la médecine, «*Het Pand*», Gand.
P. 136 Bibliothèque universitaire de Gand, Fonds « *Vliegende Blaadjes* ».
P. 137 Bulletin du santé et de l'hygiène, 1920.
P. 138 Musée d'histoire de la médecine, «*Het Pand*», Gand.

P. 141 AMSAB Instituut voor sociale geschiedenis, Gand.
P. 143 Bibliothèque universitaire de Gand, Fonds « *Vliegende Blaadjes* ».
P. 144 Bibliothèque universitaire de Gand, Fonds « *Vliegende Blaadjes* ».
P. 147 Bibliothèque de l'Institut Scientifique de Santé Publique, Etterbeek.
P. 148 Bibliothèque universitaire de Gand.
P. 149 CPAS de la Ville d'Anvers.
P. 151 School van Toen, Gand.
P. 152 School van Toen, Gand.
P. 153 School van Toen, Gand.
P. 154 Kadoc, Louvain.
P. 155 CPAS de la Ville d'Anvers.
P. 155 CPAS de la Ville d'Anvers.
P. 157 Bibliothèque universitaire de Gand, Fonds « Vliegende blaadjes ».
P. 160 Liberaal Archief, Gand.
P. 161 School van Toen, Gand.
P. 161 School van Toen, Gand.
P. 162 School van toen, Gand.
P. 162 School van toen, Gand.
P. 165 Bibliothèque universitaire de Gand, Fonds « *Vliegende Blaadjes* ».
P. 167 Musée d'histoire de la médecine, « *Het Pand* », Gand.
P. 168 CPAS de la Ville d'Anvers.
P. 170 Bibliothèque royale de Belgique, Bruxelles.
P. 174 AMSAB Instituut voor sociale geschiedenis, Gand.
P. 179 AMSAB Instituut voor sociale geschiedenis, Gand.
P. 181 AMSAB Instituut voor sociale geschiedenis, Gand.
P. 182 AMSAB Instituut voor sociale geschiedenis, Gand.
P.183 Bibliothèque universitaire de Gand.
P. 184 Bibliothèque universitaire de Gand.
P. 187 Liberaal Archief, Gand.
P. 188 De School van Toen, Gand.
P. 191 Bibliothèque royale de Belgique, Bruxelles.
P.195 School van Toen, Gand.
P. 196 Liberaal Archief, Gand.
P. 198 (gauche) School van Toen, Gand.
P. 198 CSHP, *Rapports*. 1916.
P. 200 Lacroix O., *L'hospitalisation en temps de paix et en temps de guerre*, 1876
P. 201 Archives de la Ville de Bruges.
P. 202 CPAS de la Ville d'Anvers.
P. 204 AMSAB, Instituut voor sociale geschiedenis, Gand, Frits Van den berghe, Koekoek.
P. 205 AMSAB, Instituut voor sociale geschiedenis, Gand, Frits Van den berghe, Koekoek.
P. 212 Conseil Supérieur de la Santé, Bruxelles.

Annexe
Membres du Conseil Supérieur d'Hygiène (actuellement « Conseil Supérieur de la Santé ») (1849- ...)

Sources: *Almanach Royal, Annuaire administratif et judiciaire, Moniteur belge.*

Les membres sont mentionnés par ordre chronologique selon l'année de leur nomination, qu'ils aient été ou non précédemment invités à une réunion du Conseil Supérieur d'Hygiène. Il n'a pas été tenu compte des nominations au titre de membre honoraire.

Arrivabene (Comte J.) 1849-1862
Blaes (Aug.) 1849-1855
Cluysenaar (J.P.) 1849-1880
Demanet (A.) 1849-1868
Dieudonné (J.F.J.) 1849-1871
Ducpétiaux (Ed.) 1849-1868
Liedts (CH.): 1849-1877 (Président)
Sauveur (D.) 1849-1862
Stas (J.S.) 1849-1891
Theis (N.) 1849-1870
Uytterhoeven (V.) 1849-1873
Visschers (Aug.) 1849-1874
Vleminckx (J.F.) 1849-1870
Depaire 1856-1858
Vergote (A.) 1856-1906
Jouret (T.) 1869-1887
Leclerc (J.M. J.) 1869-1910
Vleminckx (V.) 1871-1906
Janssens (E.) 1872-1900
Henrard (E.H.) 1875-1897
Thiernesse (E.A) 1875-1883
Dubois-Thorn (F.) 1877-1886
Crocq (J.) 1879-1898
Beyaert (H.) 1881-1894
Dusart (E.) 1881-1902
Somerhausen (E.) 1884-1895
Wehenkel (J.M.) 1884-1889
Barbier (J.) 1885
de Beco (E.) 1885-1923. (Président)
Guchez (F.) 1885-1907
Berden 1887- 1889 (Président)
Lefebvre (F.J.M.) 1887-1902
Devaux (A.) 1888-1914
Blas (C.) 1889-1914
Degive (A.) 1891-1914
Putzeys (F.) 1892-1932 (Président)
Van Ermengen (E.) 1892-1932
Bruylants (G.) 1893-1924
Vanderlinden (G.M.F.) 1894
Gruls (P.) 1895
Van Ysendyck 1895-1902
André (J.B) 1896
Mullier 1896-1897
Dupont 1898-1899
Ledresseur 1898-1901
Putzeys (E.) 1898-1914
Fontaine 1900-1904
Destreé (E.) 1901-1902
Dubois-Havenith 1901-1914
Hellemans (E.) 1902-1924
Demoor (J.) 1903-1946
Dewalque (F.) 1903-1928
Laruelle (L.) 1903-1914
Rutot (A.) 1903-1933
Logie (O.) 1906
Molitor 1907-1910
Velghe (O.) 1907-1932
Cousot 1909-1914

Froumy 1911-1913
Hachez (A.) 1911-1948
Malvoz 1912-1938
Voituron (E.) 1912-1914
Melis 1914
Bayet (A.) 1920-1935.
Dejace (L.) 1920-1929
De Roo (M.) 1920-1923
Derscheid (G.) 1920-1951
De Vuyst (P.) 1920-1924
Dewez (E.) 1920-1929
Dom (H.) 1920-1948
Gengou (O.) 1920-1957
Gratia (G.) 1920-1932
Haibe (A.) 1920-1938
Herman (M.) 1920-1938
Maertens (F.) 1920-1957.
Maldague (L.) 1920-1952
Maukels (G.) 1920-1933
Merveille (L.) 1920
Morelle (A.) 1920-1924
Ongenae (P.) 1920-1921
Péchère (V.) 1920-1960
Schoofs (Fr.) 1920-1960
Slosse (A.) 1920-1929
Spehl (E.) 1920-1949
Wauters (J.) 1920-1949
Bordet (J.) 1921-1960 (Président)
Denys (J.) 1921-1933
De Paeuw (L.) 1921-1946
Henseval (M.) 1921-1924
Heymans (J. F.) 1921-1932
Liégeois (C.) 1921-1965
Van Campenhout (J.H.) 1921-1923
Wibin (J.) 1921-1922
Lebacqz 1922-1946
Van de Weyer (E.) 1922-1953
Verheyden (F.) 1923-1932
Wilmaers 1923-1924
De Roo (H.) 1924-1928
Daels (F.) 1926-1932
Frison (M.) 1927-1938
Lebrun (L.G) 1927-1929
Lomry (P.) 1927-1940
Van Der Vaeren (J.) 1927-1968
Cloquet (J.) 1928-1961
Bessemans (A.) 1930-1957
Castille (A.) 1930-1970
Timbal (G.) 1930-1932
Vivario (R.) 1930-1970
Boes (I.) 1931-1939
Demolder (P.) 1931
Stassen (M.) 1931-1965
Van Kuyck (W.) 1931-1935
Dautrebande (L.) 1933
Derache 1933-1935
Bertholet (U.) 1934-1951
Coomans (Y) 1934-1938
Fourmarier (P.) 1934-1968
Holemans (P.) 1934-1955
Horta (V.) 1934-1938
Langelez (A.) 1934-1948
Sebrechts (J.) 1934-1948
Van Duysse (M.) 1934-1949
De Braey (J.) 1937-1963
Bourgeois (V.) 1939-1962
Brouha (L.) 1939-1971
De Laet 1939-1946
Gérard 1939-1948
Luyssen 1939-1961
Moutschen (J.) 1939-1982
Sand (R.) 1939-1946
Van Beneden (J.) 1939-1978 (Président)
Vlayen (N.) 1940-1965
Maldagne (L.) 1948-1951
Van de Calseyde (A.) 1948-1957
Gérard (E.) 1949-1966
Lambin 1949-1968
Spass 1949-1968
Nélis 1951-1952
Appelmans (R.) 1952-1954
Bigwood (J.) 1952-1975
Duhaut (R.) 1952-1975
Gijselen (A.) 1952-1991
Gilson (J.) 1952-1991
Iwens (J.) 1952-1983
Lauwers (J.) 1952-1983
Uytdenhoef (A.) 1952-1982
Van Goidsenhoven (F.), 1952-1954
Van der Schueren (G.) 1952-1981
Graulich (R.) 1954-1972
Lafontaine (A.) 1954-1991
Millet (M.) 1954-1980
Arcq (J.) 1955-1970
Blondel (G.) 1955-1972
De Beer (E.) 1955-1991

De Wever (A.) 1955-1991 (Président)
Goossens (J.) 1955-1974
Hormidas (A.) 1955-1980
Nokerman (A.) 1955-1986
Spruyt (J.) 1955-1970
Van den Broucke (J.) 1955-1982
Van Meirhaeghe (A.) 1955-1991
Van Ussel (E.) 1955-1979
Bouckaert (J.J.) 1958-1970
Frederick (P.) 1958-1959
Halter (S.) 1958-1980
Hooft (C.) 1958-1979
Hubin (F.) 1958-1987
Javaux (E.) 1958-1981
Recht (P.) 1958-1970
Segers (M.) 1958-1982
Snoeck (J.) 1958-1959
Fredericq (P.) 1960-1984
Houberechts (A.) 1960-1982
Maisin (J.) 1960-1974
Bastenier (H.) 1970-1981
Bruynoghe (R.) 1970
De Coninck (L.) 1970-1982
De Schaepdryver (A.F.) 1970/71-1982
De Somer 1970-1982
Fouassin (A.) 1970-1991
Gullinck (M.) 1970-1980/81
Janssens (P.G.) 1970-1991
Lauwerijs (R.) 1970-2000
Lavenne (F.) 1970-1982
Maes (R.) 1970-1982
Namèche (J.) 1970-1991
Van de Calseyde (P.) 1970
Van De Velde 1970-1982
Van de Voorde (H.) 1970-1999
Van Ussel 1970/71-1972/73
Vuylsteek (K.) 1970-1991
Laurent (A.) 1972/73-1980/81
Maes (E.) 1972/73-1990/91
Van Develde 1972/73-1977
Beumer (J.) 1982-1990
Bützler (J.P.) 1982-1986
Clara (R.) 1982-1986
De Meuter (F.) 1982-2000
Desmyter (J.) 1982-2002
Dony-Crotteux (J.) 1982-1995 (Président)
Eyckmans (L.) 1982-1996.
Faes (M.H.) 1982-1991
Herman (A.) 1982-1990/91
Lederer (J.) 1982-1991
Meunier (H.) 1982-1995
Noirfalise (A.) 1982-...
Poncelet (F.) 1982
Raus (J.) 1982-1986
Recht (P.) 1982-1991
Reginster-Haneuse (G.) 1982-1999
Tobback (P.) 1982-1999
Verdonk (G.) 1982-1991
Willems (J.) 1982-...
Vanbreuseghem (R.) 1983/84-1991
Bruynoghe-D' Hertefelt (R.M.) 1986-1995.
Carrin (G.) 1986-1994
Eylenbosch (W.) 1986-1995
Gommers (A.) 1986-1991
Liebaers-van Steirteghem (I.) 1986-1995
Rouneau-De Bruyne (C.) 1986-1999
Van Montagu (M.) 1986-2002
Vlietinck (R.) 1986-2002
Wambersie (A.) 1986-2004
Wauters (G.) 1986-1999
Content (J.) 1990-2001
Fondu (M.) 1990-2001
Sondag-Thull (D.) 1990-2009 Yourassowsky (E.) 1990-...
Amy (J.J.) 1991-2002
Bonnet (F.) 1991-2001
Burtonboy (G.) 1991-2002
De Jonckheere (W.) 1991-2002
Denonne (L.) 1991-1994
De Schouwer (P.) 1991-1994
Fruhling (J.) 1991-1999
Hoornaert (Th.) 1991-1995
Huyghebaert (A.) 1991-...
Kahn (R.) 1991-1996 (Président)
Lauwers (S.) 1991-...
Lecomte (J) 1991-1994
Nihoul (E.) 1991-1994
Pastoret (P.P.) 1991-1995
Pelc (I.) 1991-...
Piette (D.) 1991-1995
Piot (P.) 1991-1995
Reybrouck (G.) 1991-...
Roland (M.) 1991-1997
Vercruysse (A.) 1991-...
Wollast (R.) 1991-1995
De Backer (G.) 1994-... (Président)

Demoulin (V.) 1994-...
Goubau (P.) 1994-...
Levy (J.) 1994-...
Meheus (A.) 1994-2002
Muylle (L.) 1994-...
Plum (J.) 1994-...
Struelens (M.) 1994-...
Bogaert (M.) 1995-...
Brasseur (D.) 1995-...
Buekens (P.) 1995- 1996
Burvenich (Chr.) 1995-2000
Daube (G.) 1995-...
De Bisschop (H.) 1995-...
De Broe (M.) 1995-2002
Deelstra (H.) 1995-2005
De Hemptinne (B.) 1995-2001
Delloye (Chr.) 1995-...
De Mol (P.) 1995-...
Eggermont (G.) 1995-...
Ferrant (A.) 1995-2002
Hoet (P.) 1995-...
Hooft (P.) 1995-2001
Hoornaert (M.TH.) 1995-...
Laurent (Chr.) 1995-...
Lison (D.) 1995-...
Meurisse (M.) 1995-2000
Micheels (J.) 1995-2002
Nemery (B.) 1995-...
Nève (J.) 1995-...
Ollevier (F.) 1995-2000
Pastoret (PP) 1995-2002
Poortmans (J.) 1995-...
Rogiers (V.) 1995-2002
Rouneau (Chr.) 1995-2000
Steenssens (L.) 1995-...
Vanderkelen (A.) 1995-...
Van Loock (W.) 1995-...
Vansant (G.) 1995-...
Vereerstraeten (P.) 1995-2001
Verschraegen (G.) 1995-...
Veulemans (H.) 1995-...
Vleugels (A.) 1995-...
Bayens (W.) 1996-2000
Carpentier (Y.) 1996-...
Gryseels (B.) 1996-2000
Henderickx (H.) 1996-...
Kolanowski (J.) 1996-...
Kornitzer (M.) 1996-...
Melot (Chr.) 1996-2002
Mets (T.) 1996-2001
Muls (E.) 1996-2002
Roberfroid (M.) 1996-2001
Rigo (J.) 1996-...
Lagasse (R.) 1997-2002
Cras (P.) 1999-...
Devleeschouwer (M.) 1999-...
De Zutter (L.) 1999-...
Jansssen (C.) 1999-2002
Paquot (M.) 1999-...
Peetermans (W.) 1999-...
Roland (M.) 1999-...
Beele (H.) 2000-...
Fischler (B.) 2000-...
Fraeyman (N.) 2000-...
Glupczynski (G.) 2000-...
Pierard (D.) 2000-...
Sindic (M.) 2000-...
Stevens (M.) 2000-...
Uyttendaele (M.) 2000-...
Van Gompel (A.) 2000-...
Van Maele 2000-...
Van Ranst (M.) 2000-...
Volders (M.) 2000-...
Delzenne (N.) 2001-...
Gosset (Chr.) 2001-...
Melin (J.) 2001-...
Melin (P.) 2001-...
Piron (C.) 2001-...
Segers (O.) 2001-2002
De Gucht (V.) 2003-...
Depoorter (A.) 2003-...
Ectors (N.) 2003-...
Ieven (G.) 2003-2005
Jamar (F.) 2003-...
Kittel (F.) 2003-...
Lambermont (M.) 2003-...
Latinne (D.) 2003-...
Maes (L.) 2003-...
Thome (J.P.) 2003-...
Van Damme (P.) 2003-...
Vande Putte (M.) 2003-...
Zumofen (M.) 2003-...

PRINTED ON PERMANENT PAPER • IMPRIME SUR PAPIER PERMANENT • GEDRUKT OP DUURZAAM PAPIER - ISO 9706
N.V. PEETERS S.A., WAROTSTRAAT 50, B-3020 HERENT